Imagine Infinite!

창의영재수학

아이앤아이

영재들의 수학여행

Math Travel

입문 초등 1~3학년

G 워크북

창의영재수학

아이앤아이

영재들의 수학여행

Math Travel

01 수학 여행 테마로 수학 사고력 활동을 자연스럽게 이어갈 수 있도록 하였습니다.

02 키즈 - 입문 - 초급 - 중급 - 고급으로 이어지는 단계별 창의 영재 수학 학습 시리즈입니다.

03 각 챕터마다 기초 - 심화 - 응용의 문제 배치로 쉬운 것부터 차근차근 문제해결력을 향상시킵니다.

04 각종 수학 사고력, 창의력 문제, 지능검사 문제, 대회 기출 문제 등을 체계적으로 정밀하게 다듬어 정리하였습니다.

05 과학, 음악, 미술, 영화, 스포츠 등에 관련된 융합형(STEAM) 수학 문제를 흥미롭게 다루었습니다.

06 보충학습/과제는 워크북(G)을 활용하세요.

교재 구성

키즈 (6세 7세 초1)	A (수)	B(연산)	C(도형)	D (측정)	E (규칙)	F (문제해결력)	G (워크북)
	수와 숫자 수 비교하기 수 규칙 수 퍼즐	가르기와 모으기 덧셈과 뺄셈 식 만들기 연산 퍼즐	평면도형 입체도형 위치와 방향 도형 퍼즐	길이와 무게 비교 넓이와 들이 비교 시계와 시간 부분과 전체	패턴 이중 패턴 관계 규칙 여러 가지 규칙	모든 경우 구하기 분류하기 표와 그래프 추론하기	수 연산 도형 측정 규칙 문제해결력

입문 (초1~3)	A(수와 연산)	B(도형)	C(측정)	D (규칙)	E (자료와 가능성)	F (문제해결력)	G (워크북)
	수와 숫자 조건에 맞는 수 수의 크기 비교 합과 차 식 만들기 벌레 먹은 셈	평면도형 입체도형 모양 찾기 도형 나누기와 움직이기 쌓기나무	길이 비교 길이 재기 넓이와 들이 비교 무게 비교 시계와 달력	수 규칙 여러 가지 패턴 수 배열표 암호 새로운 연산 기호	경우의 수 리그와 토너먼트 분류하기 그림 그려 해결하기 표와 그래프	문제 만들기 주고 받기 어떤 수 구하기 재치있게 풀기 추론하기 미로와 퍼즐	수와 연산 도형 측정 규칙 자료와 가능성 문제해결력

초급 (초3~5)	A(수와 연산)	B(도형)	C(측정)	D (규칙)	E (자료와 가능성)	F (문제해결력)
	수 만들기 수와 숫자의 개수 연속하는 자연수 가장 크게, 가장 작게 도형이 나타내는 수 마방진	색종이 접어 자르기 도형 붙이기 도형의 개수 쌓기나무 주사위	길이와 무게 재기 시간과 들이 재기 덮기와 넓이 도형의 둘레 원	수 패턴 도형 패턴 수 배열표 새로운 연산 기호 규칙 찾아 해결하기	가짓수 구하기 리그와 토너먼트 금액 만들기 가장 빠른 길 찾기 표와 그래프(평균)	한붓 그리기 논리 추리 성냥개비 다른 방법으로 풀기 간격 문제 배수의 활용

중급 (초4~6)	A(수와 연산)	B(도형)	C(측정)	D (규칙)	E (자료와 가능성)	F (문제해결력)
	복면산 수와 숫자의 개수 연속하는 자연수 수와 식 만들기 크기가 같은 분수 여러 가지 마방진	도형 나누기 도형 붙이기 도형의 개수 기하판 정육면체	수직과 평행 다각형의 각도 접기와 각 붙여 만든 도형 단위 넓이의 활용	규칙성 찾기 도형과 연산의 규칙 규칙 찾아 개수 세기 교점과 영역 개수 수 배열의 규칙	경우의 수 비둘기집 원리 최단 거리 만들 수 있는, 없는 수 평균	논리 추리 님 게임 강 건너기 창의적으로 생각하기 효율적으로 생각하기 나머지 문제

고급 (초6~중등)	A(수와 연산)	B(도형)	C(측정)	D (규칙)	E (자료와 가능성)	F (문제해결력)
	연속하는 자연수 배수 판정법 여러 가지 진법 계산식에 써넣기 조건에 맞는 수 끝수와 숫자의 개수	입체도형의 성질 쌓기나무 도형 나누기 평면도형의 활용 입체도형의 부피, 겉넓이	시계와 각도 평면도형의 활용 도형의 넓이 거리, 속력, 시간 도형의 회전 그래프 이용하기	암호 해독하기 여러 가지 규칙 여러 가지 수열 연산 기호 규칙 도형에서의 규칙	경우의 수 비둘기집 원리 입체도형에서의 경로 영역 구분하기 확률	홀수와 짝수 조건 분석하기 다른 질량 찾기 뉴튼산 작업 능률

영재들의 수학여행

Math Travel

입문 G

초등 1~3학년 워크북

아이앤아이 영재들의 수학여행 G 워크북 WORK BOOK 의 특징

- 입문 A ~ F의 추가 학습 문제를 담았습니다.
- 소단원별로 8 ~ 10문항, 각 대단원 당 40 ~ 50문항의 문제로 구성되어 있습니다.
- 보충학습 | 과제에 활용하세요.

차례
CONTENTS

A 수와 연산

01 무우네 집에는 그림과 같은 시계가 있습니다. 이 시계에서 찾을 수 있는 수와 숫자의 개수를 각각 구하세요.

02 5쪽부터 22쪽까지 적혀있는 책이 있습니다. 이 책의 왼쪽 페이지에 적힌 수의 개수는 모두 몇 개일까요?

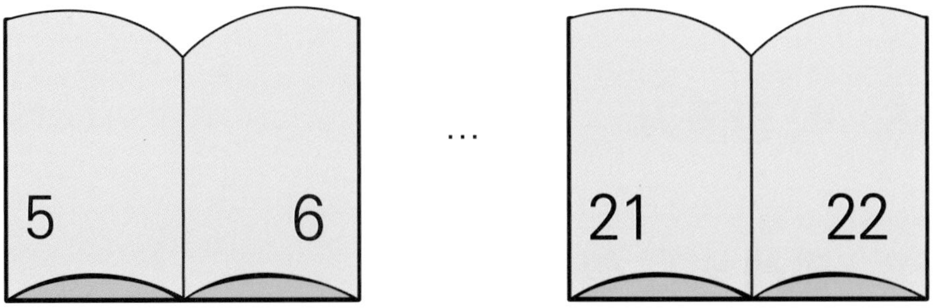

03 <보기> 는 고대 그리스 수입니다. 아래 고대 그리수 수가 나타내는 수를 빈칸에 적어보세요.

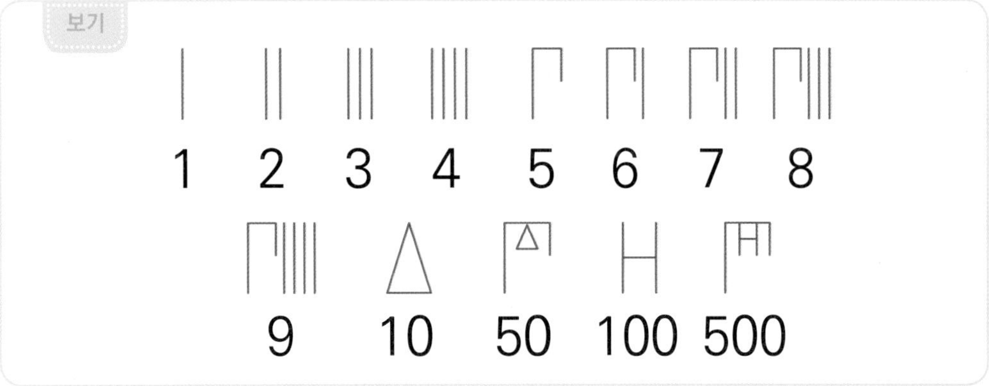

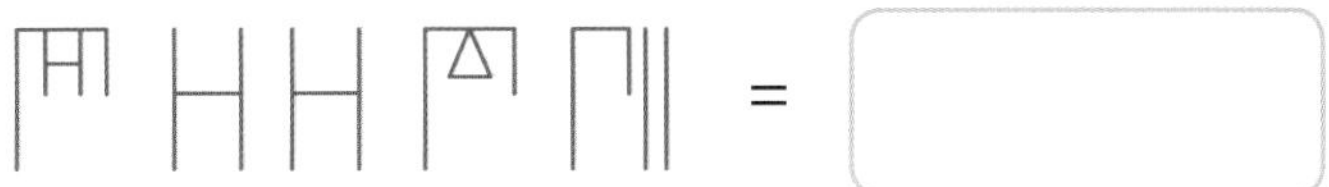

04 아래는 고대 이집트 수입니다. 2438을 고대 이집트 수로 나타내세요.

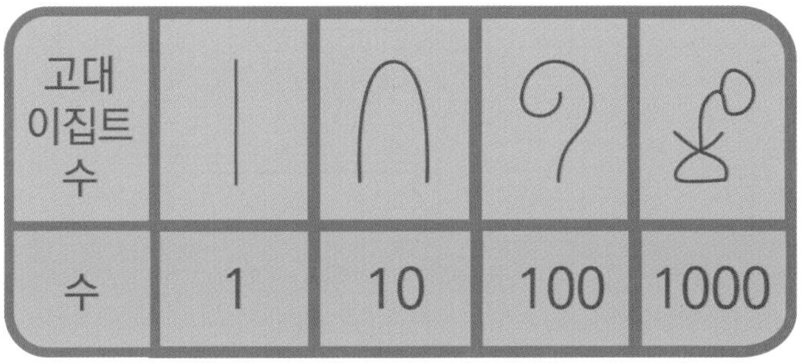

05 〈보기〉와 같이 1부터 차례대로 수를 나타내는 부분을 색칠했습니다. 12 와 15 를 나타내기 위해 알맞게 색칠하세요.

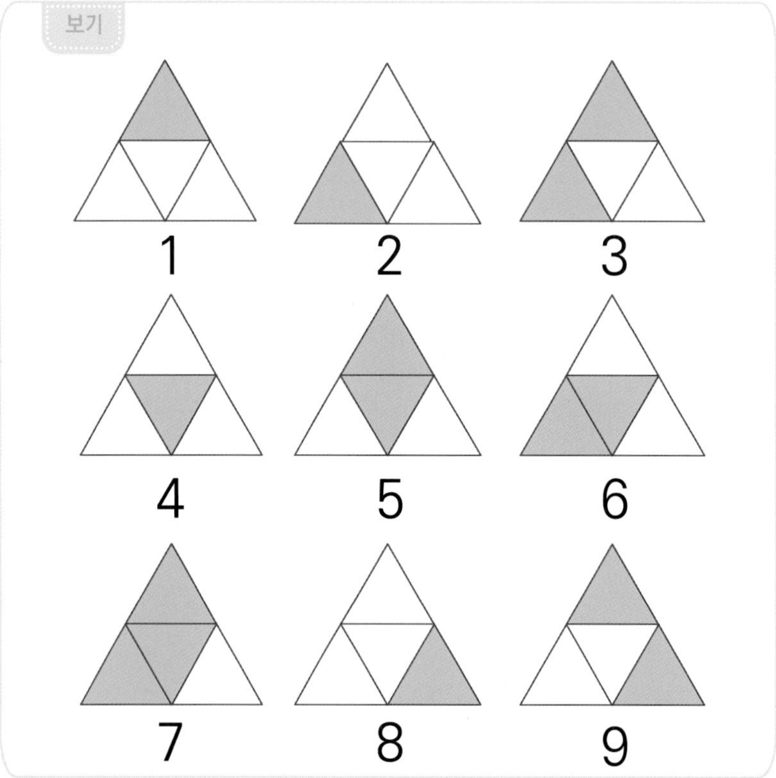

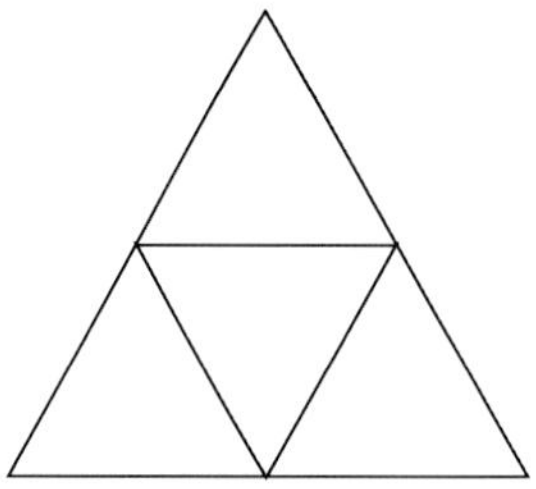

= 12

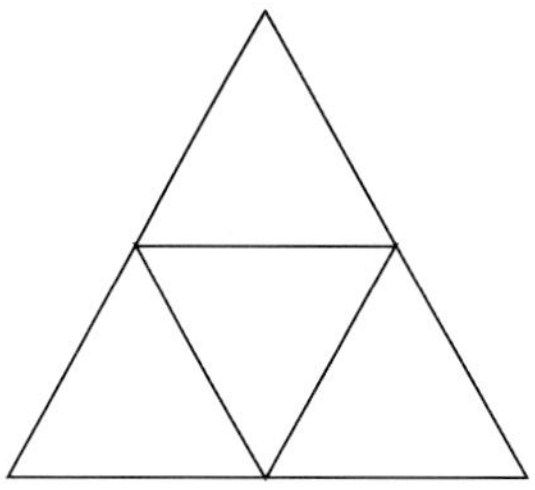

= 15

06

0부터 9까지 적힌 숫자 카드가 여러 장씩 있습니다. 〈놀이 방법〉처럼 무우와 상상이는 숫자 카드 놀이를 했습니다. 과연 상상이가 가져간 후 무우가 가지고 있는 숫자 카드는 모두 몇 개일까요?

〈놀이 방법〉

① 무우는 10 부터 34 까지 중에 홀수만 숫자 카드로 만들어 놓았습니다.

② 상상이는 무우가 만든 숫자 카드 중에서 숫자 3 이 적힌 숫자 카드를 모두 가져갑니다.

0 1 2 3 4 5 6 7 8 9

07

아래는 로마 수입니다. 빈칸에 알맞은 로마 수를 적어보세요.

I	II	III	IV	V	VI	VII	VIII	IX	X
1	2	3	4	5	6	7	8	9	10
XX	XXX	XL	L	LX	LXX	LXXX	XC	C	
20	30	40	50	60	70	80	90	100	

XL V + XXX VII = ☐

08 무우는 200부터 350까지 홀수만 적었습니다. 이 중에서 숫자 3이 두 번씩 들어가는 수는 모두 몇 개일까요?

09 <보기>와 같이 25, 76, 144를 바빌로니아 수로 나타냈습니다. 빈칸에 알맞은 수를 적어보세요.

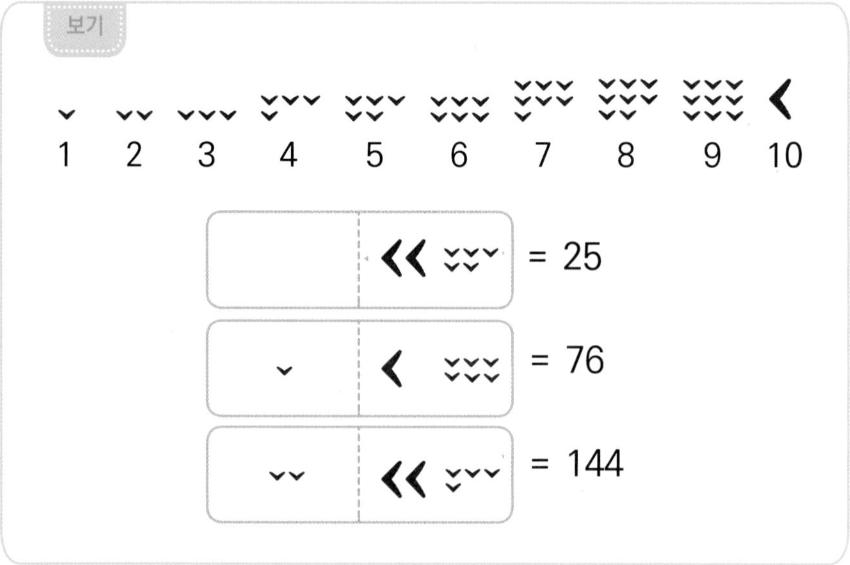

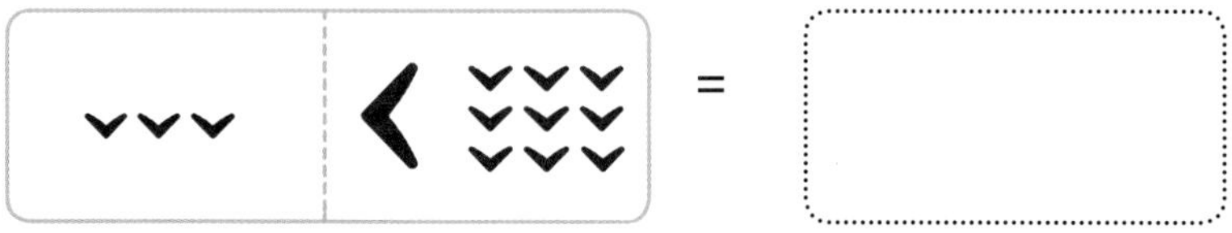

10 <보기>와 같이 주판알을 움직여 수를 나타냈습니다. 주판에 수를 더한 결과를 빈칸에 알맞게 그려보세요.

보기

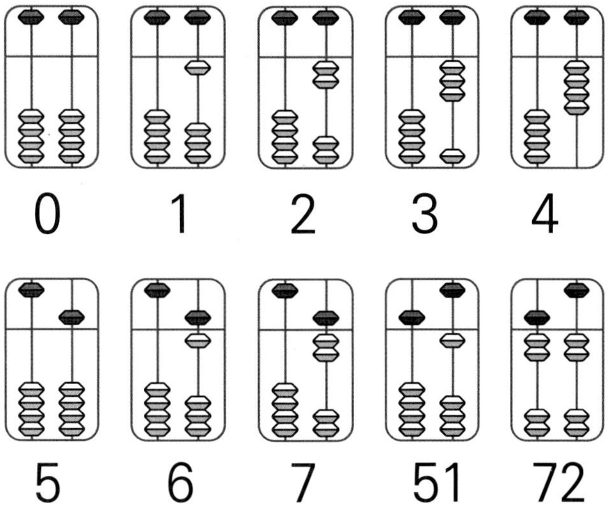

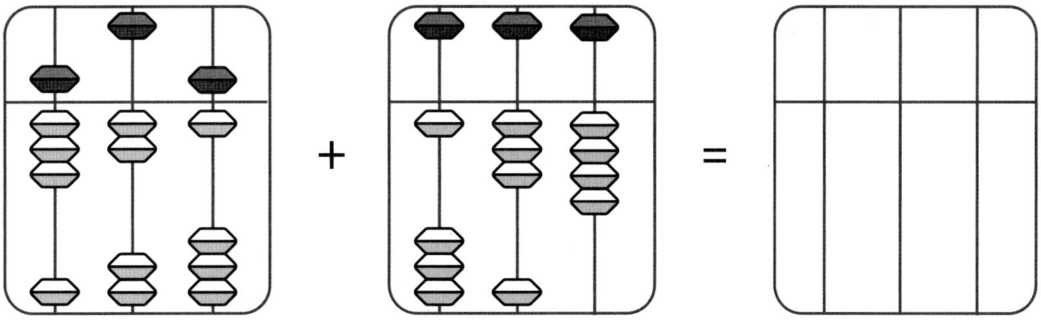

② 조건에 맞는 수

01 눈의 수가 1부터 6까지인 주사위 2개가 있습니다. 두 주사위를 굴려 나온 눈의 수로 두 자리 수를 만들 때, 20보다 크고 40보다 작은 짝수는 모두 몇 개일까요?

02 조건을 만족하는 두 자리 수를 구하세요.

① 일의 자리 숫자는 십의 자리 숫자보다 4 큽니다.

② 일의 자리 숫자와 십의 자리 숫자를 합하면 10 입니다.

03 무우와 친구들은 1부터 8까지 적힌 숫자 카드 8장을 2장씩 나눠 가졌습니다. 각자 가져간 숫자 카드로 두 자리 수를 만든 후, 한 장의 숫자 카드만 뒤집어 놓았습니다. 만든 수가 큰 순서대로 이름을 적어보세요.

04 3장의 숫자 카드가 있습니다. 이 3장의 숫자 카드에는 서로 다른 홀수가 적혀있고 이 중 한 장의 숫자 카드가 뒤집혀 있습니다. 3장의 카드 중에 2장의 카드를 사용하여 가장 큰 수를 만들었더니 73이 되었습니다. 과연 뒤집힌 카드에는 어떤 숫자가 적혀있을까요?

② 조건에 맞는 수

05 숫자 카드 4장이 있습니다. "1월 3일"은 숫자 카드 3장을 사용하여 103으로 나타냅니다. 〈조건〉을 따라 숫자 카드로 날짜를 표현할 때, 만들 수 있는 날짜의 개수는 모두 몇 개일까요?

0 1 3 4

〈조건〉

① 한 자리 수의 월 앞에는 0을 적지 않습니다.

② 한 자리 수의 일 앞에는 0을 반드시 적습니다.

06 앞면과 뒷면에 각각 3과 2, 4와 1, 7과 0, 8과 5가 적혀 있는 숫자 카드 4장이 있습니다. 4장 중에 2장을 골라 두 자리 수를 만들 때, 40보다 크고 60보다 작은 수는 모두 몇 개일까요?

앞면	3	4	7	8
	↕	↕	↕	↕
뒷면	2	1	0	5

07 4장의 숫자 카드 중 3장을 골라 세 자리 수를 만들 때, 네 번째로 큰 수와 네 번째로 작은 수를 각각 구하세요.

1 0 5 4

08 숫자 카드 5 장이 있습니다. 이 중에 3장을 골라 세 자리 수를 만들려고 합니다. 세 자리 수 중에서 짝수이면서 각 자리 숫자의 합이 8인 수는 모두 몇 개일까요?

0 2 1 5 6

09 2부터 7까지 적힌 6장의 숫자 카드가 있습니다. 이 중 무우와 상상이는 각각 3장의 숫자 카드를 가져갔습니다. 〈보기〉와 같이 각자 가져간 숫자 카드로 두 자리 수를 만들 때, 무우는 가장 큰 수인 74를 만들었고 상상이는 가장 작은 수인 25를 만들었습니다. 과연 무우와 상상이가 각자 가져간 숫자 카드는 무엇일까요?

보기

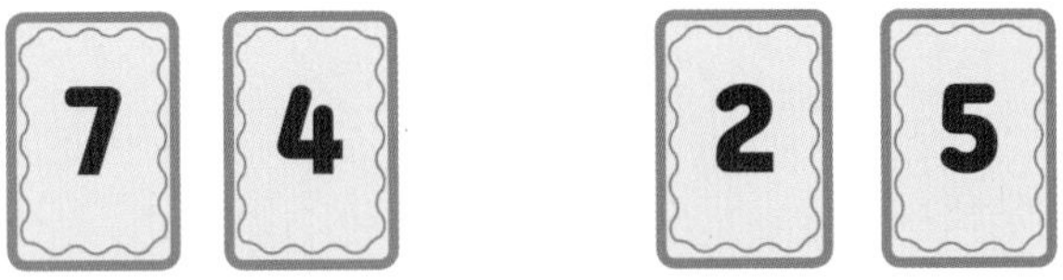

▲무우가 만든 두자리 수 ▲상상이가 만든 두자리 수

10 1월 1일은 세 자리 수인 101으로 적고 12월 1일은 네 자리 수인 1201으로 적습니다. 1월부터 12월까지 달력의 날짜에서 아래 〈조건〉을 만족하는 날짜의 개수는 모두 몇 개일까요?

〈조건〉

① 홀수입니다.

② 수의 순서를 거꾸로 써도 처음 수와 같은 수입니다.

③ 수의 크기 비교

01 □ 안에 들어갈 수 있는 숫자를 모두 구하세요.

$$4 + 1\square > 19$$

02 ▲ 은 모두 같은 숫자이고 홀수입니다. 세 수를 가장 큰 수부터 차례대로 기호를 적어보세요.

㉠ : ▲6▲　　㉡ : 975　　㉢ : 10▲

03 □ 안에 들어갈 수 있는 숫자의 개수가 가장 많은 순서대로 기호를 적어보세요.

㉠ : 12□ > 124

㉡ : 275 < 2□8

㉢ : 3□1 > 372

㉣ : 6□ < 64

04 □ 안에 공통으로 들어갈 수 있는 숫자를 구하세요.

6578 < 6□48

3□49 < 3746

05 □ 안에 공통으로 들어갈 수 있는 수 중에서 가장 작은 수를 구하세요.

$$17 + \square > 33$$

$$25 - \square > 6$$

06 크기 비교를 하는 부등호와 원이 있습니다. 1부터 9까지 숫자를 한 번씩 써서 부등호에 알맞게 적어보세요. (원 안에 적는 방법은 여러 가지이므로 한 가지만 쓰면 됩니다.)

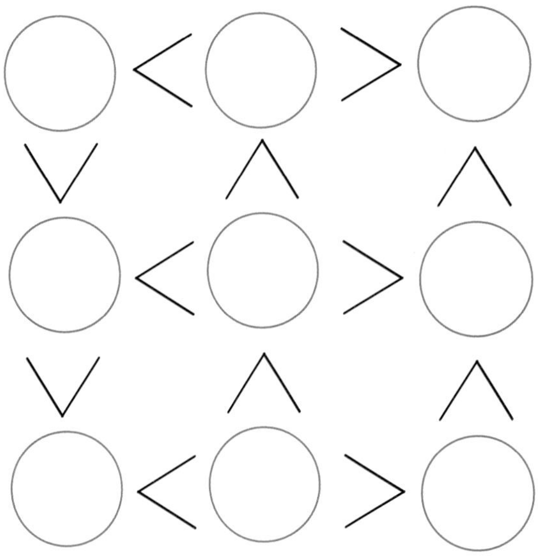

07 무우와 친구들이 각자 줄넘기를 한 횟수는 모두 세 자리 수입니다. 이 중 줄넘기를 가장 많이 한 사람은 무우이고 가장 적게 한 사람은 제이입니다. □ 에 알맞은 수를 구하세요. (단, □ 에는 모두 같은 숫자가 들어갑니다.)

무우	알알	상상	제이
3□0	31□	30□	□□9

08 ㉠ 과 ㉡ 안에 들어갈 수 있는 숫자를 (㉠, ㉡) 쌍으로 나타낼 때, 이 쌍은 모두 몇 개일까요?

7㉠52 > 78㉡5

09 3장의 숫자 카드의 앞 면에는 숫자가 적혀있고 뒷 면에는 알파벳이 순서없이 적혀있습니다. <보기>는 앞면으로 3장의 숫자 카드 세 자리 수를 만들어 비교한 후, 뒤집어 놓은 모습입니다. 숫자 카드 3, 6, 8 뒷면에는 각각 어떤 알파벳이 적혀있을까요?

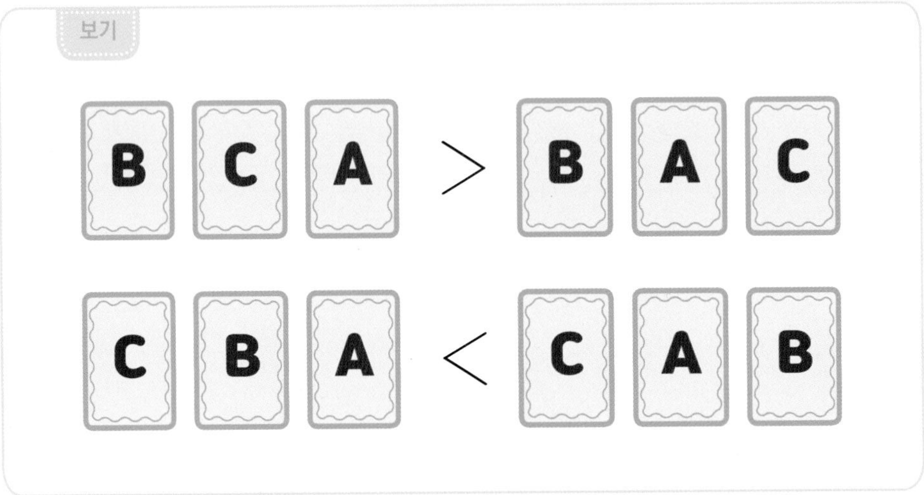

10 ㉠, ㉡, ㉢ 의 크기는 ㉠ > ㉡ > ㉢ 순서 입니다. ㉠, ㉡, ㉢ 안에 들어갈 수 있는 숫자를 (㉠, ㉡, ㉢)으로 나타낼 때, 이 쌍은 모두 몇 개일까요?

5㉠4 < 59㉡ < ㉢97

④ 합과 차

01 <보기>와 같은 규칙으로 수 피라미드의 빈칸에 알맞은 수를 각각 적어보세요.

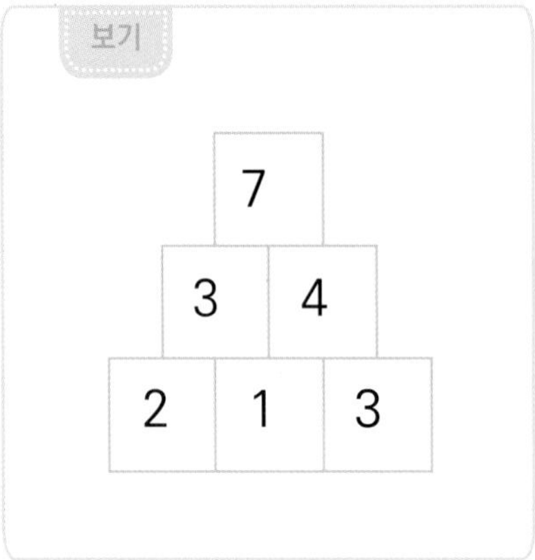

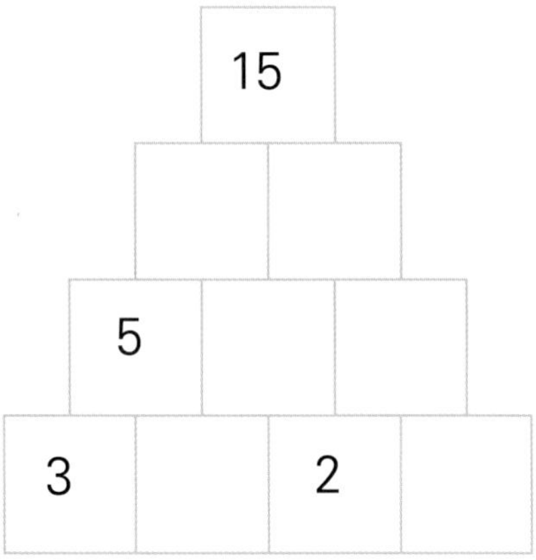

02 네 수를 여러 번 모으기해서 한 수를 만든 것입니다. 빈칸에 알맞은 수를 각각 적어보세요.

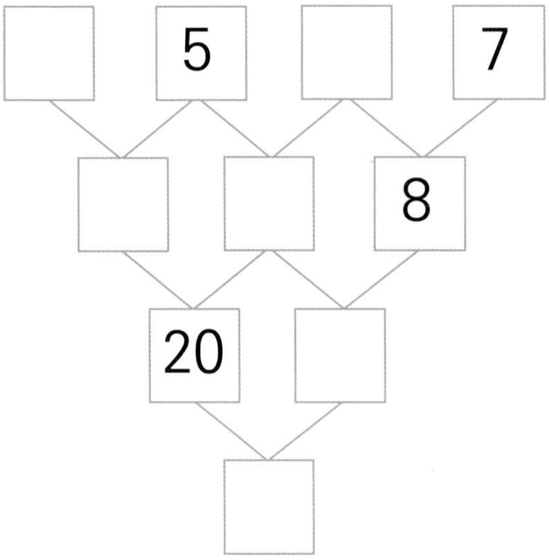

03 표에서 세 수의 합이 10인 경우를  와  으로 표시하여 모두 몇 개인지 찾으세요. (단, 모양을 회전시켜 표시해도 되고 대각선으로 표시하지 않습니다.)

1	3	6
2	7	2
4	4	2

04 3장의 숫자 카드 중 2장의 숫자 카드를 뽑았습니다. 2장의 숫자 카드로 합 또는 차를 할 때, 계산 결과 중 1부터 10까지 가능한 수를 모두 찾아 적어보세요.

05 〈보기〉 의 3개의 도미노로 맞닿는 부분의 차가 1또는 2가 되도록 도미노 점을 두 가지 방법으로 그려보세요.

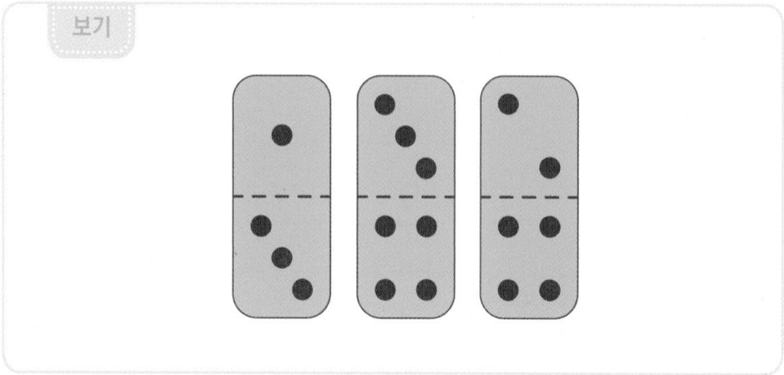

〈방법 1〉

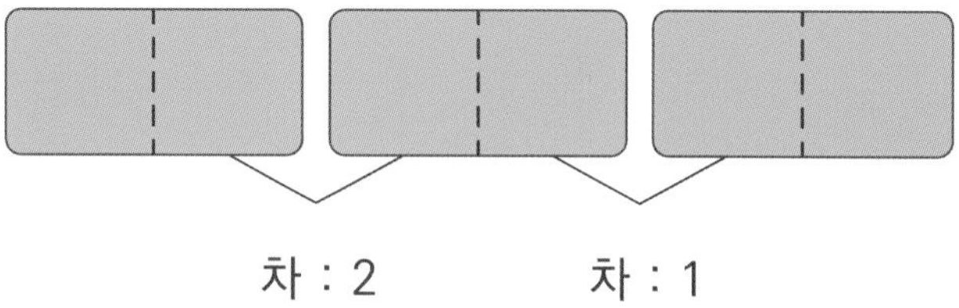

〈방법 2〉

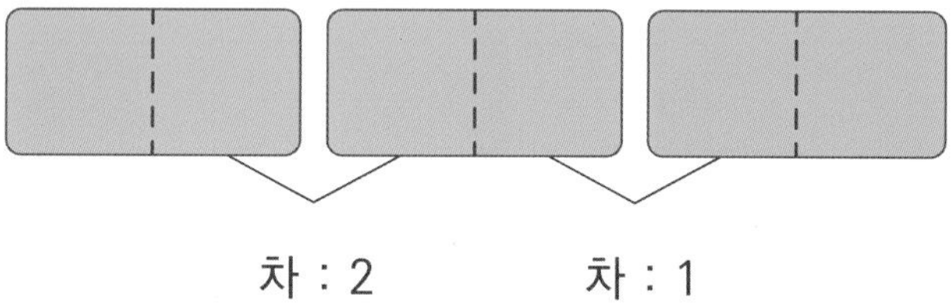

06 뺄셈 연산표는 맨 왼쪽의 수에서 맨 위의 수를 뺀 것입니다. ㉠ 부터 ㉣ 까지 들어갈 알맞은 수를 각각 구하세요.

−	22	㉢
67	㉡	33
㉠	27	㉣

07 두 수의 차가 6인 경우를 [가로 상자] 와 [세로 상자] 으로 표시하여 모두 몇 개인지 찾으세요. (단, 모양을 대각선으로 표시하지 않습니다.)

1	12	5	11
7	0	6	8
4	10	1	3
9	2	8	9

08 <보기>와 같이 덧셈식을 ☐ 와 ☐ 으로 표시했습니다. 찾을 수 있는 덧셈식은 모두 몇 개일까요? (단, 모양을 대각선으로 표시하지 않습니다.)

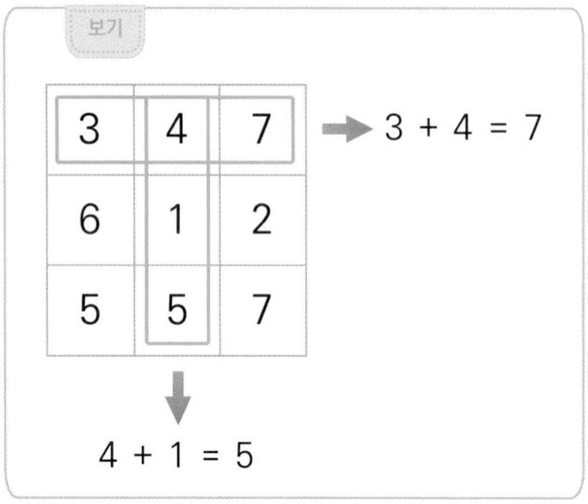

1	6	2	8
3	4	7	2
0	1	9	10
3	5	2	8

09 아래는 세 수 7, 8, 11을 가르기 한 것입니다. ㉠, ㉡, ㉢ 에 들어갈 알맞은 수를 각각 구하세요. (단, 같은 기호는 같은 수입니다.)

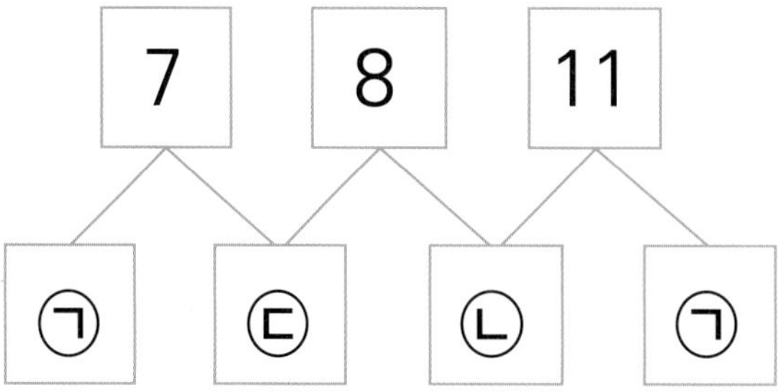

10 수 피라미드는 11을 가르기 한 것입니다. 크기 순서가 ㉠ > ㉡ > ㉢ > ㉣ 일 때, ㉠, ㉡, ㉢, ㉣ 에 들어갈 알맞은 수를 각각 구하세요. (단, 같은 기호는 같은 수입니다.)

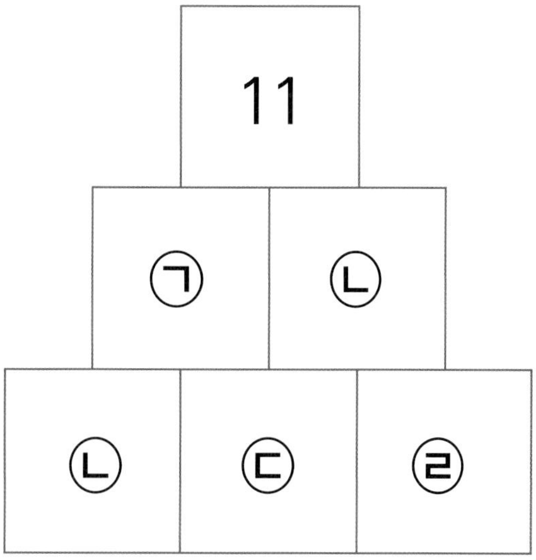

⑤ 식 만들기

01 〈보기〉 와 같이 숫자 카드 4장이 있습니다. 이 숫자 카드 중에 3장을 골라 아래 식을 완성하세요.

보기

11　32　21　8

□ + □ + □ = 51

02 〈보기〉와 같이 주어진 식이 성립하도록 필요 없는 부분을 모두 ╳ 표시 하세요.

보기

17 ~~+ 8~~ - 7 + 11 ~~- 2~~ = 21

18 - 5 + 16 + 4 - 13 = 17

03 1부터 7까지 적힌 숫자 카드 7장 중 3장을 사용해서 아래 식을 만족하는 방법은 모두 몇 가지일까요? (단, 수의 크기 순서는 ㉠ > ㉡ > ㉢ 입니다.)

㉠ + ㉡ + ㉢ = 10

04 식이 성립하도록 ○ 안에 연산 기호 +, - 를 각각 알맞게 써 넣으세요.

9 ○ 4 ○ 7 ○ 8 ○ 1 = 5

05 2, 4, 6, 8, 10이 적힌 숫자 카드가 각각 2장씩 있습니다. 10장 중 9장의 숫자 카드를 사용해서 3개의 식을 완성하려고 합니다. 빈칸에 알맞은 숫자 카드를 써넣으세요.

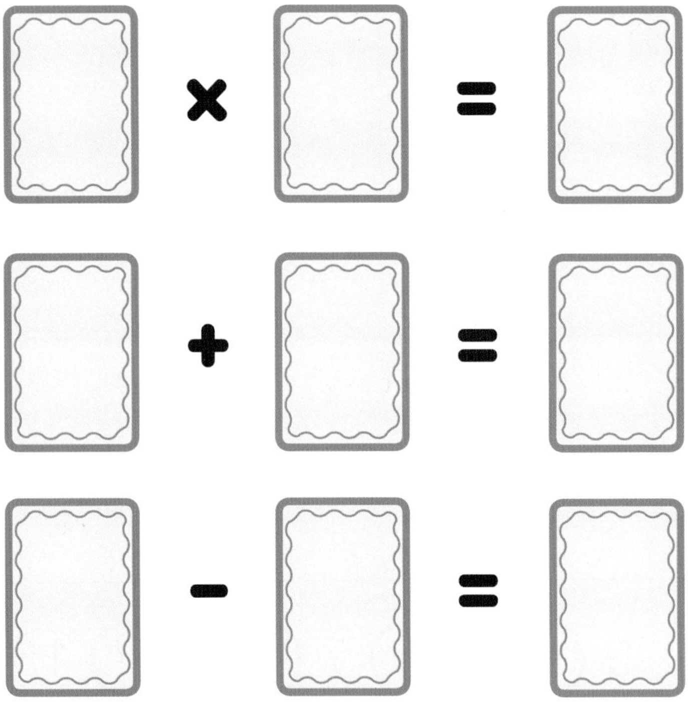

06 식의 □ 안에는 모두 같은 수가 들어갑니다. □ 안에 알맞은 한 자리 수를 구하세요.

$$27 - \square - \square = 9 + \square$$

07 ○ 안에 연산 기호 +, −를 각각 한 번 이상 넣을 때, 계산 결과 값이 가장 클 때와 가장 작을 때의 값을 각각 구하세요.

$$48 \bigcirc 7 \bigcirc 20 \bigcirc 6 \times 3 = ?$$

08 9장의 숫자 카드가 있습니다. 이 숫자 카드를 한 번씩 사용해서 6개의 덧셈식을 완성하려고 합니다. 빈칸에 알맞은 숫자 카드를 써 넣으세요.

1	2	3	4	6	7	8	11	14

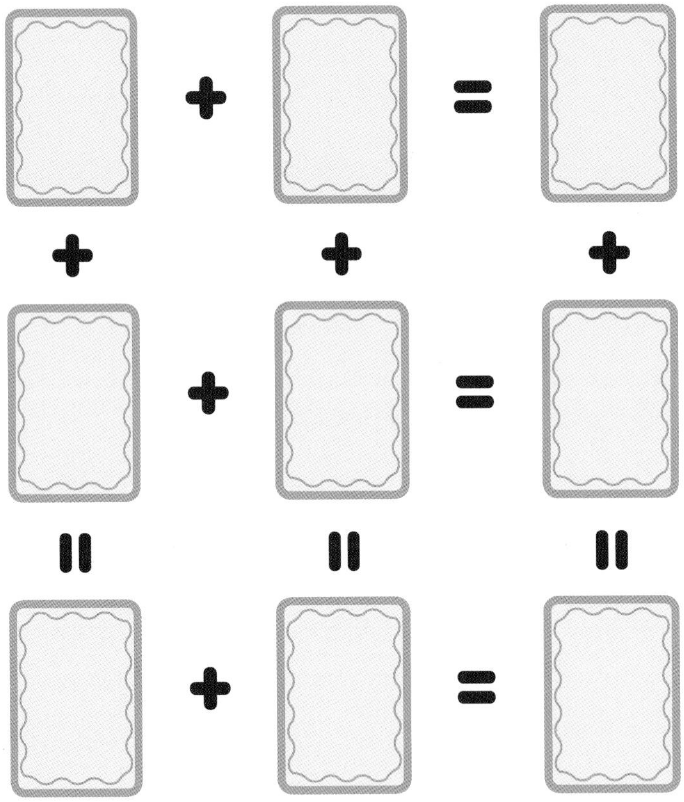

09 7개의 숫자 카드 중 5장의 숫자 카드를 주어진 식에 써 넣어 계산했더니 가장 큰 값이 되었습니다. 빈칸에 알맞은 숫자 카드를 써 넣어 주어진 식을 완성하세요.

3　4　5　6　7　8　9

□□ + □ × □ - □ = ?

10 <보기>와 같이 수 사이의 +만 써넣어 식이 성립하도록 만들었습니다. 주어진 수 사이의 +만 써넣어 식을 완성하세요.

보기

2 2 2 2 2 2 = 30

↓

2 2 + 2 + 2 + 2 + 2 = 30

↓

22 + 2 + 2 + 2 + 2 = 30

5　5　5　5　5　5　5 = 620

6 벌레 먹은 셈

01 두 자리 수 덧셈과 뺄셈이 있습니다. □ 안에 들어갈 숫자를 찾아 두 식을 각각 완성하세요.

$$\begin{array}{r} \square\ 2 \\ +\ 1\ \square \\ \hline 7\ 9 \end{array} \qquad \begin{array}{r} \square\ 2 \\ -\ 1\ \square \\ \hline 7\ 9 \end{array}$$

02 두 자리 수 덧셈식에서 A, B, C 는 서로 다른 숫자 일 때, 각 알파벳이 나타내는 수를 모두 구하세요.

$$\begin{array}{r} A\ B \\ +\ C\ A \\ \hline 4\ 1 \end{array}$$

03 □ = 7이고 ○, ☆, △ 는 서로 다른 한 자리 수 일 때, 각 도형이 나타내는 수를 구하세요.

○ + △ + 5 = 17

□ + ☆ + △ = 12

○ + ☆ = 9

04 두 자리 수 덧셈과 뺄셈이 있습니다. □ 안에 들어갈 숫자를 찾아 두 식을 각각 완성하세요.

$$\begin{array}{r} 7\ \square \\ +\ \square\ 4 \\ \hline \square\ 0 \end{array} \qquad \begin{array}{r} \square\ 8 \\ -\ \square\ \square \\ \hline 8\ 7 \end{array}$$

05 같은 도형은 같은 숫자, 다른 도형은 다른 숫자입니다. 아래 표에서 가로와 세로의 같은 줄에 있는 수를 더해 아래와 같은 결과를 얻었습니다. 빈칸에 알맞은 수를 채우세요.

□	○	△	□	10
△	○	□	○	
□	○	△	☆	11
7			6	

06 아래 식에서 A, B, C 는 서로 다른 숫자 일 때, 각 알파벳이 나타내는 수를 구하세요.

$$\begin{array}{rccc} & & A & A \\ & & B & B \\ + & & C & B \\ \hline & A & 4 & 7 \end{array}$$

07 아래 식에서 □, △는 서로 다른 숫자 일 때, 각각 두 식을 서로 다른 방법으로 완성하세요.

	□	△
	□	△
		△
+		△
1	5	6

	□	△
	□	△
		△
+		△
1	5	6

08 아래 식에서 A, B, C 는 서로 다른 숫자 일 때, 각 알파벳이 나타내는 숫자를 찾아 만들 수 있는 식은 모두 몇 개일까요?

	A	B
+		A
	B	C
−	A	A
		B

6 벌레 먹은 셈

09 0부터 7까지 숫자를 한 번씩 사용할 때, 아래 덧셈식이 성립하도록 빈칸에 알맞은 숫자를 써넣으세요. (단, 숫자 0과 6은 덧셈식에 이미 사용했습니다.)

$$\begin{array}{cccc} & \square & \square & 6 \\ + & & \square & \square \\ \hline & \square & \square & 0 \end{array}$$

10 아래와 같이 벌레 먹은 덧셈과 뺄셈이 있습니다. □ 안에 들어갈 숫자를 각각 찾아 두 식을 완성하세요.

$$\begin{array}{r} \square\ 5 \\ 4\ \square \\ +\ \square\ 6 \\ \hline 2\ 2\ 2 \end{array}$$

$$\begin{array}{r} \square\ 6\ 2 \\ -\ 3\ \square\ 8 \\ \hline 1\ 4\ \square \end{array}$$

B 도형

① 평면 도형

01 세 도형의 삼각형과 육각형의 꼭짓점 개수의 합에서 사각형의 변의 개수를 뺀 값은 얼마일까요?

02 도형에서 찾을 수 있는 크고 작은 사각형은 모두 몇 개일까요?

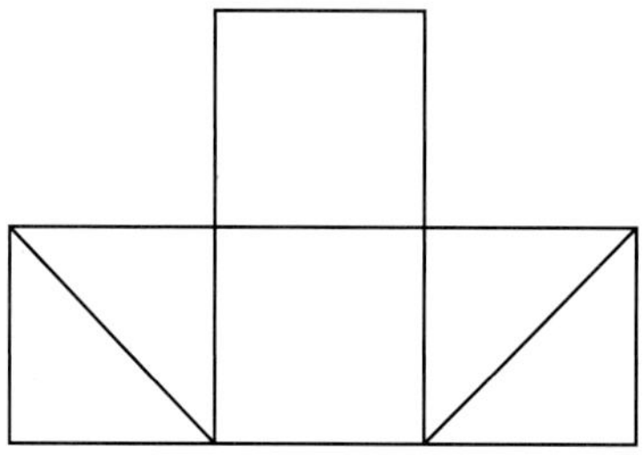

03 도형 위에 곧은 선 2개를 그어 도형이 오각형 두 개와 사각형 하나로 나뉘도록 만들어 보세요.

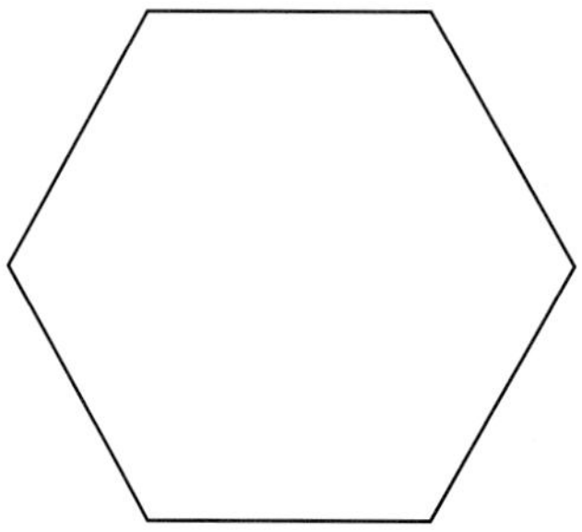

04 일정한 간격으로 그려진 6개의 점 중 여러 개의 점을 이어 만들 수 있는 서로 다른 삼각형은 모두 몇 개 일까요? (단, 돌리거나 뒤집었을 때 같은 모양은 하나로 봅니다.)

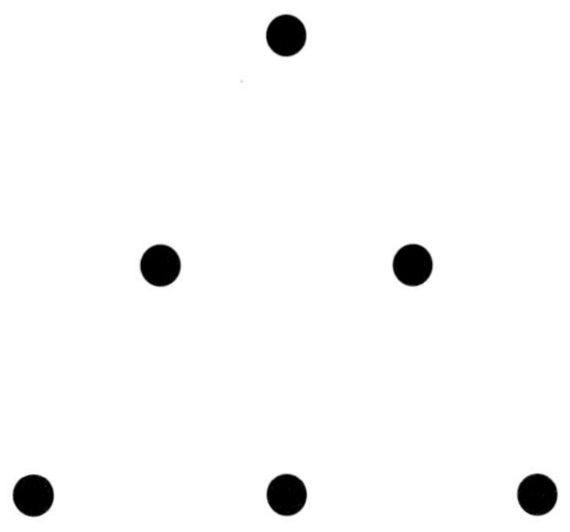

05 그림에서 찾을 수 있는 크고 작은 삼각형은 모두 몇 개일까요?

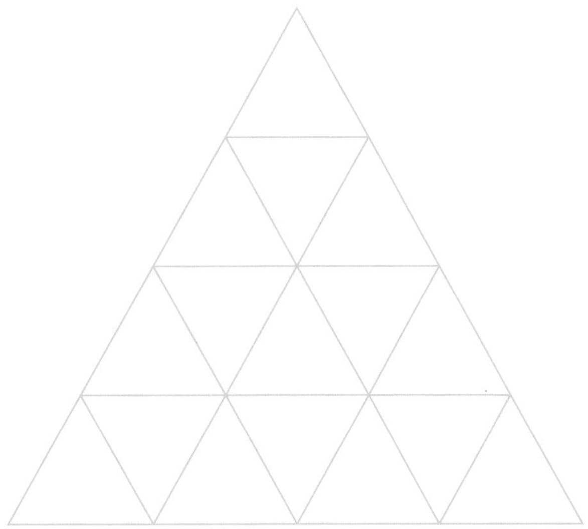

06 그림에서 ★ 모양을 포함하는 크고 작은 사각형은 모두 몇 개일까요?

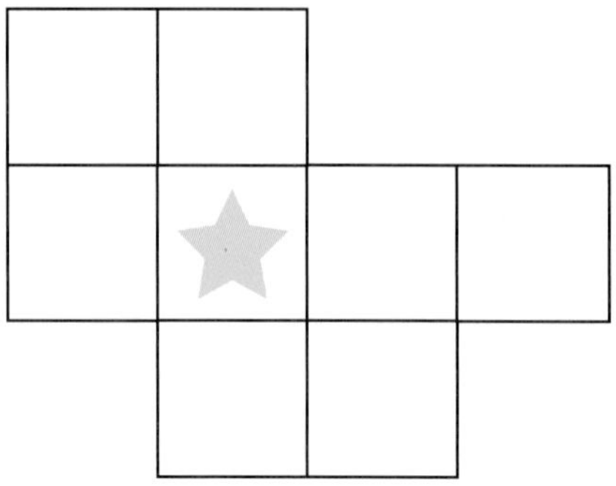

07 무우가 그린 어떤 다각형의 꼭짓점의 개수와 변의 개수의 합은 14입니다. 무우가 그린 다각형의 이름은 무엇일까요?

08 도형에서 찾을 수 있는 크고 작은 사각형은 모두 몇 개일까요?

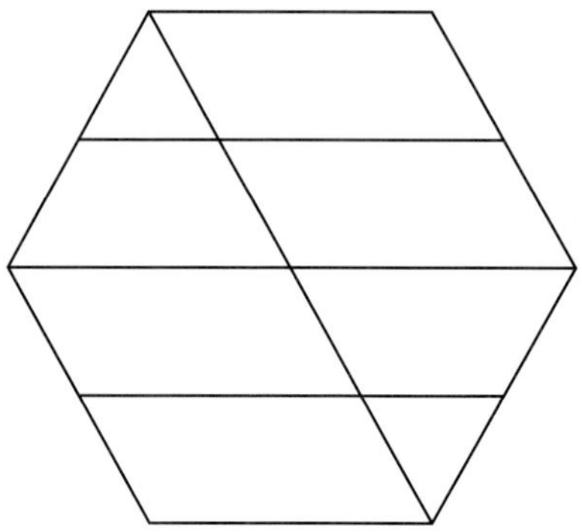

09 그림에서 찾을 수 있는 육각형은 모두 몇 개일까요? (단, 꼭짓점이 오목하게 되어 있는 도형은 찾지 않습니다.)

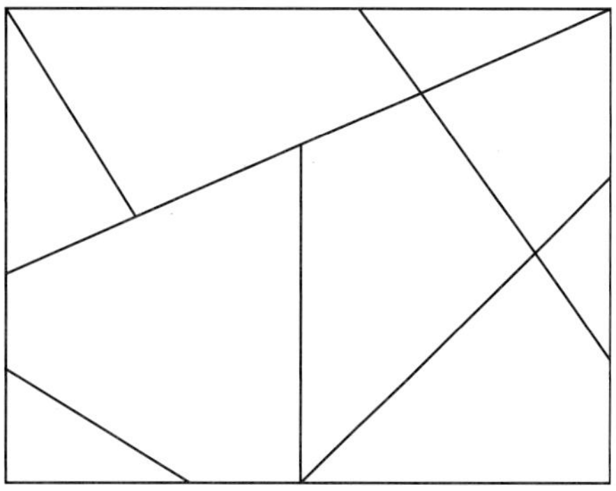

10 일정한 간격으로 그려진 8개의 점 중 여러 개의 점을 이어 만들 수 있는 서로 다른 사각형은 모두 몇 개 일까요? (단, 돌리거나 뒤집었을 때 같은 모양은 하나로 보며, 꼭짓점이 오목하게 되어 있는 도형은 찾지 않습니다.)

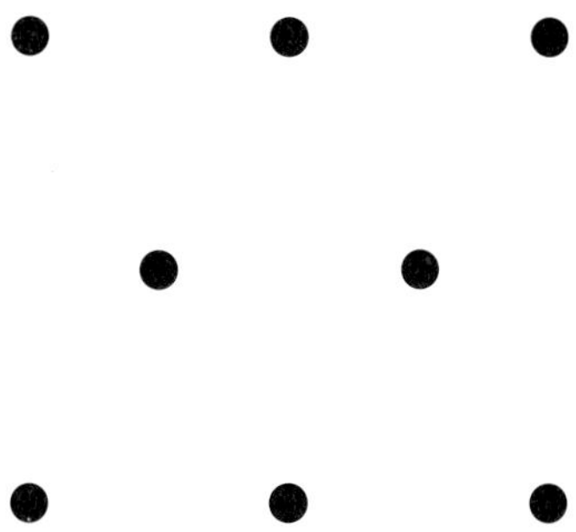

❷ 입체 도형

01 두 입체 도형의 평평한 부분의 개수를 모두 합한 값은 얼마일까요?

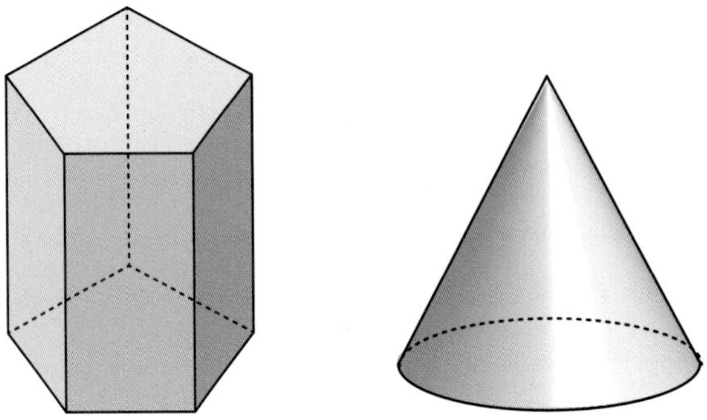

02 여러 개의 모양 조각을 이용해 <보기>와 같은 입체 도형을 만들려고 합니다. 이때 필요한 모양 조각을 찾아 빈칸에 필요한 조각의 개수를 적어 보세요.

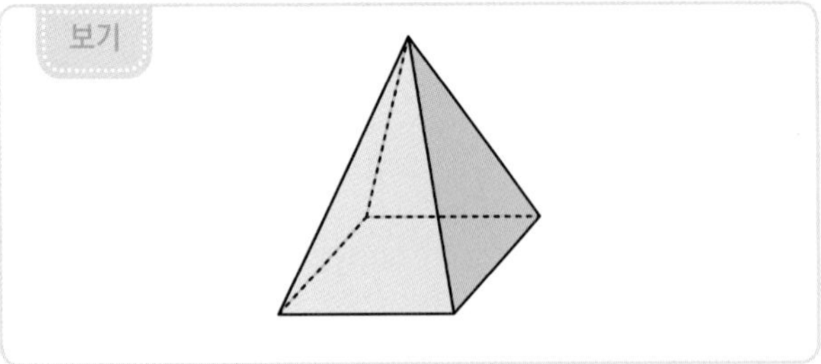

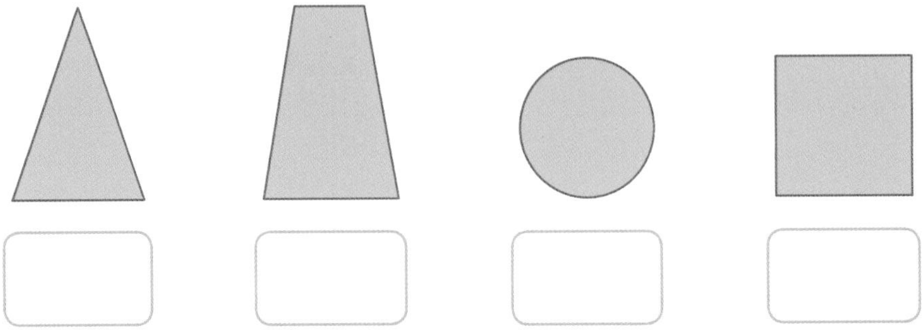

정답 및 풀이 P.18

03 아래 그림은 세 개의 입체 도형과 각 도형의 일부분을 나타낸 것입니다. 알맞은 그림과 도형끼리 연결해 보세요.

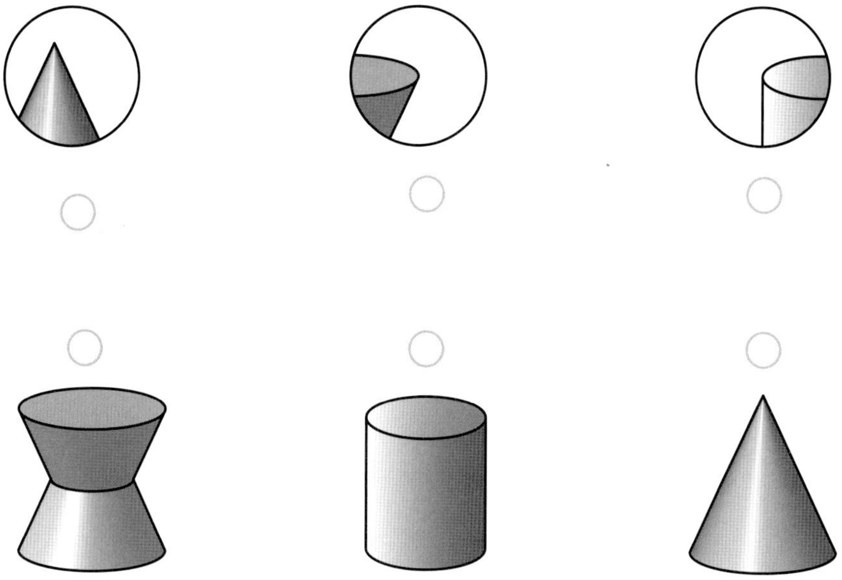

04 <보기>의 그림은 어떤 입체 도형을 펼친 모습입니다. 어떤 입체 도형일지 골라 보세요.

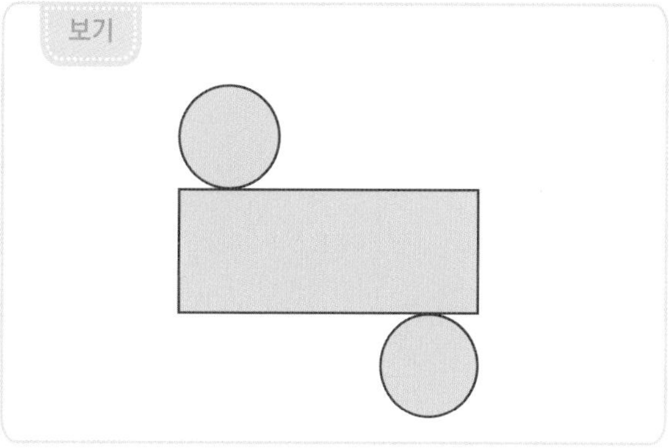

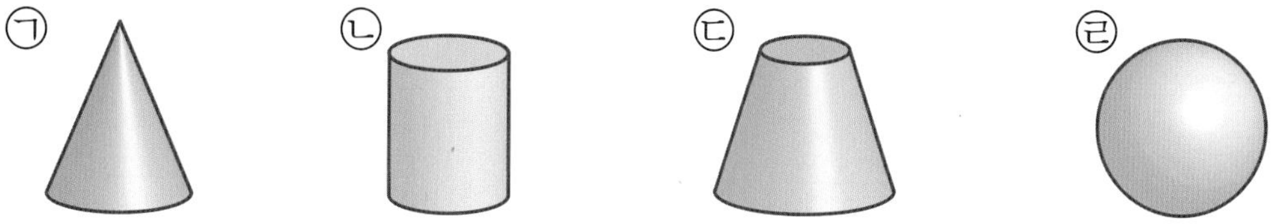

05 아래 입체 도형을 위, 앞에서 본 모양을 알맞게 그려 보세요.

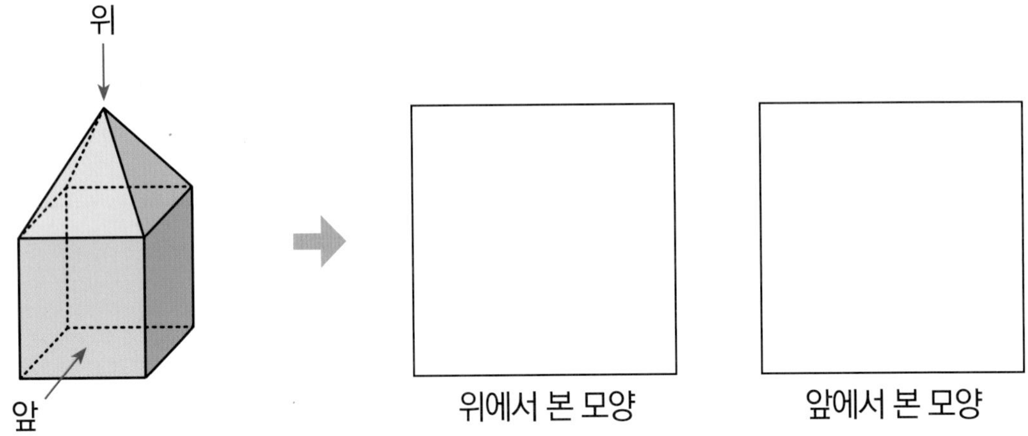

06 어떤 입체 도형을 흰색 커튼으로 가렸더니 아래와 같이 보였습니다. 이 입체도형은 무엇일 지 모두 골라보세요.

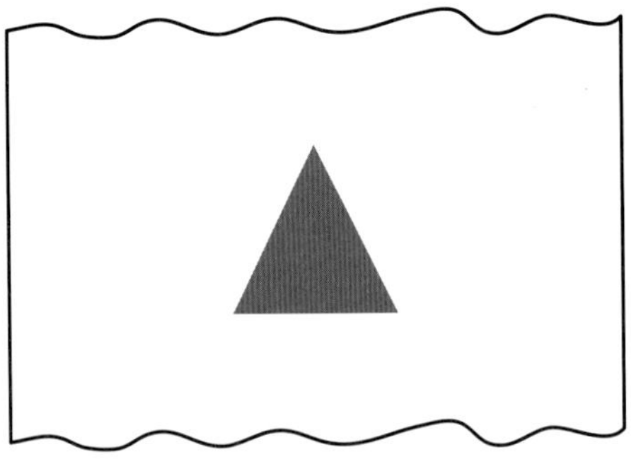

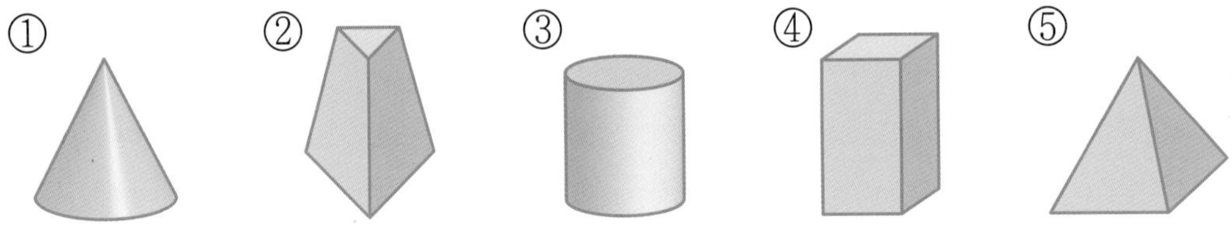

정답 및 풀이 P.18

07

다음은 어떤 입체 도형의 일부분을 나타낸 것일까요?

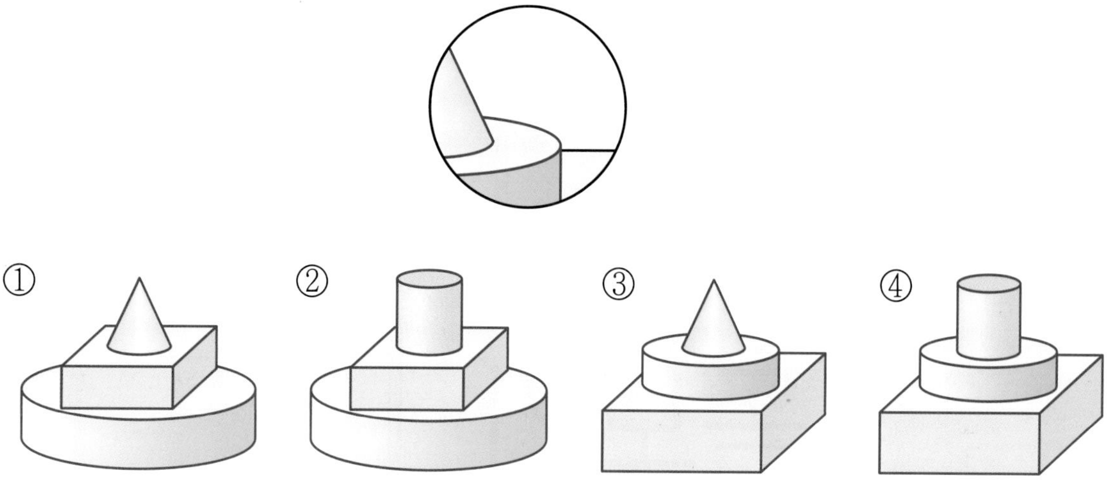

08

<보기>의 입체 도형을 한 번만 잘라서 만들 수 없는 조각을 모두 골라 보세요.

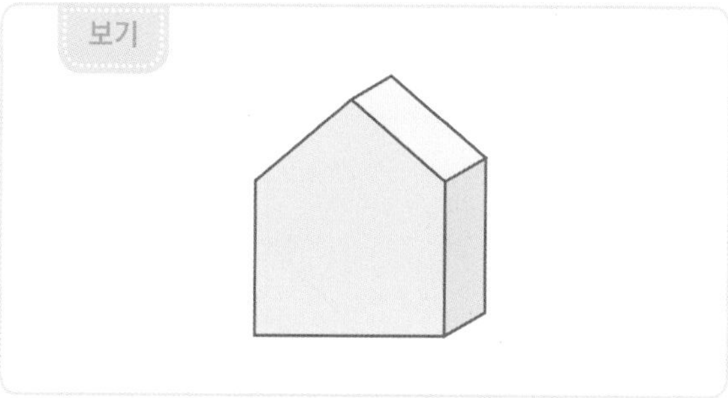

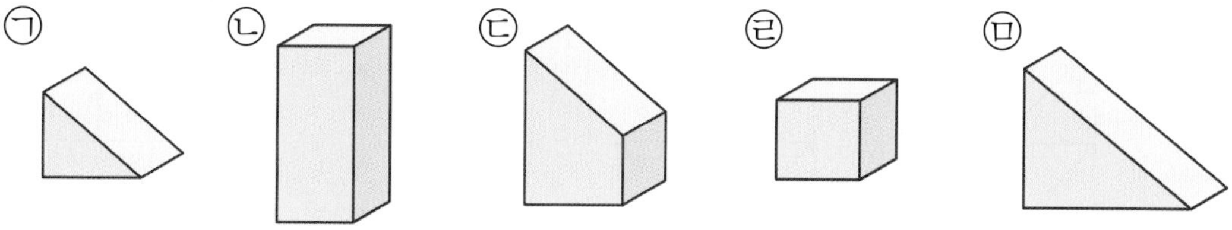

01 아래의 글자를 거울에 비추면 거울에는 어떤 모양으로 나타날지 각 빈칸에 알맞은 모양을 그려 보세요.

(1)
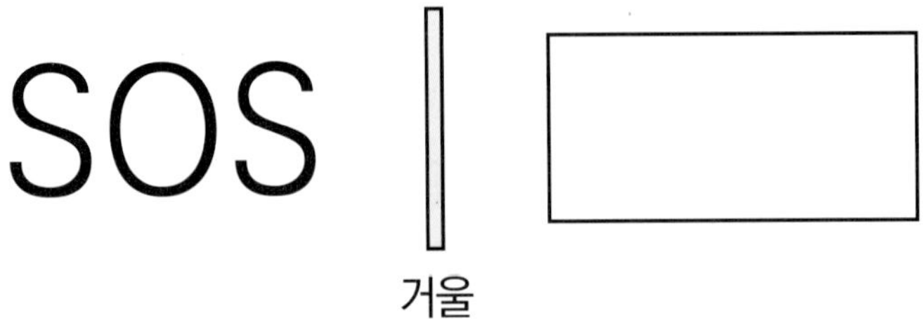

(2)
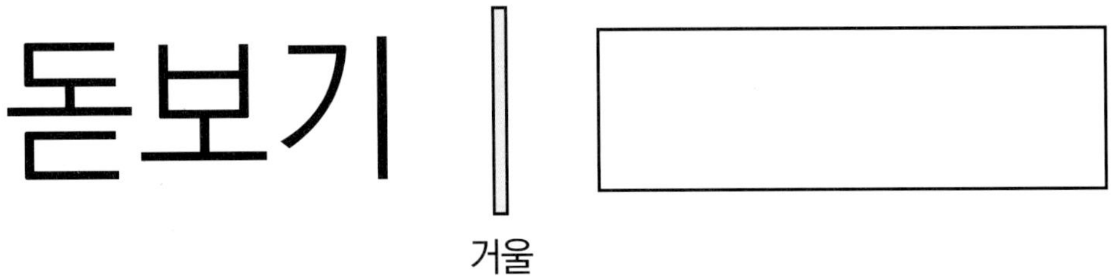

02 <보기>와 같은 모양은 무엇일까요?

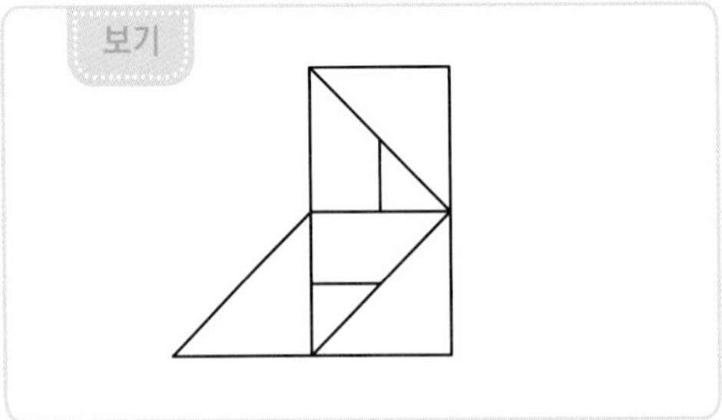

㉠
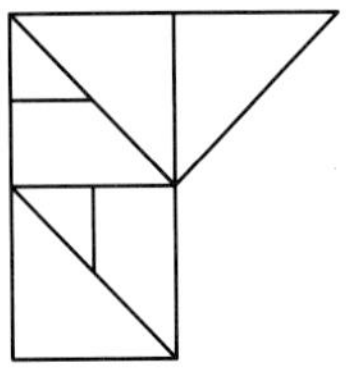
㉡
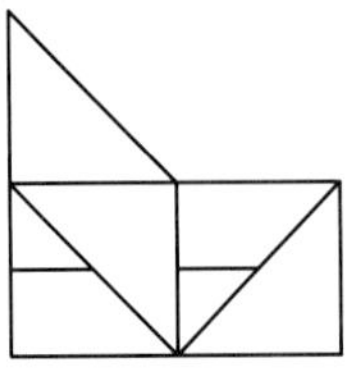
㉢
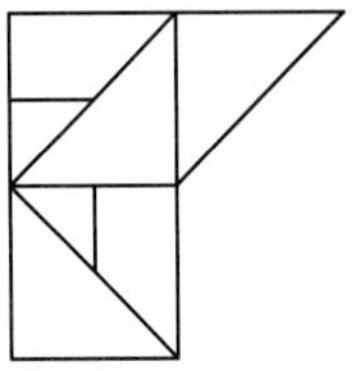
㉣
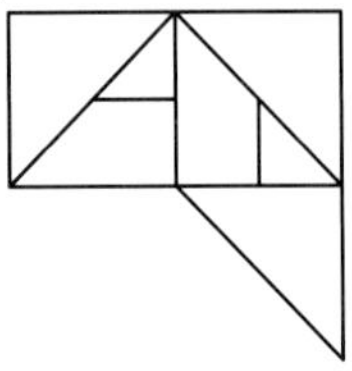
㉤
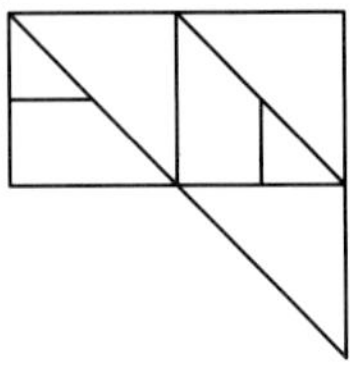

정답 및 풀이 P.19

03 거울에 비친 시계의 모습입니다. 시계가 나타내는 현재 시각은 몇 시 몇 분일까요?

04 크기가 같은 두 장의 투명 종이가 있습니다. 이 두 장의 투명 종이를 회전시키지 않고 완전히 겹쳤을 때, 색칠된 칸의 수는 모두 몇 개일까요?

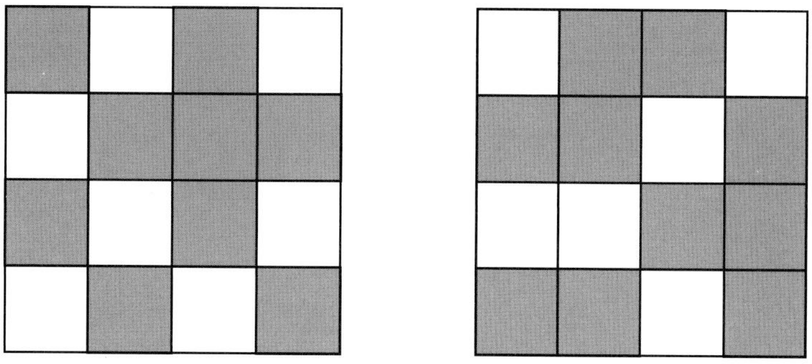

05 커튼에 비친 모양을 보고 이 모양을 만드는 데 사용된 색종이 조각을 모두 골라 보세요.

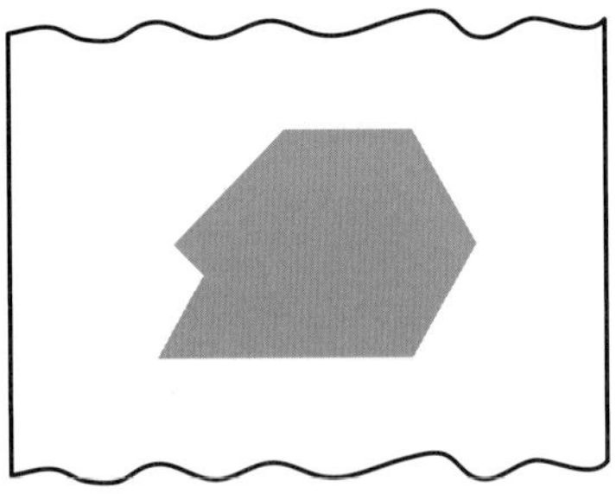

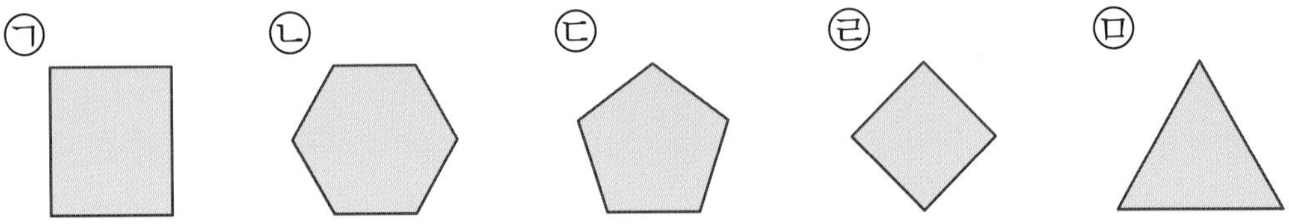

06 다음 그림에서 찾을 수 없는 모양은 무엇일까요?

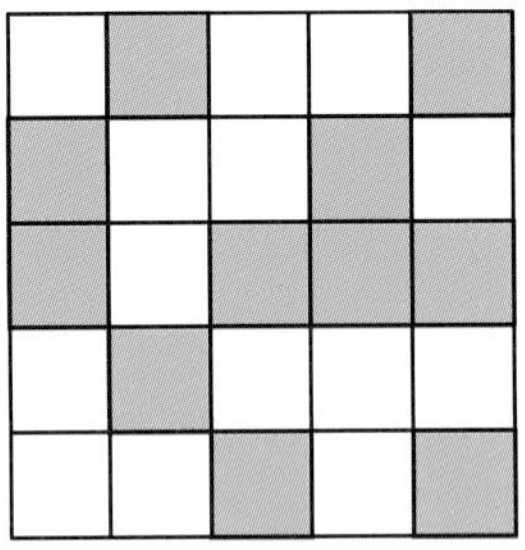

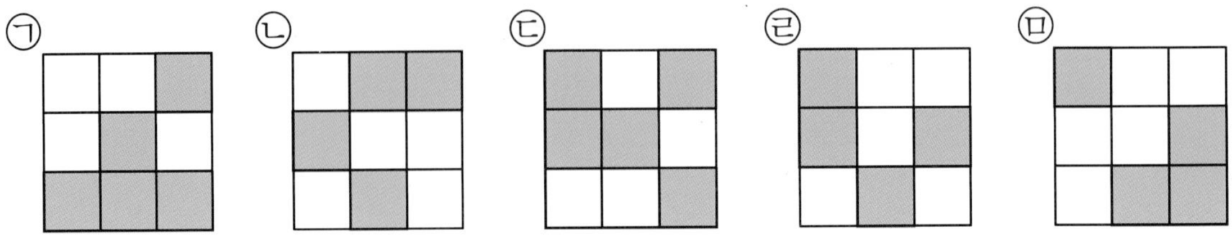

정답 및 풀이 P.20

07 다음 그림과 같은 모양은 무엇일까요?

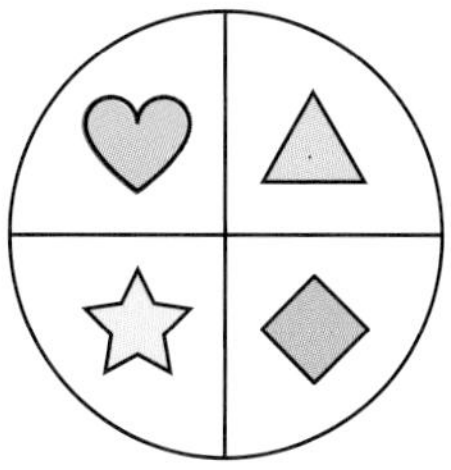

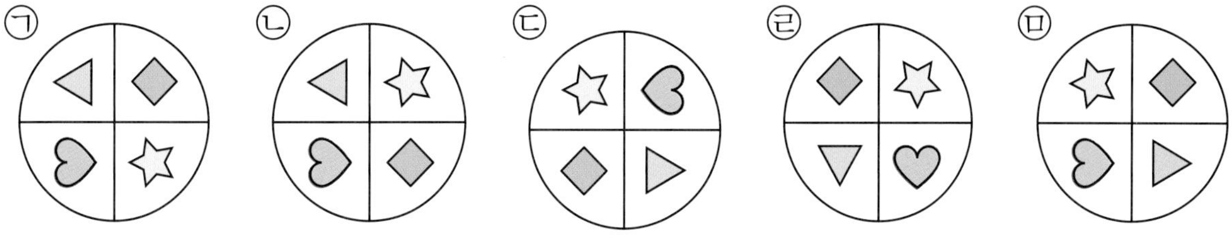

08 아래의 그림을 거울에 비추면 거울에는 어떤 모양으로 나타날지 모눈종이 위에 그려 보세요.

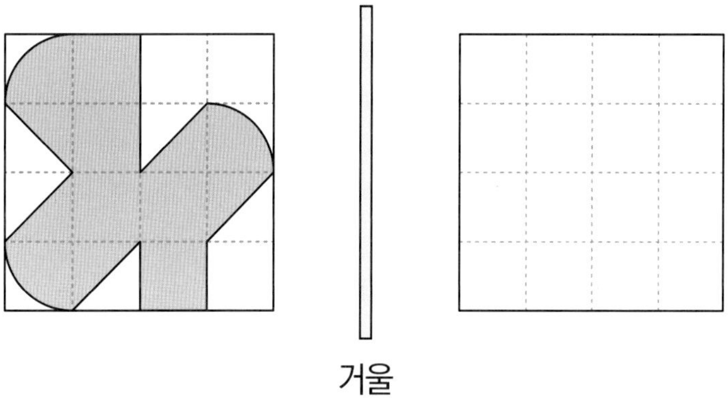

④ 도형 나누기와 움직이기

01 오각형을 크기와 모양이 같은 5개의 도형으로 나누려고 합니다. 서로 다른 두 방법으로 5등분 해 보세요.

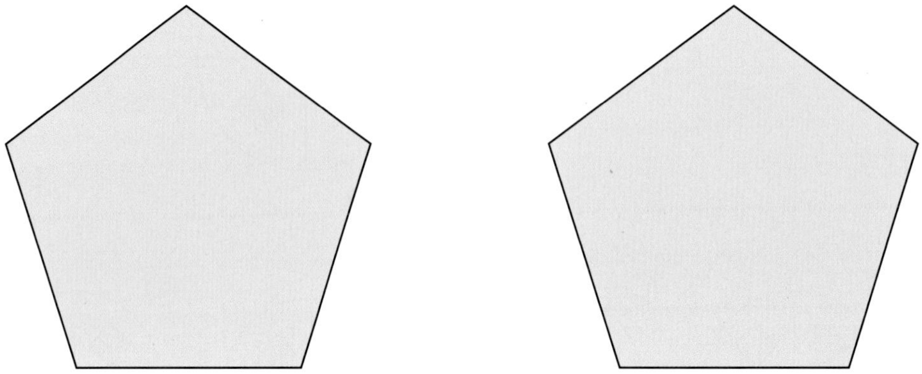

02 도형을 반시계 방향으로 반 바퀴 돌렸을 때의 모양을 빈칸에 그려 넣어 보세요.

03 도형을 크기와 모양이 같은 네 개의 도형으로 나누려고 합니다. 각 도형에 ★ 모양이 하나씩 들어가도록 도형을 사 등분 해보세요.

04 크기와 모양이 같은 6개의 도형으로 나누어 보세요.

05 도형을 시계 방향으로 반의 반 바퀴씩 세 번 돌렸을 때의 모양을 모눈종이 위에 그려 넣어 보세요.

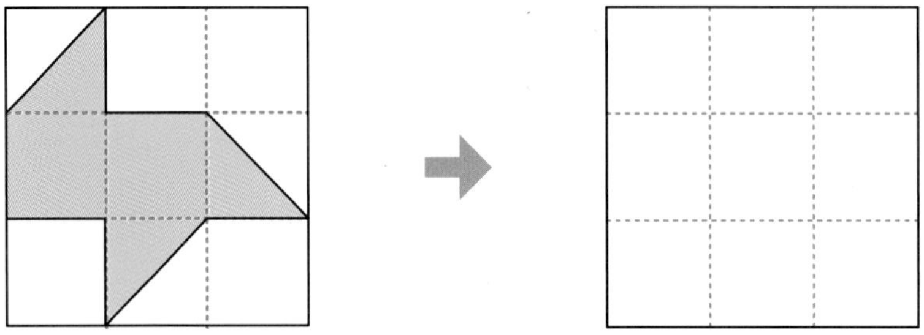

06 조건에 맞게 도형을 나누어 보세요.

〈조건〉

각 칸에 쓰여 있는 숫자는 그 칸을 포함하는 도형의 칸 수 입니다.

	4			2
		5		
3				4
		2		

07 도형을 돌리거나 뒤집은 모양으로 알맞은 도형을 모눈종이에 각각 그려 넣어 보세요.

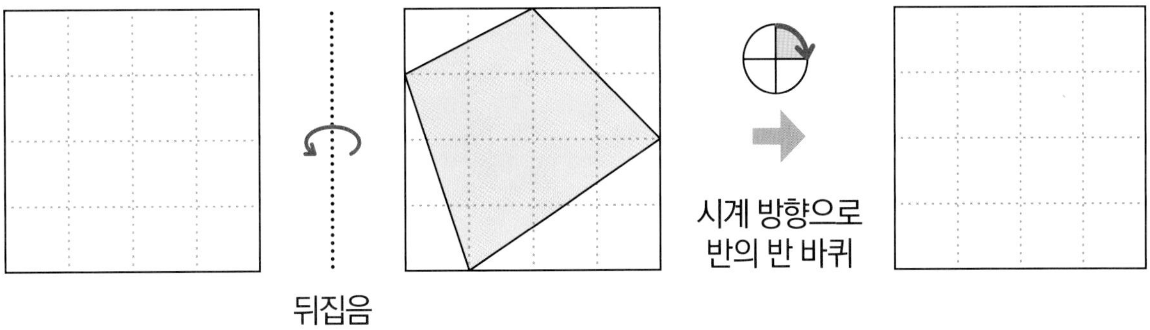

08 왼쪽의 다섯 개의 모양 조각으로 오른쪽 도형을 빈틈없이 채워 보세요. (단, 모양 조각은 돌리거나 뒤집어서 사용해도 됩니다.)

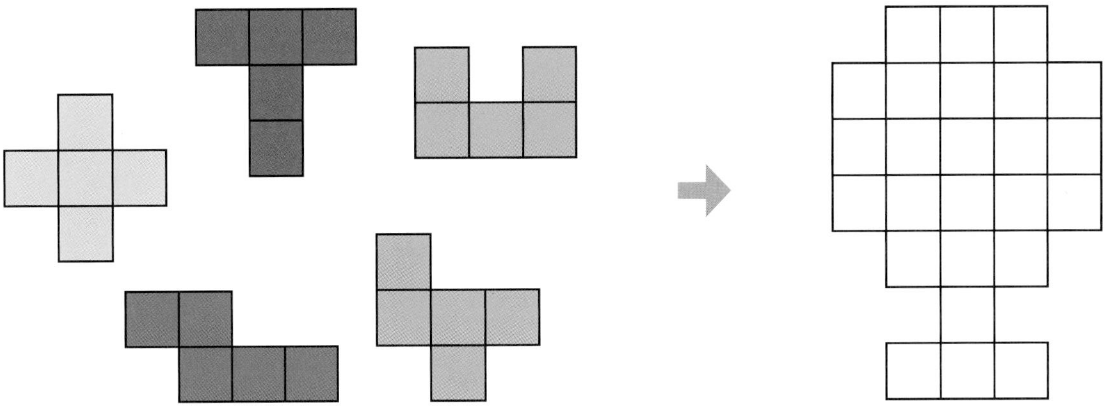

⑤ 쌓기나무

01 여섯 개의 쌓기나무 모양 중 사용된 쌓기나무의 개수가 같은 것들끼리 짝지어 기호를 적어 보세요.

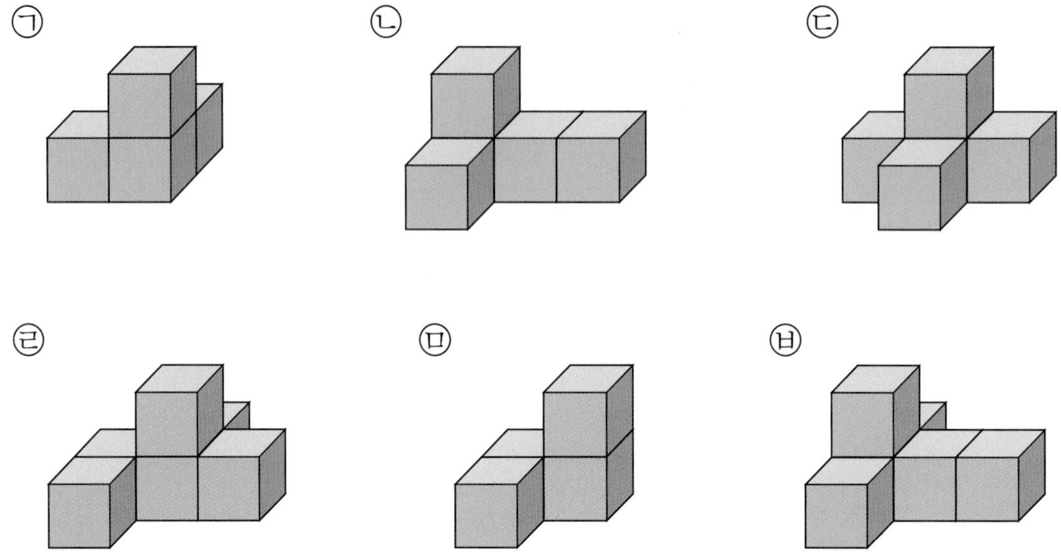

02 쌓기나무 세 개를 붙여서 만든 아래의 모양에 한 개의 쌓기나무를 더 붙여 새로운 모양을 만들려고 합니다. 이때 만들 수 있는 서로 다른 모양은 모두 몇 가지일까요? (단, 돌리거나 뒤집었을 때 같은 모양은 하나로 봅니다.)

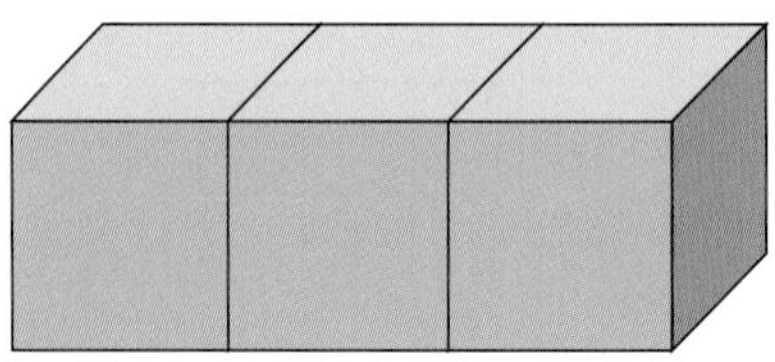

03 아래 세 개의 모양은 <보기>의 모양을 여러 각도에서 본 것입니다. 회색 쌓기나무의 위치를 찾아 색칠해 보세요.

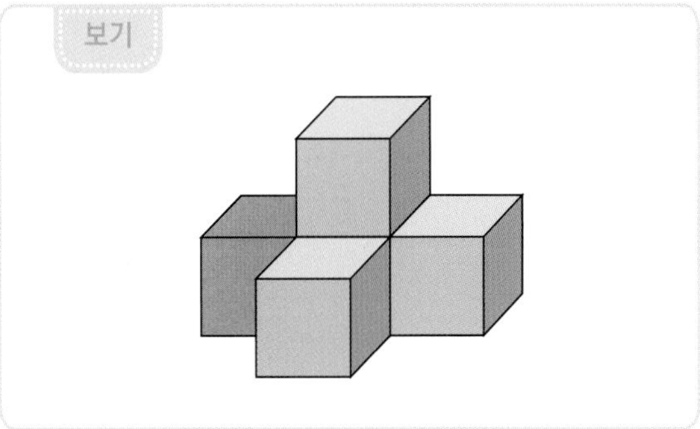

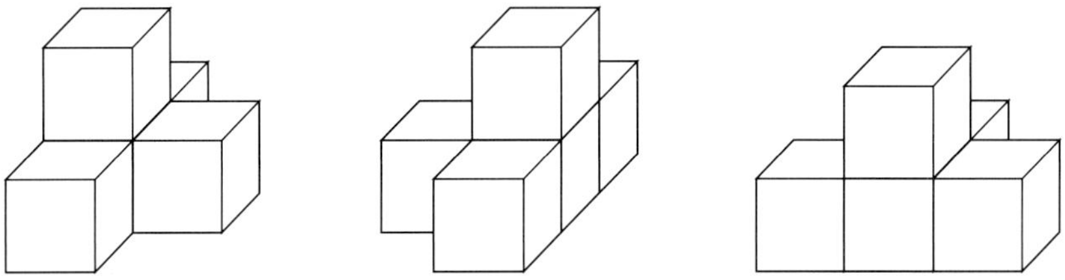

04 왼쪽 쌓기나무 모양을 오른쪽 쌓기나무 모양과 똑같이 만들기 위해서 몇 개의 쌓기나무가 더 필요할까요?

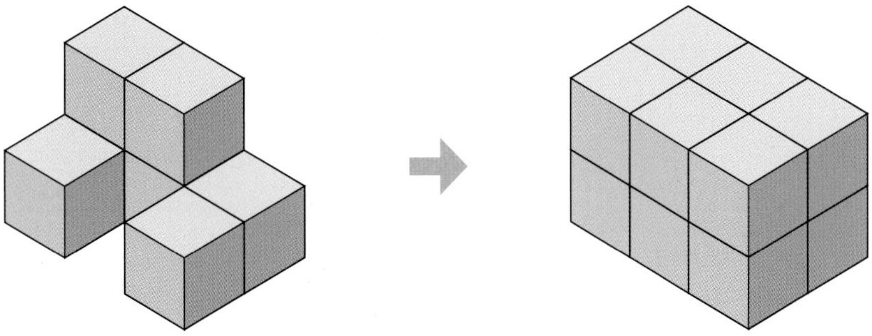

05 한쪽 벽에 쌓기나무를 쌓았습니다. 이때 보이는 쌓기나무의 개수와 보이지 않는 쌓기나무의 개수의 차는 얼마일까요?

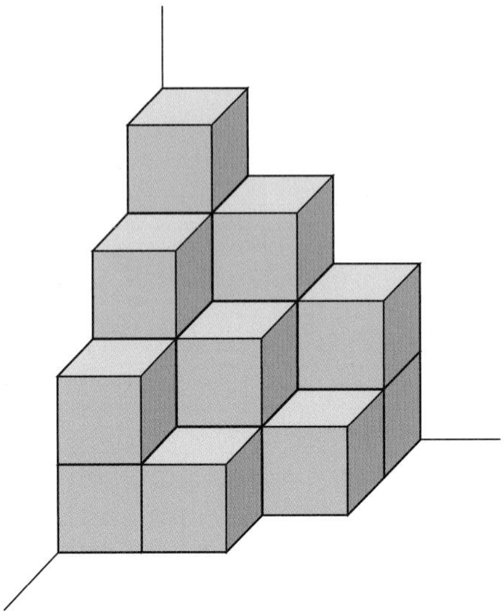

06 아래와 같은 규칙으로 쌓기나무를 쌓는다고 할 때, 다섯 번째에는 몇 개의 쌓기나무를 쌓아야 할까요?

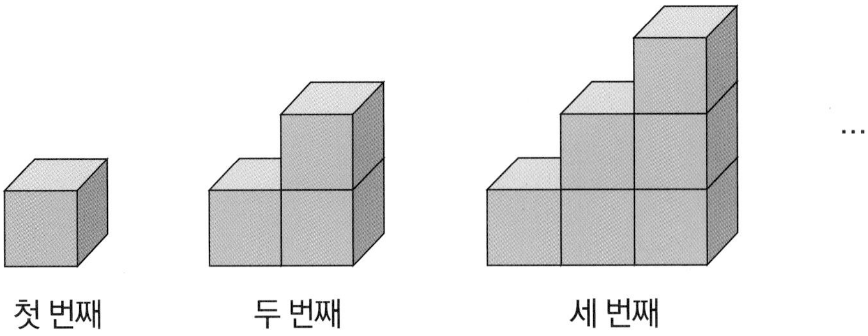

07 그림은 어떤 쌓기나무 모양을 위, 앞, 오른쪽 옆에서 본 것입니다. 이 쌓기나무 모양을 만들기 위해서는 총 몇 개의 쌓기나무가 필요할까요?

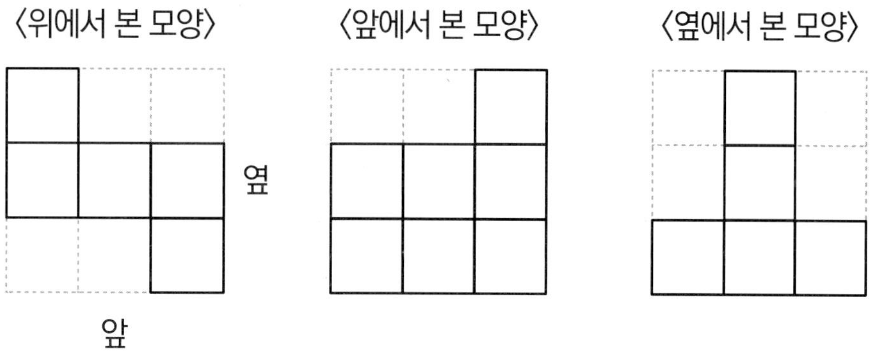

08 〈보기〉의 모양에 한 개의 쌓기나무를 더 붙여 새로운 모양을 만들려고 합니다. 이때 만들 수 없는 모양은 무엇일까요?

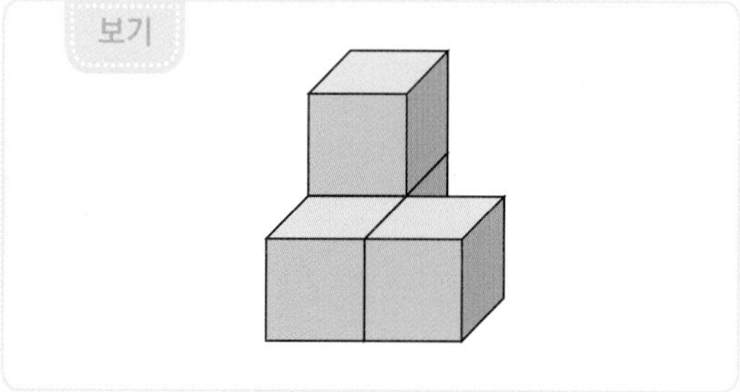

①
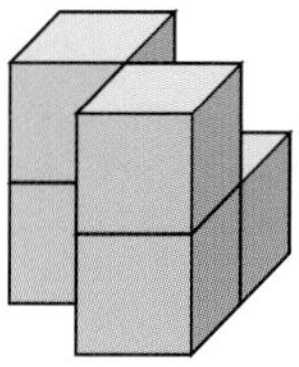

②
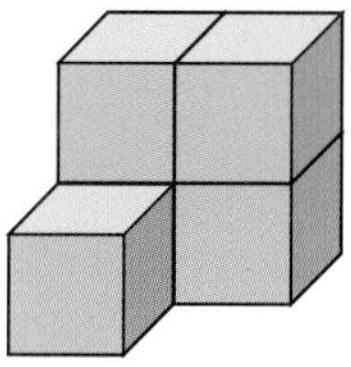

③
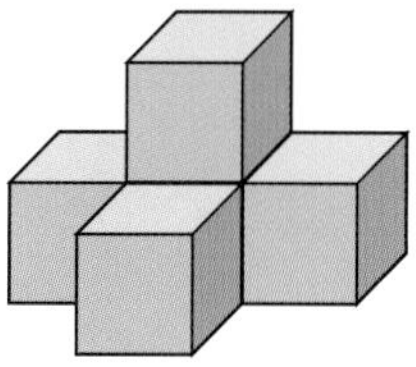

④

⑤
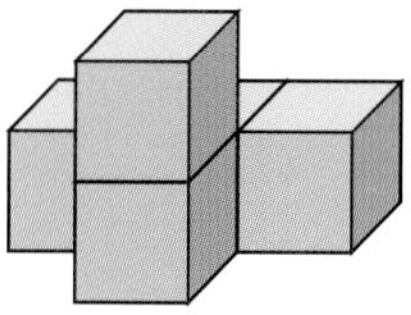

C 측정

① 길이 비교

01 천장에 밧줄 4개가 매달려 있습니다. 가장 긴 밧줄부터 차례대로 기호를 적어보세요.

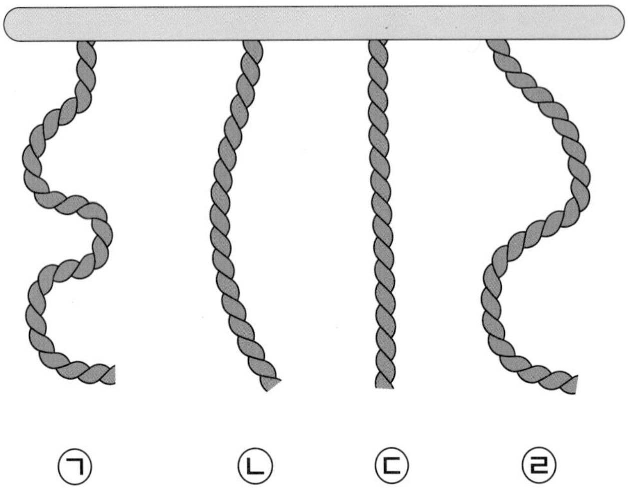

02 무우, 알알, 상상이는 각자 서로 다른 색의 연필을 갖고 있습니다. 대화를 읽고 상상이는 무슨 색의 연필을 가지고 있을지 알아보세요.

무우 : 나는 지우개 3개의 길이보다 작은 연필을 갖고 있어.

알알 : 내가 갖고 있는 연필은 지우개 2개의 길이보다 작아.

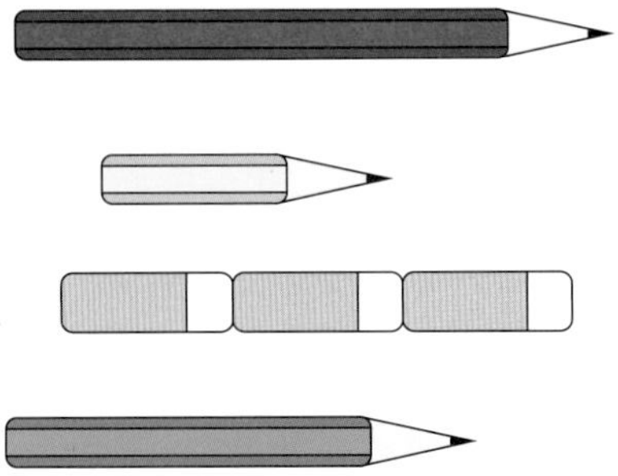

03 아래와 같이 무우와와 상상이는 천에 각각 바느질했습니다. 누가 더 긴 실을 사용해 바느질했을까요?

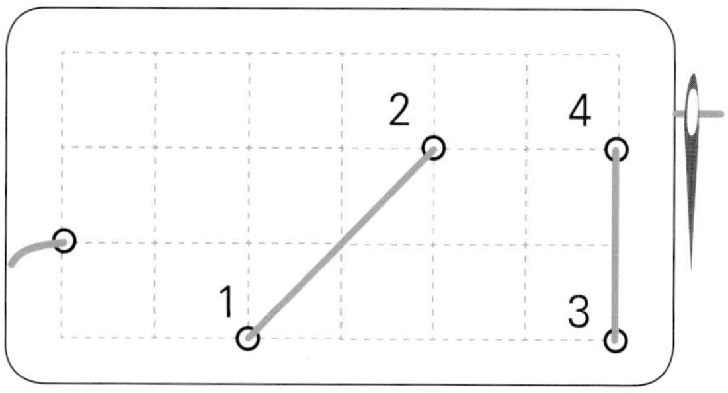

▲무우

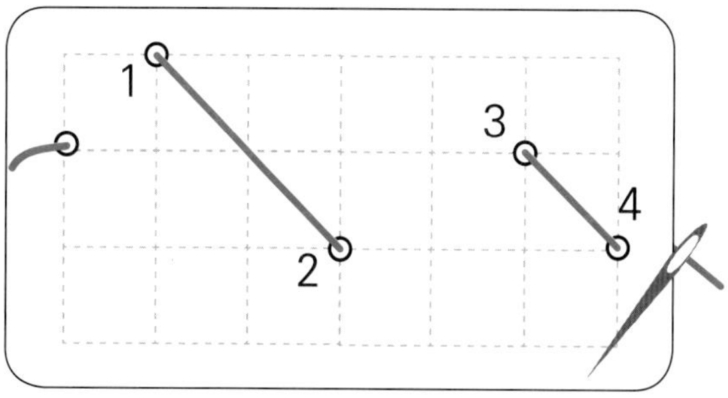

▲상상

04 길이가 서로 다른 4가지 테이프를 각각 2장씩 비교했습니다. 4장의 테이프를 가장 긴 순서대로 나열하려고 합니다. 추가로 몇 번 더 비교해야 하는지 구하고, 무슨 색과 무슨 색 테이프를 비교하는지 적어보세요.

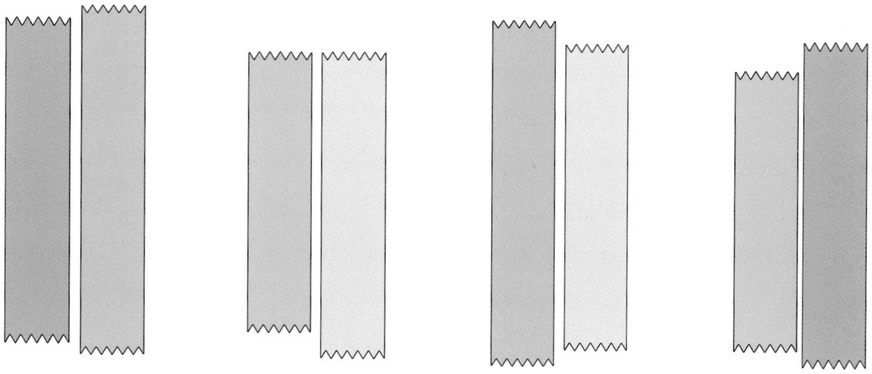

① 길이 비교

05 3개의 쌓기나무를 각각 테이프로 감싸 붙였습니다. 사용된 테이프의 길이가 가장 긴 것부터 차례대로 기호를 적으세요.

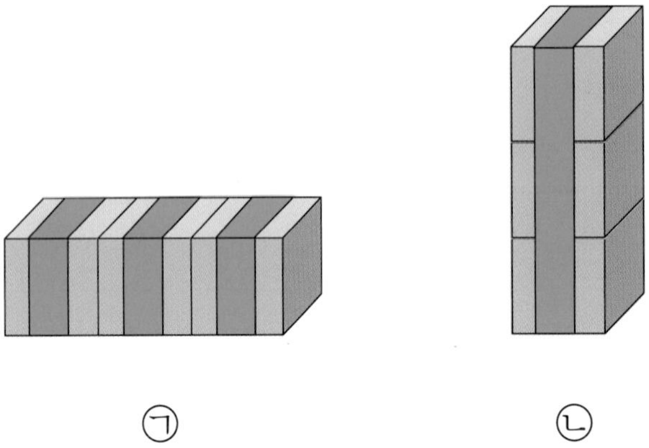

06 세 명의 친구들은 각자 무우네 집까지 가장 짧은 길을 따라 갔습니다. 무우네 집까지 가는 거리가 가장 짧은 사람은 누구일까요?

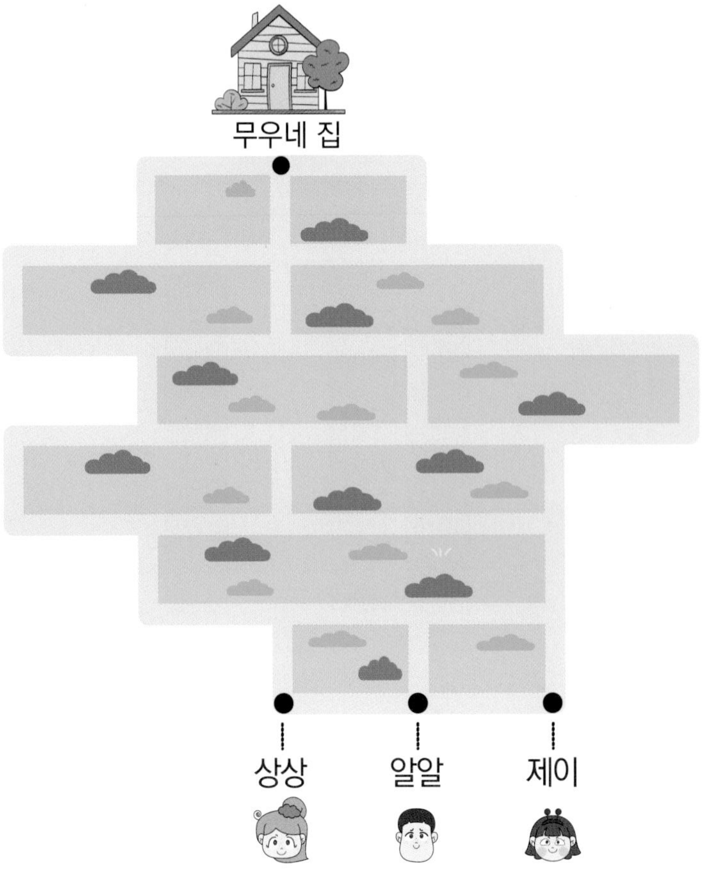

07 <보기>와 같이 높이가 서로 다른 3개의 도형이 있습니다. 이 도형을 이용해 3개의 연필 길이를 서로 비교했습니다. 길이가 가장 긴 연필부터 차례대로 기호를 적으세요.

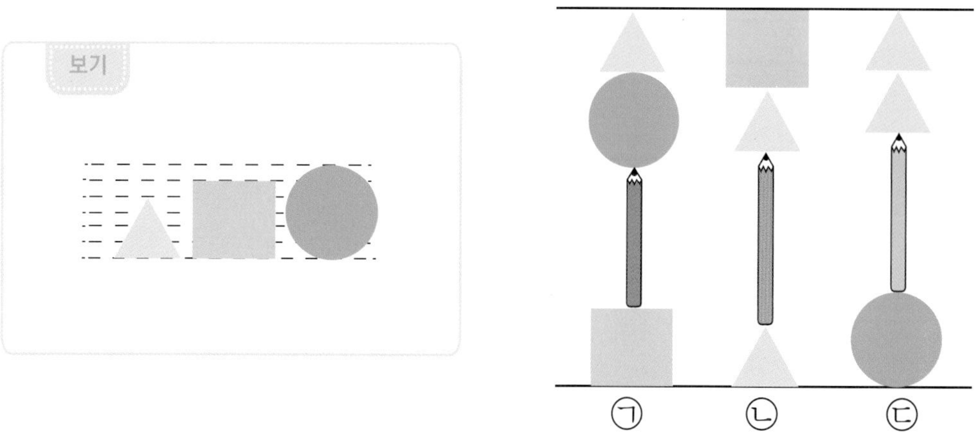

08 길이가 서로 다른 4개의 파란색 테이프가 있습니다. 가장 긴 테이프부터 차례대로 기호를 적어보세요.

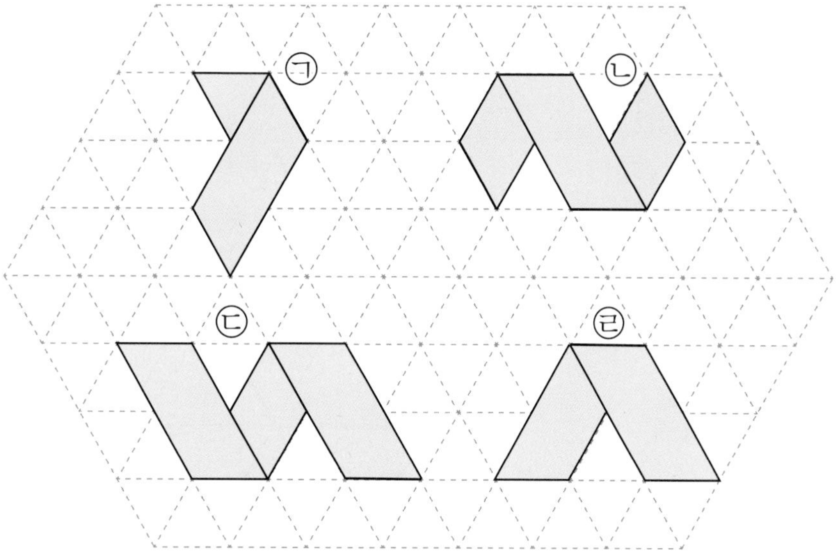

② 길이 재기

01 무우의 걸음으로 집에서 학원까지 24분이 걸리고, 문구점에서 학교까지 16분이 걸립니다. 또한, 문구점에서 학원까지 9분이 걸립니다. 집에서 학교까지는 몇 분이 걸릴까요?

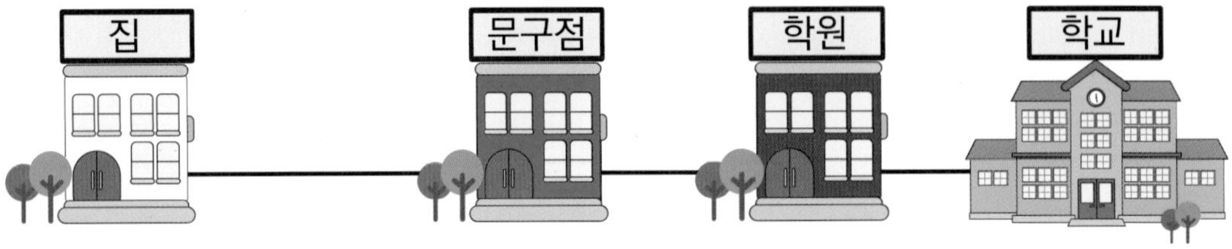

02 가장 작은 삼각형 한 변의 길이가 5cm 일 때, 빨간색 선의 길이는 총 몇 cm 일까요?

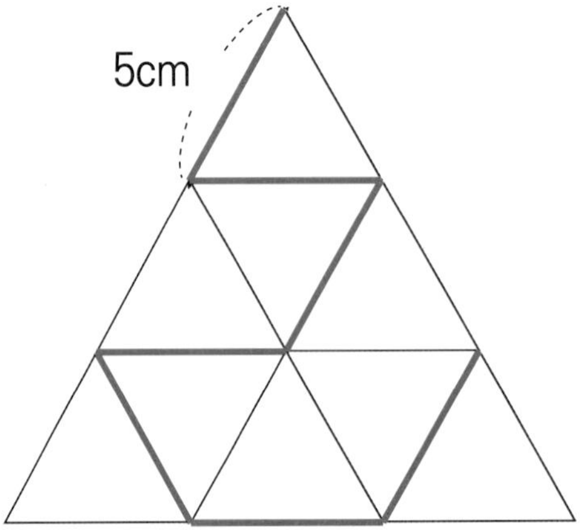

03 성냥개비로 삼각형과 사각형을 만들었습니다. 성냥개비 한 개의 길이가 3cm 일 때, 삼각형의 둘레와 사각형의 둘레의 차를 구하세요. (단, 성냥개비의 두께는 생각하지 않습니다.)

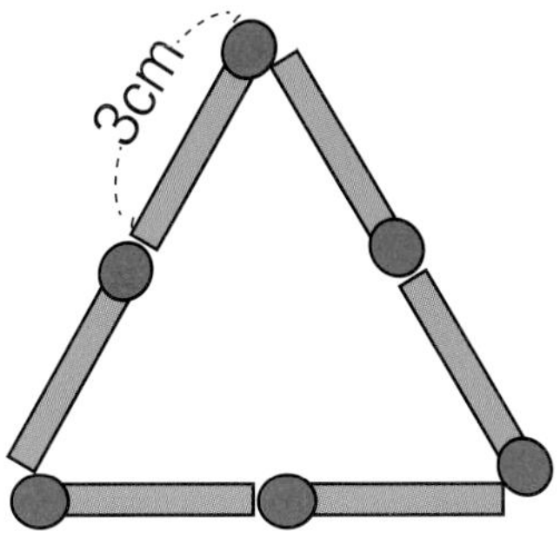

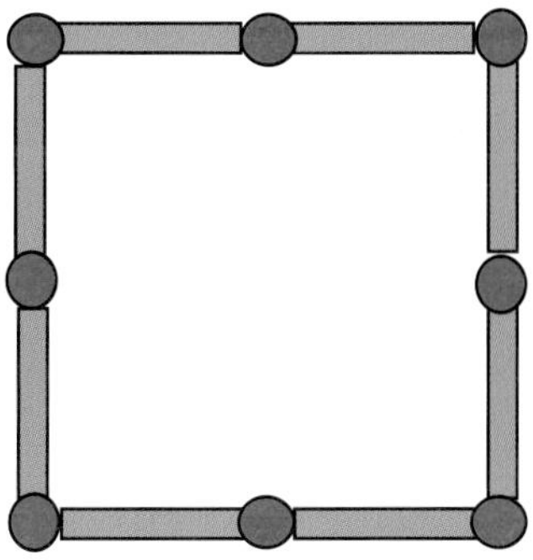

04 가장 작은 사각형 한 변의 길이가 1cm 입니다. 변을 따라 출발점에서 B 까지 가는 가장 가까운 길이와 출발점에서 C 까지 가는 가장 가까운 길이는 출발점에서 A 까지 가는 가장 가까운 길이의 각각 몇 배일까요?

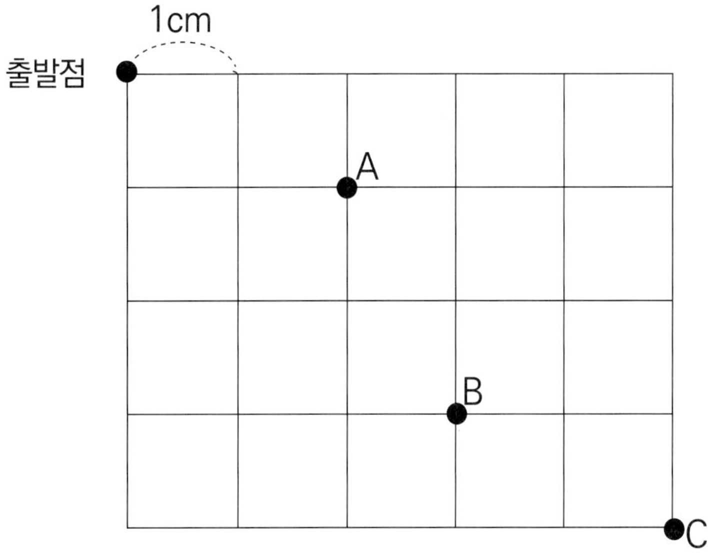

05 가장 작은 삼각형 한 변의 길이가 1cm 위에 파란색 테이프를 3 번 접었습니다. 파란색 테이프의 길이는 몇 cm 일까요?

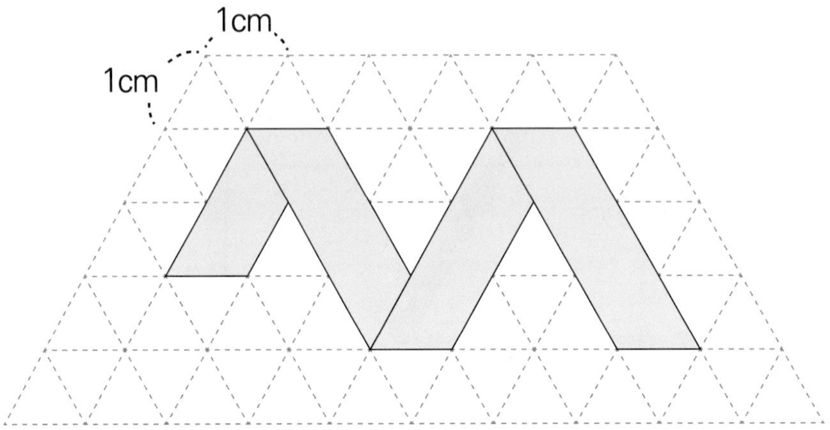

06 가장 작은 삼각형 한 변의 길이가 2cm 일 때, 삼각형의 변을 따라 출발점에서 도착점까지 가는 가장 가까운 길은 몇 cm 일까요?

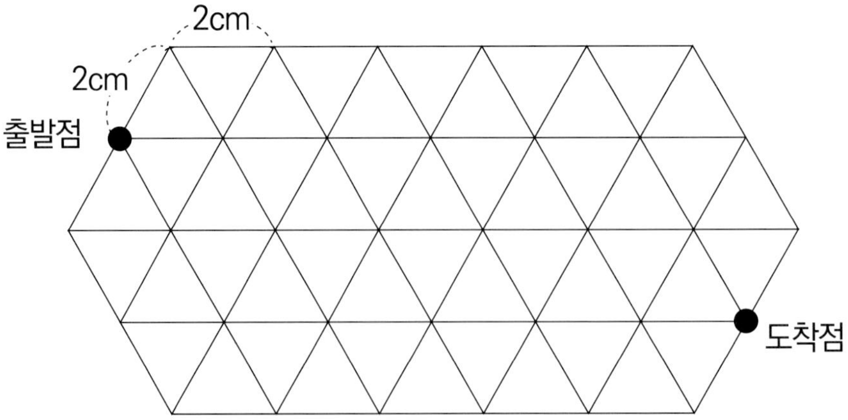

07 연필 한 개의 길이는 지우개 2개의 길이보다 14cm 더 길고, 지우개 1개와 연필 1개의 길이의 합은 20cm 입니다. 성냥개비의 길이는 지우개 2개의 길이보다 1cm 더 길 때, 성냥개비의 길이는 몇 cm 일까요?

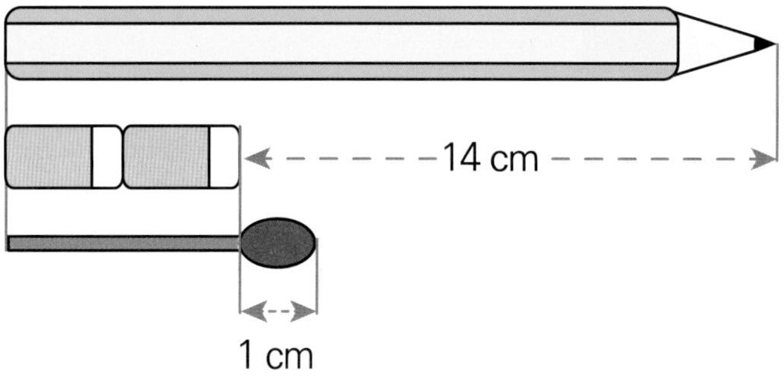

08 파란색 테이프 1 개의 길이는 15cm 이고 초록색 테이프 한 개와 노란색 테이프 한 개의 길이의 차가 2cm 입니다. 이때 빨간색 테이프 한 개의 길이는 몇 cm 일까요?

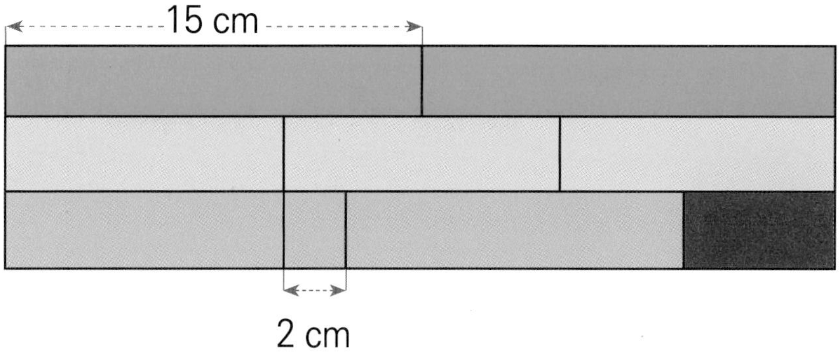

③ 넓이와 들이 비교

01 색깔이 서로 다른 4장의 색종이가 있습니다. 이 중 넓이가 같은 색종이 2장이 있습니다. 아래와 같이 색종이 2장씩 왼쪽 끝을 맞추어 겹쳐 놓았을 때, 넓이가 같은 색은 무슨 색과 무슨 색일까요?

02 제이, 상상, 알알이의 대화에서 그릇에 들어있는 물의 양을 바르게 비교한 사람은 누구일까요?

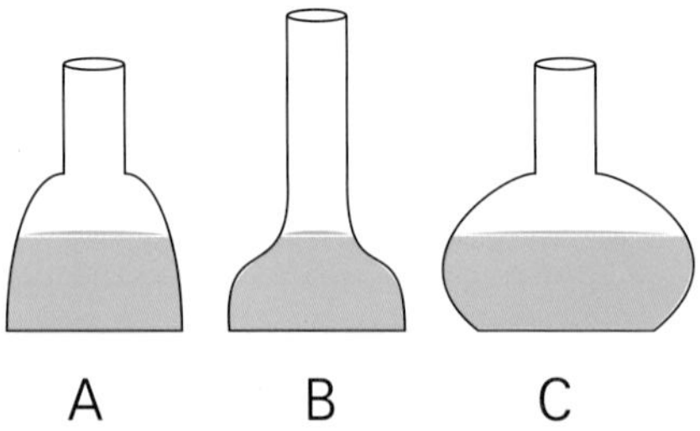

제이 : 물의 높이가 모두 같으니 물의 양도 모두 같아.

상상 : 그릇 B 의 높이가 가장 높으니까 물의 양이 가장 많아.

알알 : 물의 높이가 모두 같으니까 가장 넓은 그릇인 C 가 가장 물의 양이 많아!

정답 및 풀이 P.28

03 <그림>의 물병을 뒤집은 모습과 옆으로 눕힌 모습으로 알맞은 것을 각각 찾아 기호를 적어보세요.

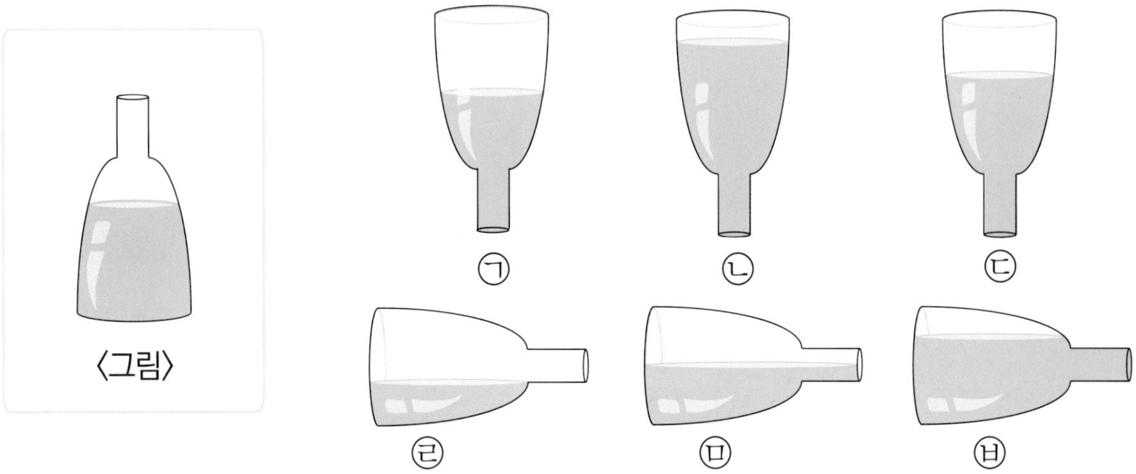

04 도형 ㉠, ㉡ 에서 파란색과 노란색 중 어느 색이 더 넓을까요?

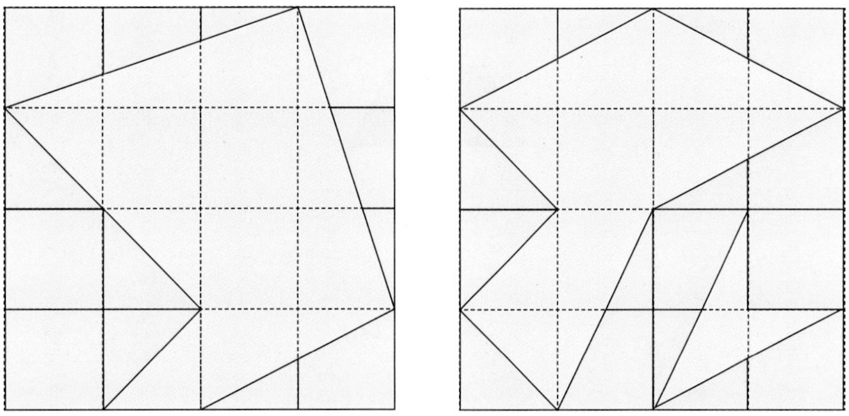

㉠ ㉡

05 무우, 상상, 알알, 제이는 각각 들이가 같은 주스 1병을 마시다가 남은 주스를 물컵에 따랐더니 아래와 같은 모양이 되었습니다. 주스를 가장 많이 마신 사람부터 차례대로 적어보세요.

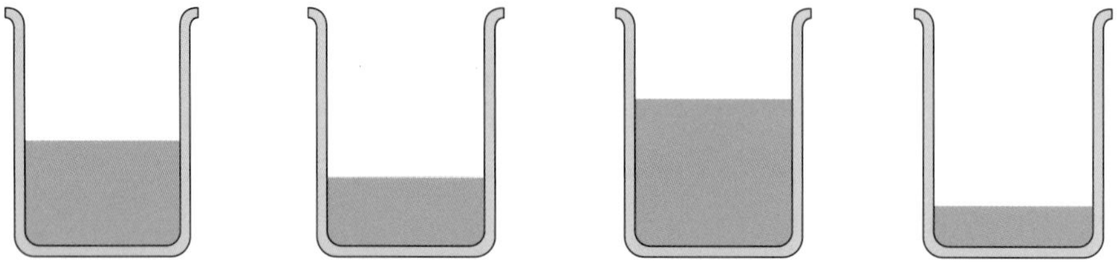

▲무우 ▲상상 ▲알알 ▲제이

06 아래의 조각 여러 개를 사용해서 주어진 삼각형을 덮으려고 합니다. 조각을 가장 적게 사용할 때의 개수를 구하세요.

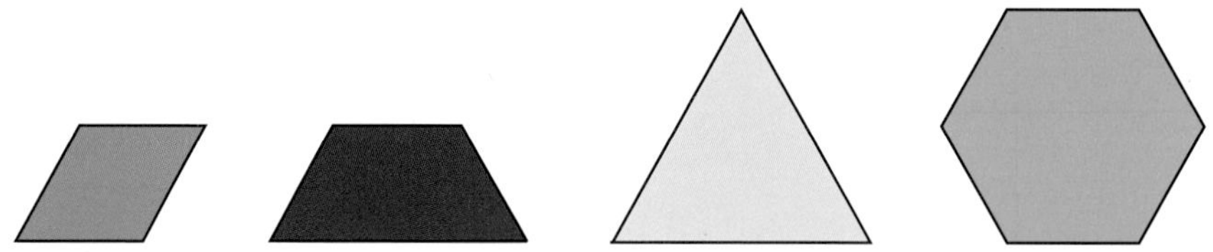

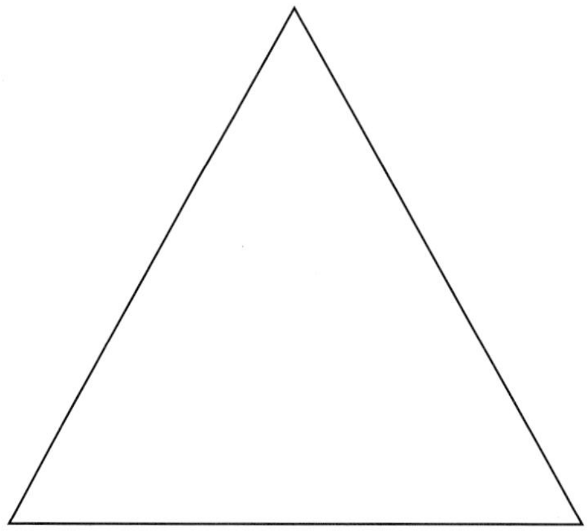

07 아래와 같이 들이가 모두 다른 꽃병에 각각 컵을 이용해 물을 가득 채웠습니다. 큰 컵 한 개의 들이는 작은 컵 3개의 들이와 같습니다. 들이가 가장 적은 꽃병부터 차례대로 기호를 적으세요.

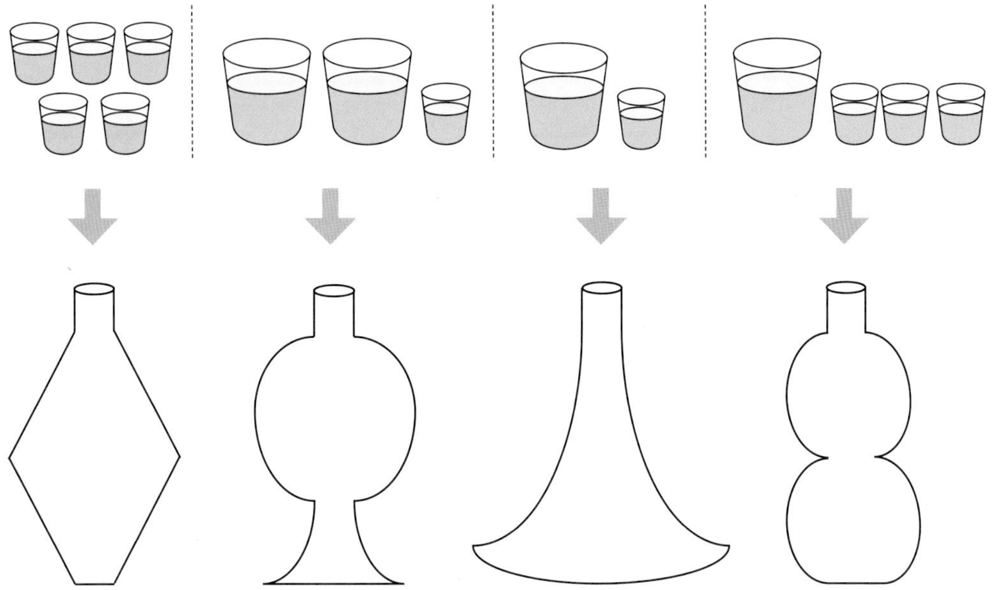

㉠ ㉡ ㉢ ㉣

08 활동북

<칠교판>을 사용해서 주어진 도형을 덮으려고 합니다. 조각을 가장 많이 사용할 때와 가장 적게 사용할 때의 개수를 각각 구하세요.

(이 문제는 활동북에서 푸는 문제입니다. ⇒ P.159)

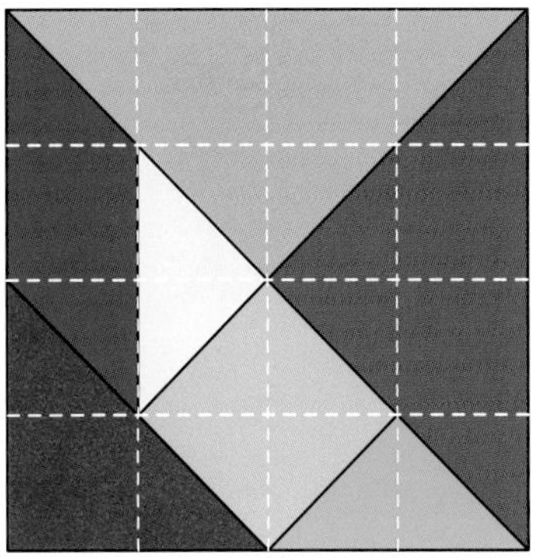

▲ 칠교판

▲ 가장 적게 사용할 때

▲ 가장 많이 사용할 때

C 측정

❹ 무게 비교

01 <보기>는 무게가 서로 다른 4개 모양의 무게를 비교한 것입니다. ● 1개와 ■ 1개의 무게의 합은 △ 몇 개의 무게와 같을까요?

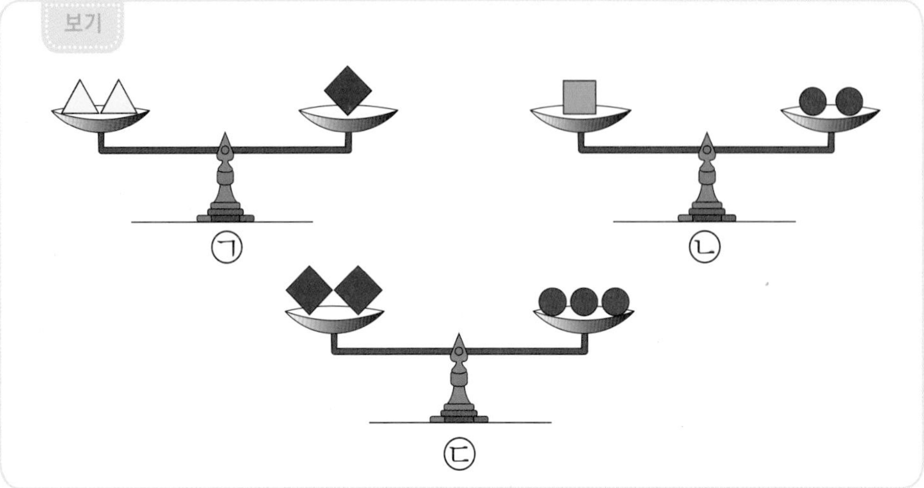

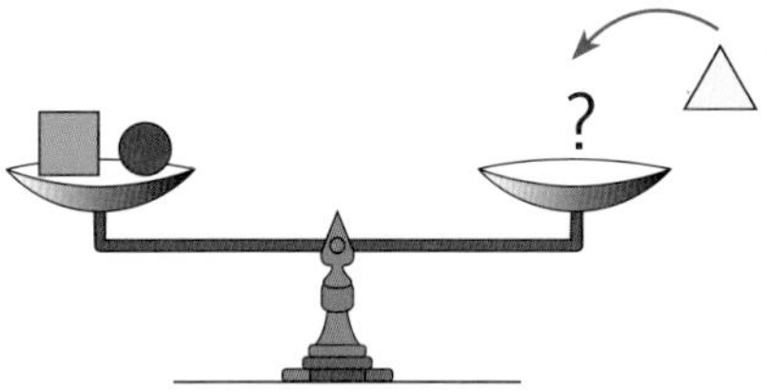

02 <보기>는 4개 구슬의 무게를 비교한 것입니다. 가장 가벼운 구슬을 찾아 기호를 적어보세요.

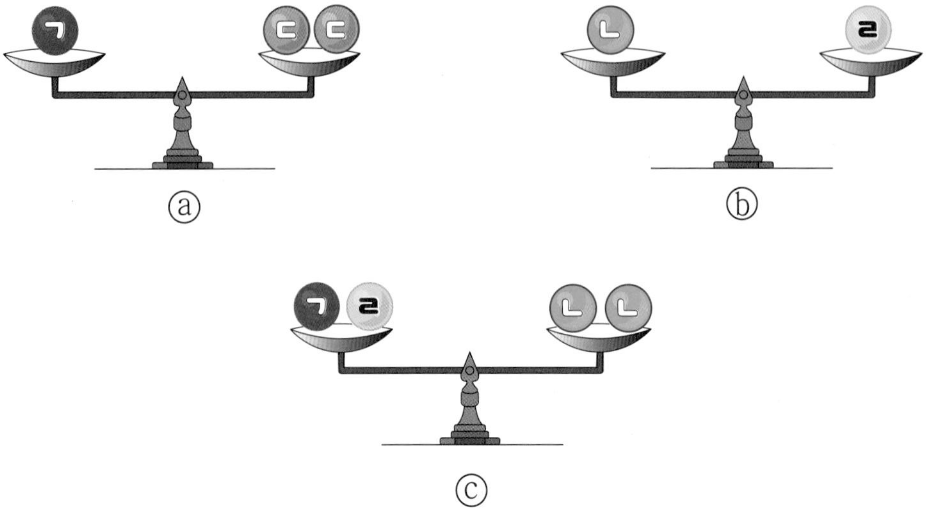

03 〈보기〉와 같이 똑같은 무게의 추와 저울을 이용해 무게가 서로 다른 4개 모양의 무게를 비교한 것입니다. 가장 무거운 모양부터 차례대로 그려보세요.

보기

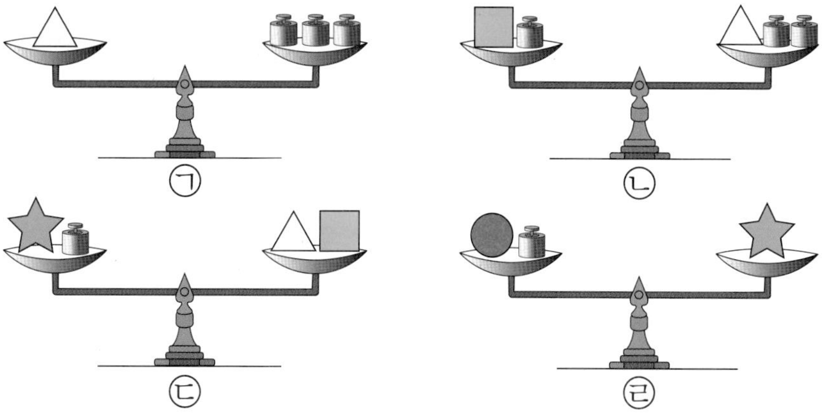

(, , ,)

04 무게가 서로 다른 4마리 동물들이 무겁고 가볍고를 서로 반대로 말했습니다. 가장 무거운 동물부터 차례대로 적어보세요.

 고양이 : 난 오리보다 무거워!

 강아지 : 나는 토끼보다 가벼워.

 오리 : 나보다 무거운 동물은 2마리야~

 토끼 : 나는 고양이보다 가벼워!

05 아래 <보기>는 무게가 서로 다른 구슬 4개의 무게를 비교한 것입니다. 가장 가벼운 순서대로 기호를 적어보세요.

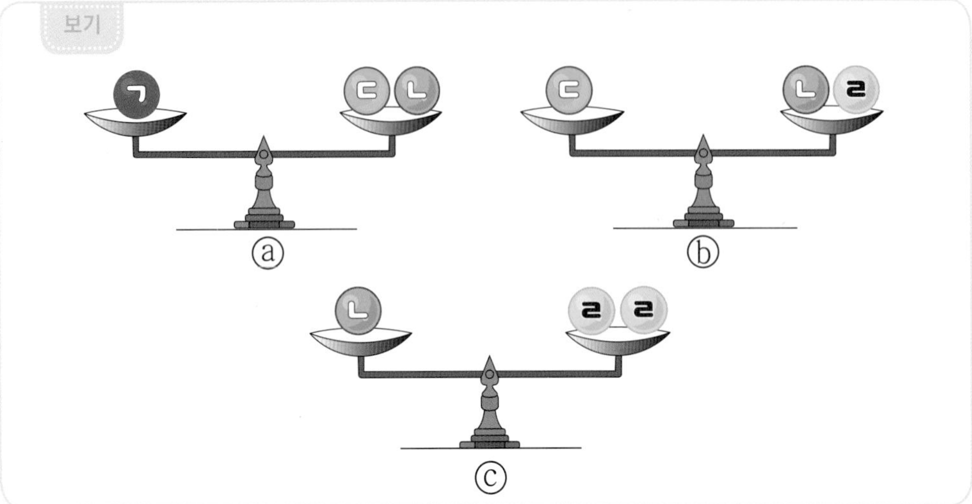

(　　,　　,　　,　　)

06 무게가 서로 다른 5개의 모양을 저울로 비교했습니다. 가장 무거운 순서대로 나열하려면 어떤 모양과 어떤 모양을 추가로 비교해야 하는지 적어보세요.

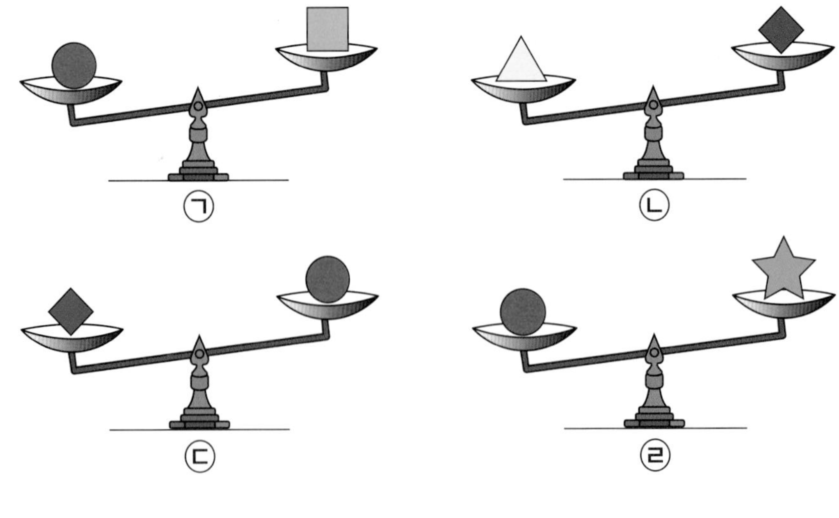

07 아래와 같이 무게가 서로 다른 수박, 사과, 망고, 포도의 무게를 비교했습니다. 4개 과일의 무게가 4, 5, 6, 7일 때, 각 과일의 무게를 구하세요.

08 〈보기〉와 같이 무게가 1인 추 2개, 무게가 2인 추 3개, 무게가 3인 추 2개가 있습니다. 7개의 모든 추를 사용하여 저울을 수평이 되도록 만드는 방법은 모두 몇 가지일까요?

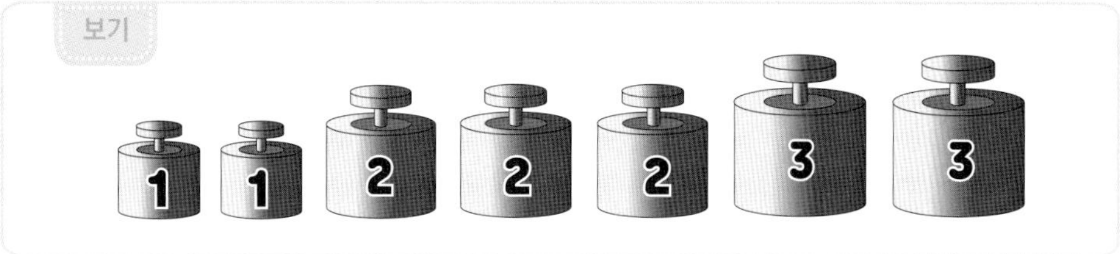

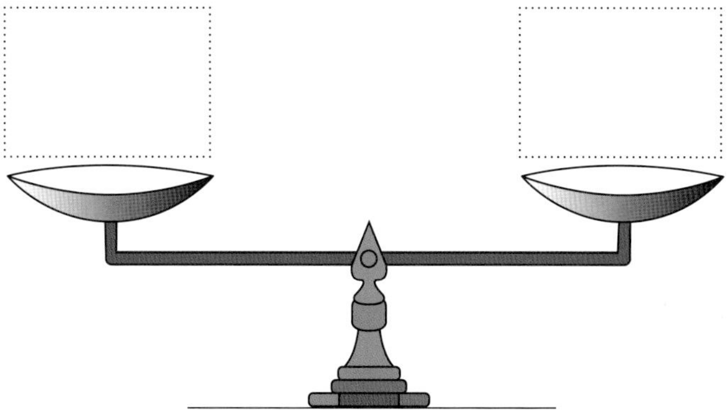

⑤ 시계와 달력

01 달력에는 오늘 6월 17일 날짜가 적혀있습니다. 대화를 읽고 무우, 상상, 알알의 생일의 요일은 무슨 요일인지 각각 구하세요.

6월

월	화	수	목	금	토	일
				17		

무우 : 내 생일은 오늘로부터 5일 전이었어!

상상 : 내 생일은 7월 7일이야~

알알 : 내 생일은 6월의 첫날이야.

02 무우, 상상, 알알이는 현재 시각에 대해 대화를 했습니다. 대화를 읽고 알맞은 시각을 아래 시계에 그려보세요.

무우 : 현재 시각은 6시와 10시 사이야!

상상 : 긴 바늘이 8을 가리키고 있네.

알알 : 짧은 바늘이 8보다 10에 더 가까이 있어.

03 일정한 규칙에 따라 시계를 나타낸 것입니다. 여섯 번째 시계에 긴 바늘과 짧은 바늘을 알맞게 그려보세요.

첫 번째 두 번째 세 번째 네 번째

여섯 번째

04 12월에 목요일과 토요일이 각각 5번씩 있을 때, 달력에 날짜를 적어보고 25일인 크리스마스는 무슨 요일인지 구하세요.

12월

월	화	수	목	금	토	일

⑤ 시계와 달력

05 무우는 시계를 한 조각에 4개의 숫자가 들어가도록 3조각으로 나누었습니다. 무우가 나눈 조각에 적힌 4개의 숫자의 합이 모두 같을 때, 어떤 방법으로 시계를 나누었는지 그려보세요.

06 날짜가 적히지 않은 4월 달력이 있습니다. 〈조건〉에 맞도록 달력의 날짜를 적어보고 5월 5일 어린이날은 무슨 요일일지 알아보세요.

〈조건〉

4월달 한 주의 월요일, 목요일, 토요일의 날짜를 더하면 23입니다.

4월

월	화	수	목	금	토	일

07 (가) 시계의 긴 바늘이 1바퀴를 도는 동안 (나) 시계의 긴 바늘은 1바퀴 반을 돕니다. 오후 1시에 두 시계를 똑같이 맞췄습니다. (가) 시계가 오후 7시일 때, (나) 시계가 나타내는 시각을 구하세요.

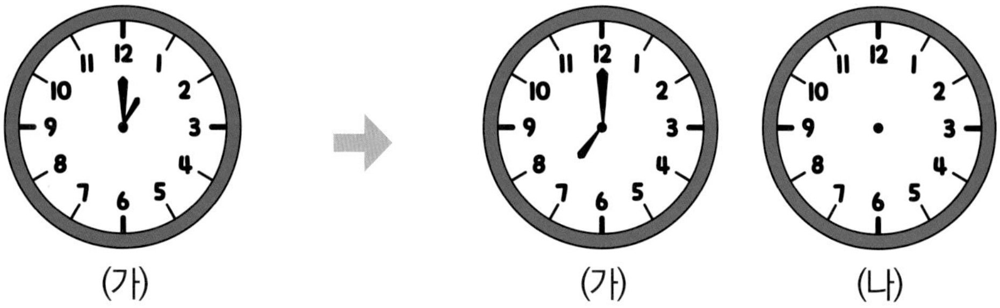

08 무우와 친구들은 매달 마지막주 수요일에 영화를 보기로 했습니다. 무우와 친구들이 영화를 보는 날짜는 ㉠ 일부터 ㉡ 일까지 중 하나가 될 수 있습니다. 알맞은 ㉠, ㉡ 을 찾아 ㉠ + ㉡ 을 구하세요.

D 규칙성

① 수 규칙

01 나열된 수를 보고 규칙에 맞게 ㉠, ㉡ 을 각각 구하세요.

2	5	7	10	12	15	17	㉠	㉡	25

02 일정한 규칙에 따라 수가 적힌 도형이 있습니다. 규칙에 맞는 ㉠, ㉡, ㉢ 을 각각 구하세요.

4	8
8	6

1	5
5	3

9	13
13	11

15	㉠
㉡	㉢

정답 및 풀이 P.34

03 어떤 규칙에 따라 수가 적힌 도형을 나열했습니다. 규칙에 맞는 ㉠, ㉡, ㉢, ㉣ 을 각각 구하세요.

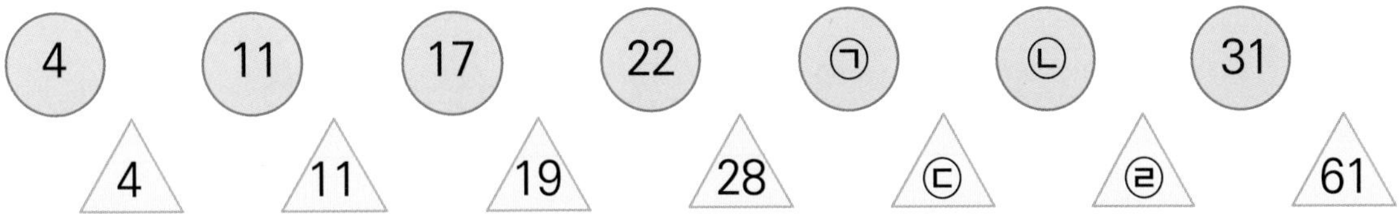

04 3가지 조건을 모두 만족하는 수를 구하세요.

① 20 보다 크고 40 보다 작은 수입니다.

② 53, 51, 48, 44, … 과 같은 규칙으로 나열된 수 중 하나입니다.

③ 3, 5, 9, 15, … 과 같은 규칙으로 나열된 수 중 하나입니다.

① 수 규칙

05 나열된 수를 보고 ㉠, ㉡, ㉢ 을 각각 구하세요.

2 4 6 3 5 7 4 6 8 5 ㉠ ㉡ ㉢

06 어떤 규칙에 따라 수가 적힌 도형을 나열했습니다. 규칙에 따라 다섯 번째 도형에 들어갈 수를 빈칸에 적어보세요.

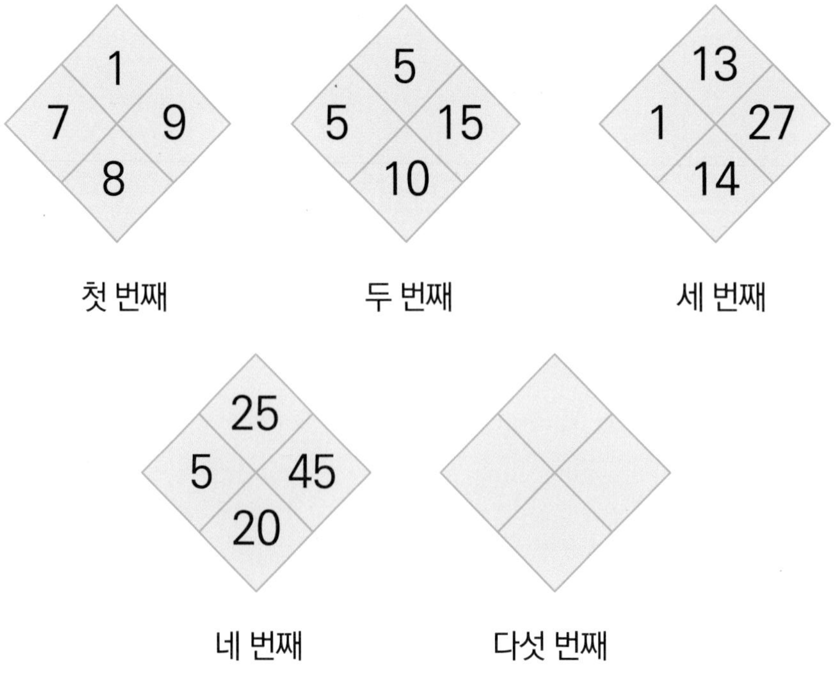

07 어떤 규칙에 따라 일정하게 뛰어 세기한 수가 나열되어 있습니다. ㉡ 이 ㉠ 보다 36만큼 더 크다면 ㉠, ㉡ 과 □ 안에 들어갈 알맞은 수를 각각 구하세요.

㉠	□	□	24	□	□	㉡

08 어떤 규칙에 따라 수가 적힌 도형을 나열했습니다. 여섯 번째에서 도형 △ 와 ○ 안에 알맞은 수를 써 넣으세요.

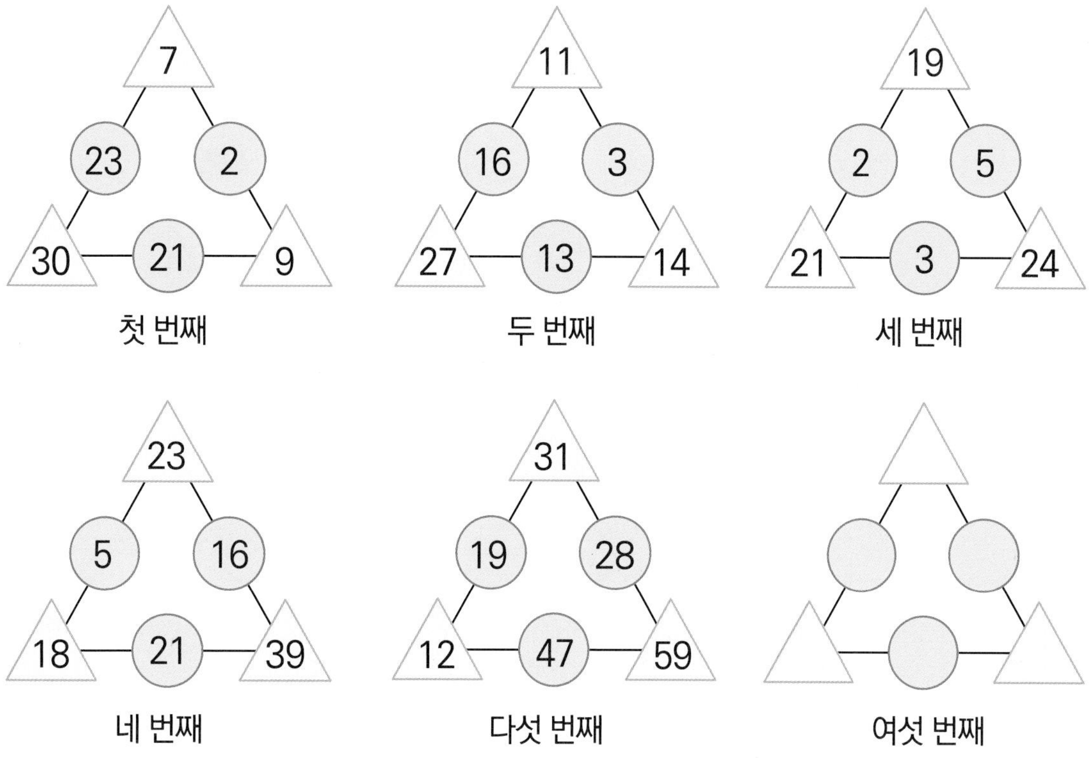

D 규칙성

D 규칙성 ② 여러 가지 패턴

01 어떤 규칙에 따라 11번째 도형까지 그렸습니다. 규칙을 찾아 15번째에 나오는 도형을 그려보세요.

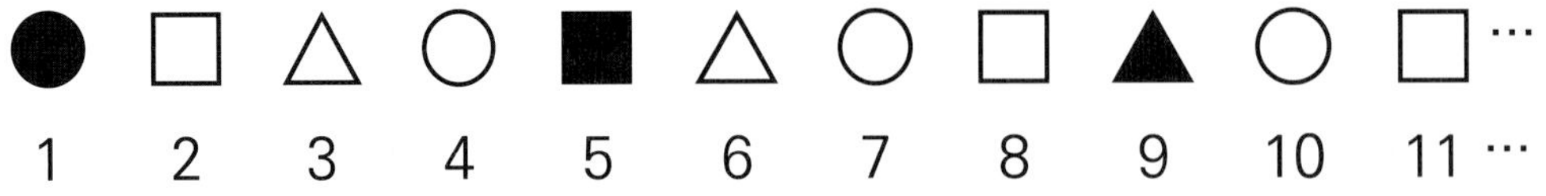

02 어떤 규칙에 따라 네 번째 도형까지 색칠했습니다. 규칙을 찾아 다섯 번째 도형을 알맞게 색칠하세요.

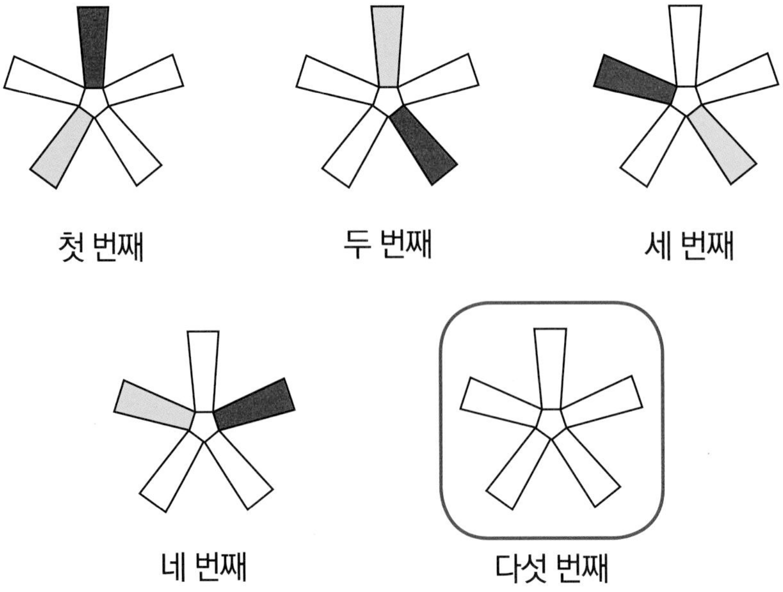

정답 및 풀이 P.35

03 어떤 규칙에 따라 11번째 도형까지 그렸습니다. 규칙을 찾아 16번째에 나오는 도형을 찾아 알맞은 기호를 적으세요.

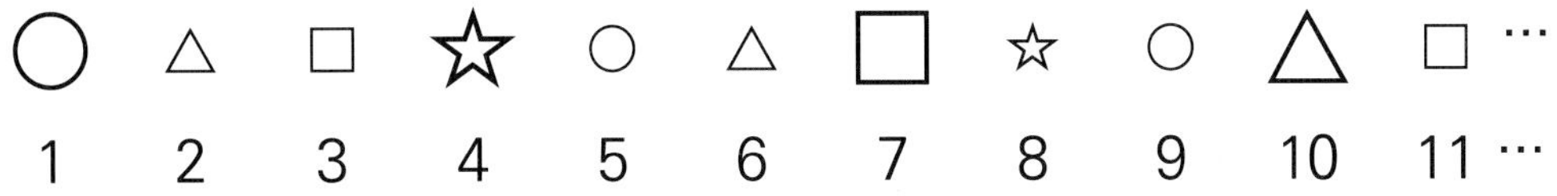

04 어떤 규칙에 따라 네 번째까지 바둑돌이 놓여 있습니다. 규칙을 찾아 여섯 번째에 나오는 바둑돌을 빈칸에 그려보세요.

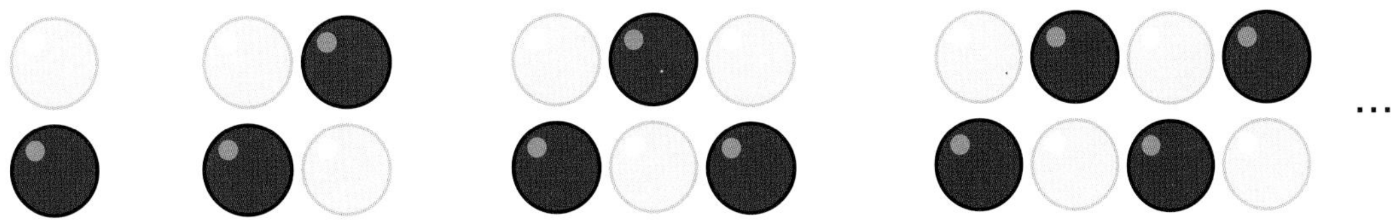

첫 번째 두 번째 세 번째 네 번째

여섯 번째

05 어떤 규칙에 따라 다섯 번째 도형까지 색칠했습니다. 규칙을 찾아 여섯 번째 도형을 알맞게 그리고 색칠하세요.

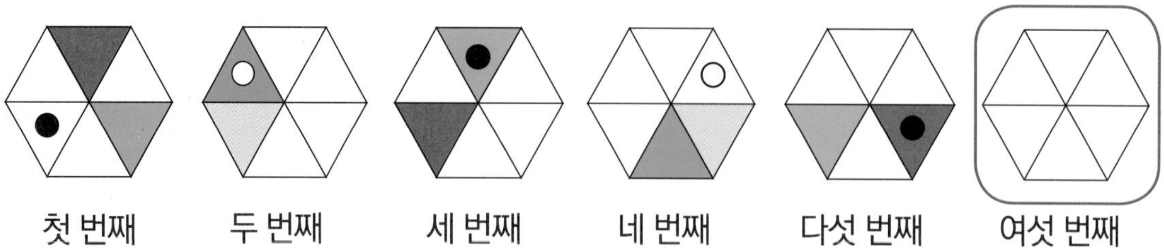

06 어떤 규칙에 따라 16번째 도형까지 그렸습니다. 규칙을 찾아 22번째까지 그렸을 때, ● 은 모두 몇 개가 나올까요?

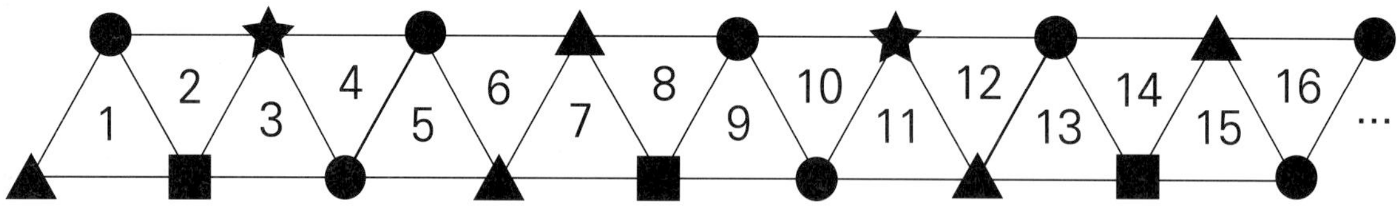

07 어떤 규칙에 따라 10번째 도형까지 그렸습니다. 규칙을 찾아 11번째와 12번째에 나오는 도형을 각각 빈칸에 그려보세요.

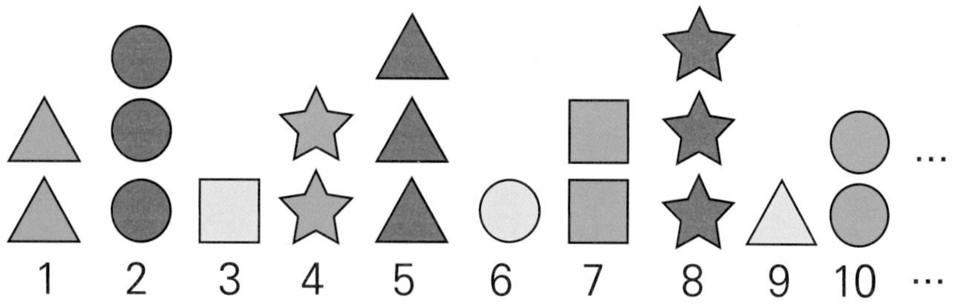

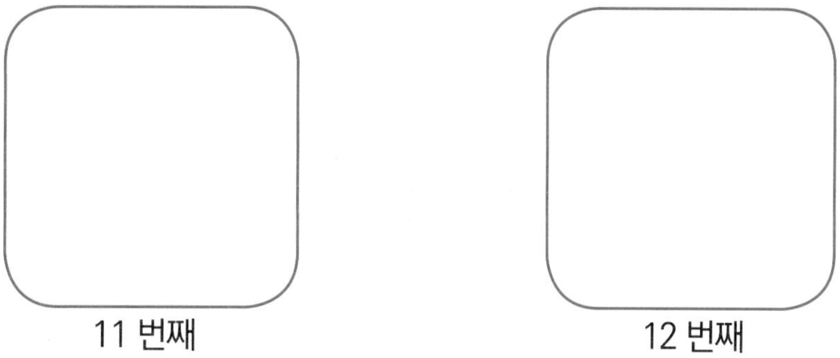

08 네 번째까지 바둑돌이 놓여 있습니다. 무우는 첫 번째를 9, 두 번째를 15, 세 번째를 27라고 말했습니다. 무우는 7번째에 어떤 수를 말하게 될까요?

③ 수 배열표

01 수 배열표의 규칙에 따라 수를 적었습니다. 수 배열표의 규칙에 따라 짝수를 적을 때, ㉠, ㉡, ㉢ 에 들어갈 알맞은 수를 각각 써보세요.

2	4	10		㉢
	6			
18				
		28		
㉠				㉡

02 수를 배열할 때, 37은 어느 꼭짓점에 놓이는지 알맞은 기호를 적어보세요.

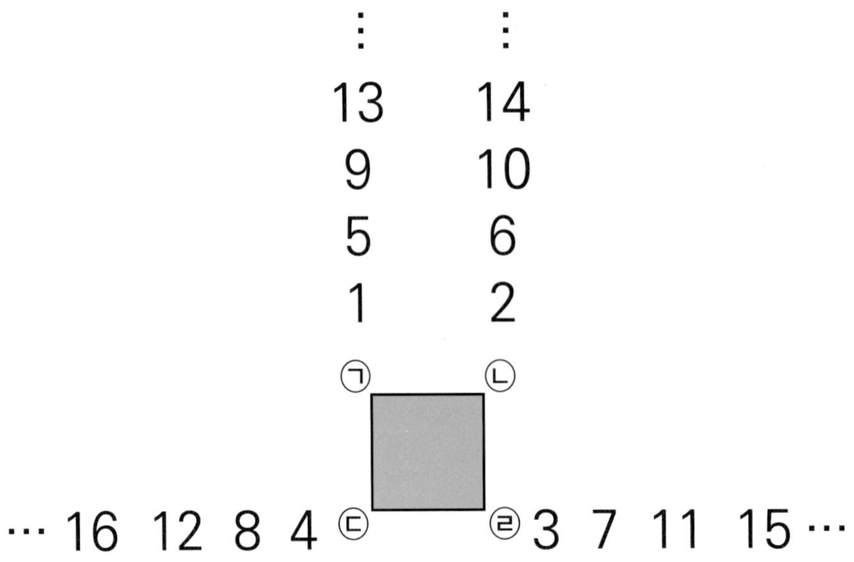

03 수 배열표의 일부에 파란색 페인트가 묻어있습니다. 물음표에 들어갈 수를 구하세요.

34	38	42		
49	53	57		
64				
				?

04 3씩 커지는 한 자리 수 곱셈표입니다. 빈칸에 알맞은 수를 적어 곱셈표를 완성하세요.

×			
	8		

05 1씩 커지는 한 자리 수 곱셈표를 완성해 ㉠ 에 들어갈 수 있는 수를 모두 적어보세요.

×				
	6			
			16	
				㉠

06 수 배열의 규칙을 찾아 빈칸에 알맞은 수를 써넣으세요.

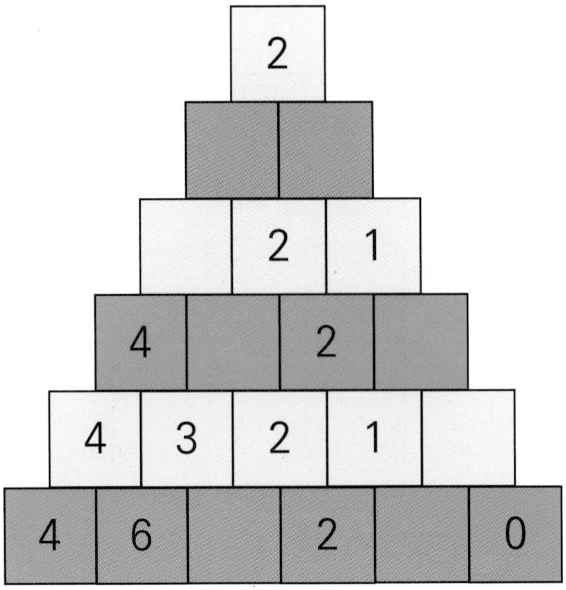

07 표 안에 수를 규칙적으로 나열했을 때, 50과 67은 각각 어떤 기호와 같은 세로줄에 있을까요?

㉠	㉡	㉢	㉣	㉤	㉥
1	2	3	4	5	6
	10	9	8	7	
11	12	13	14	15	16
	20	19	18	17	
21	22	23	24	25	26
⋮	⋮	⋮	⋮	⋮	⋮

08 〈조각〉은 왼쪽 수 배열표의 일부입니다. 수 배열표의 규칙을 찾아 빈칸 ㉠, ㉡, ㉢ 에 알맞은 수를 각각 구하세요.

4	7	10	13
16	19	22	25
28	31	34	37
40	43	46	49
⋮	⋮	⋮	⋮

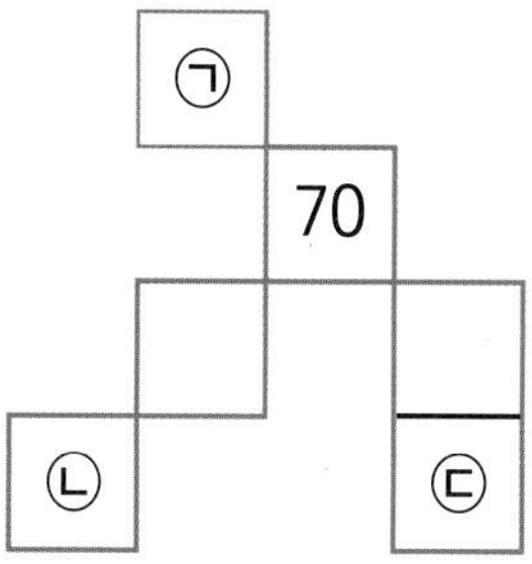

〈조각〉

④ 암호

01 〈보기〉와 같이 암호가 적혀있습니다. 복숭아와 포도를 암호로 알맞게 바꿔 적어 보세요.

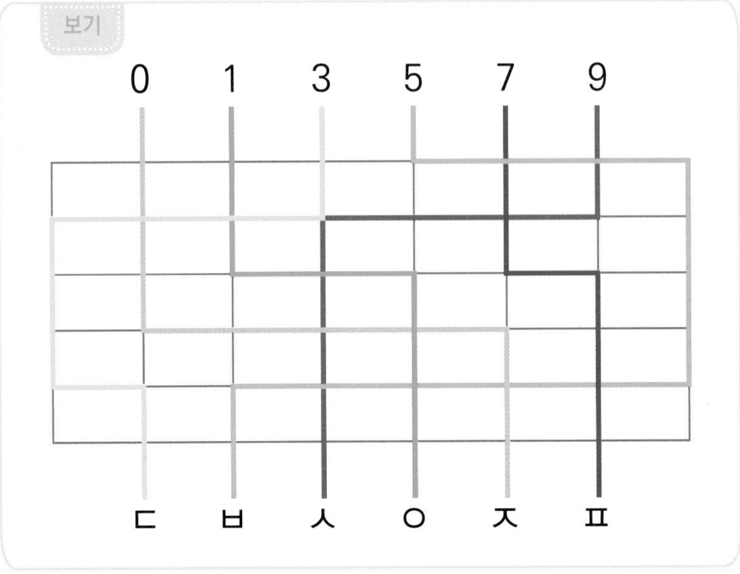

포도 ➡ ________　　　복숭아 ➡ ________

02 알파벳 카드를 숫자 카드로 바꿨습니다. 물음표에 들어갈 알맞은 숫자를 적어보세요.

03

암호 해독판을 이용하여 주어진 암호를 해독해 보세요.

▲ 암호 해독판

암호 : 내좋과학가아목입가하은니장는수다

해독 : ______________________

04

빨간색, 파란색, 초록색 상자가 있습니다. 세 상자의 규칙을 각각 찾아 빈칸에 들어갈 도형을 그려 보세요.

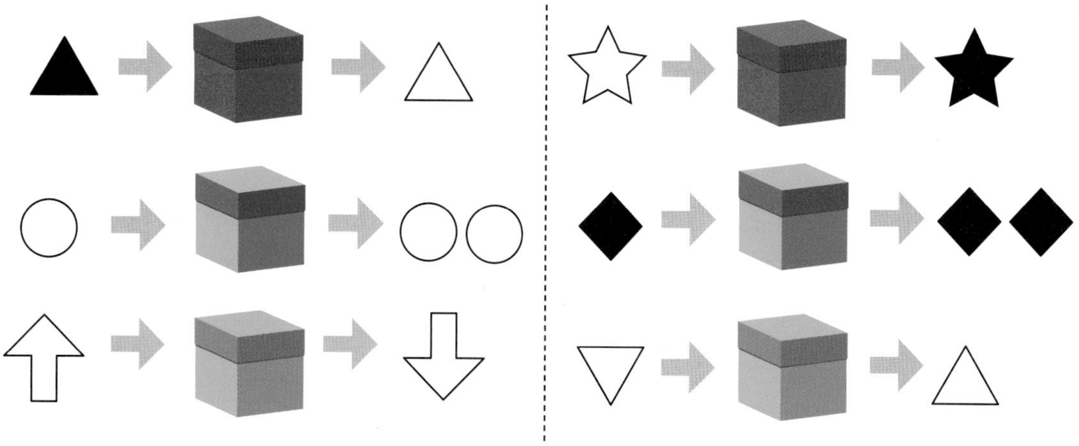

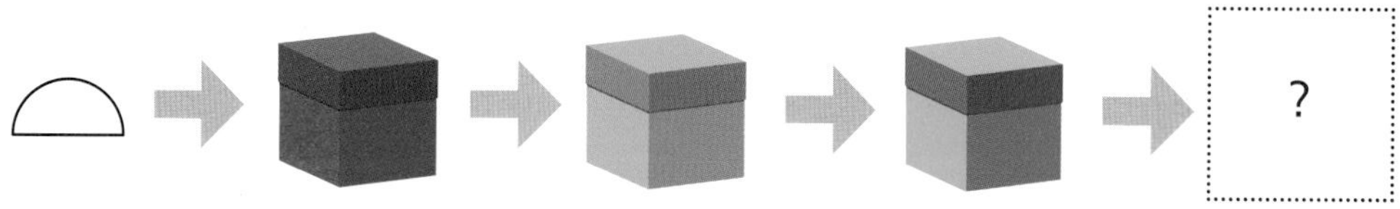

④ 암호

05

암호 해독표의 〈예시〉를 보고 암호를 영어 문장으로 알맞게 바꿔 적어보세요.

	㉠	㉡	㉢	㉣
1	A	B	C	D
2	E	F	G	H
3	I	J	K	L
4	M	N	O	T

NICE → 4㉡3㉠1㉢2㉠

〈예시〉

2㉢4㉢4㉢1㉣ 3㉡4㉢1㉡

↓

____

3㉠ 3㉣3㉠3㉢2㉠ 4㉠1㉠4㉣2㉣

↓

____

06

〈보기〉의 규칙을 찾아 빈칸에 알맞은 글자를 써넣으세요.

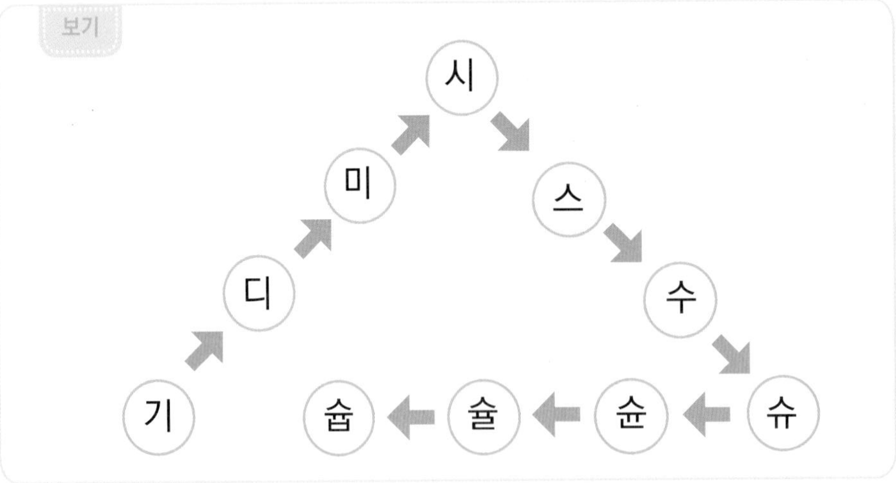

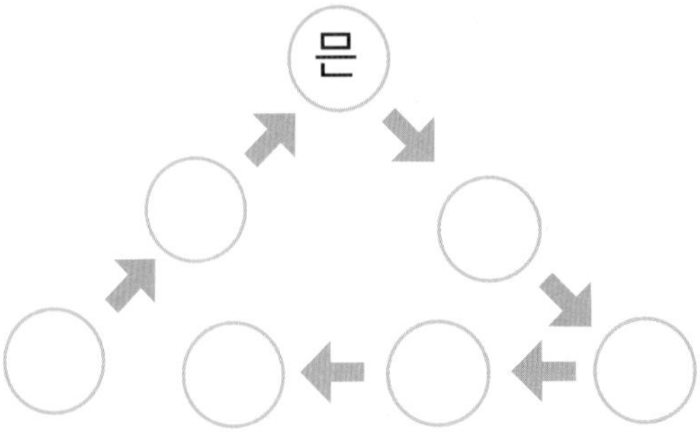

정답 및 풀이 P.40

07 수를 도형 암호로 나타냈습니다. 물음표에 들어갈 알맞은 도형 암호를 그려 보세요. (단, □의 수를 최소한으로 하여 답을 하세요.)

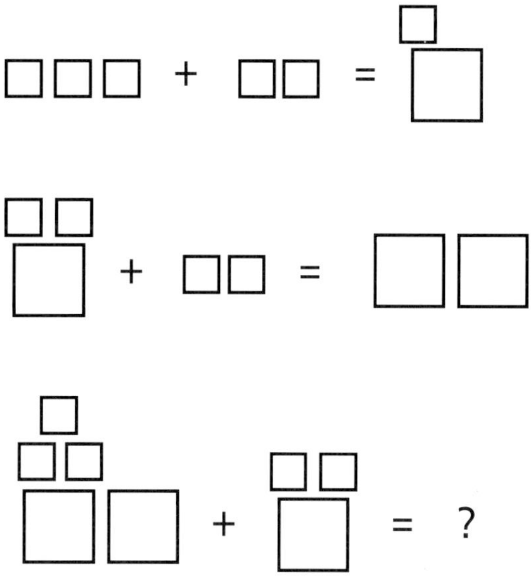

08 자음과 모음을 모스부호로 나타낸 표입니다. 주어진 모스부호를 해독하여 문장을 완성하세요.

ㄱ	●—●●	ㅇ	—●—	ㅏ	●
ㄴ	●●—●	ㅈ	●——●	ㅓ	—
ㄷ	—●●●	ㅊ	—●—●	ㅗ	●—
ㄹ	●●●—	ㅋ	—●●—	ㅜ	●●●●
ㅁ	——	ㅌ	——●●	ㅡ	—●●
ㅂ	●——	ㅍ	———	ㅣ	●●—
ㅅ	——●	ㅎ	●———		

●——— ● ●●●— ●●●●

●——● ●— —●— —●— ●●— ●●●—

●●—● ●— ●●●— ●——● ●

↓

____

⑤ 새로운 연산기호

01 1부터 8까지 적힌 구슬이 한 개씩 있습니다. 2개의 구슬을 상자에 넣어서 연산 약속에 맞게 계산한 결과 27이 될 때, 가능한 (㉠, ㉡)은 모두 몇 가지일까요?

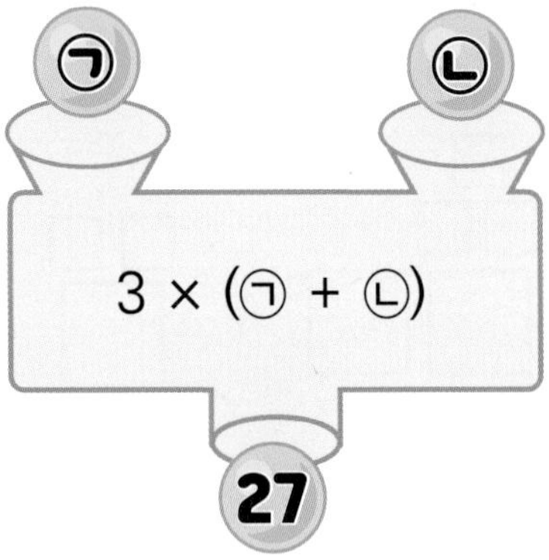

02 ㉠ ● ㉡는 ㉠에 ㉡번 만큼 ㉠를 더하고 ㉠ ○ ㉡는 ㉡에 ㉠번 만큼 ㉡를 더합니다. 이 규칙을 따라 (4 ○ 2) ● 3을 구하세요.

03 사다리 타기를 하면서 주어진 수를 계산했습니다. 기호 ▲ 와 ■ 는 각각 다른 연산 규칙을 가지고 있습니다. ㉠은 얼마일까요?

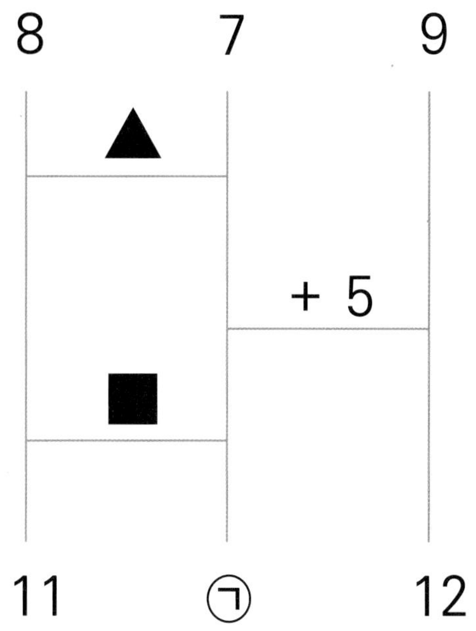

04 화살표 색에 따라 서로 다른 연산 규칙을 가지고 있습니다. ㉠, ㉡, ㉢은 각각 얼마일까요?

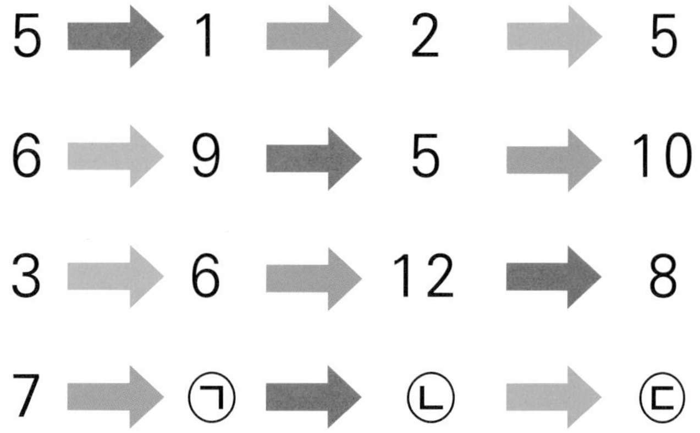

D 규칙성

⑤ 새로운 연산기호

05 기호 △, □, ○ 는 각각 다른 연산 규칙을 가지고 있습니다. (7 △) ○ □ 는 얼마일까요?

6 □ □ = 12
(6 ○) □ = 21
(6 △) ○ = 3

(7 △) ○ □ = ?

06 기호 ♥ 의 규칙이 아래와 같을 때, 한자리수 A, B 를 넣어 18이 나왔다면, 가능한 (A, B)를 모두 구하세요.

㉠ ♥ ㉡ = ㉠ × (㉠ − ㉡)

[A] ♥ [B] = 18

07 기호 ★ 은 어떤 연산 규칙을 가지고 있습니다. 기호 ★ 의 연산표를 보고 ㉠, ㉡, ㉢ 에 들어갈 알맞은 수를 각각 적어보세요.

★	2	3	4
5	13	17	21
6	㉠	21	㉡
7	19	㉢	31

㉠ :　　　　㉡ :　　　　㉢ :

08 <보기>의 규칙을 찾아 삼각형에 적힌 기호를 사칙연산 식으로 나타내 보세요.

보기

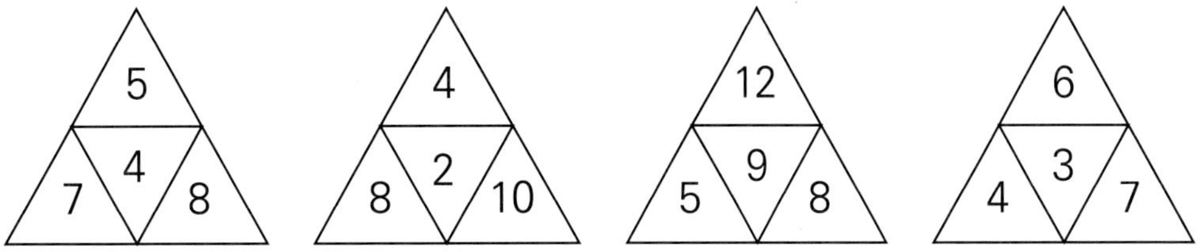

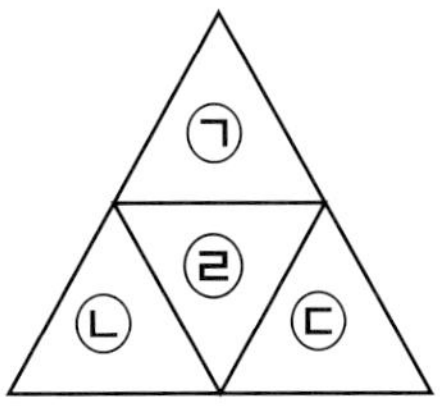

____________________ = ㉣

D 규칙성

E 자료와 가능성

① 경우의 수

01 두 질문에 알맞은 답을 각각 구해 보세요.

(1) 네 명의 친구들 중 반장 한 명, 부반장 한 명을 뽑으려고 합니다. 반장과 부반장을 뽑는 방법은 모두 몇 가지일까요?

(2) 네 명의 친구들 중 청소당번 두 명을 뽑으려고 합니다.
청소당번 두 명을 뽑는 방법은 모두 몇 가지일까요?

(1) ____________　　(2) ____________

02 제이는 50원, 100원, 500원 동전을 하나씩 가지고 있습니다. 제이가 지불할 수 있는 금액은 모두 몇 가지일까요?

정답 및 풀이 P.43

03 5장의 카드 중 2장을 뽑아 뺄셈을 하려고 합니다. 이때 뺄셈의 결과로 나올 수 있는 값은 모두 몇 가지일까요?

1	2	5	7	8

04 무우, 상상, 알알, 제이는 놀이공원에 왔습니다. 네 명의 친구들은 놀이기구를 타기 위해 두 명씩 짝을 지으려고 합니다. 네 명의 친구들이 두 명씩 짝을 짓는 방법은 모두 몇 가지일까요?

① 경우의 수

05 지도를 보고 무우가 문구점에 들렀다가 집까지 갈 수 있는 가장 빠른 길은 모두 몇 가지인지 구해 보세요.

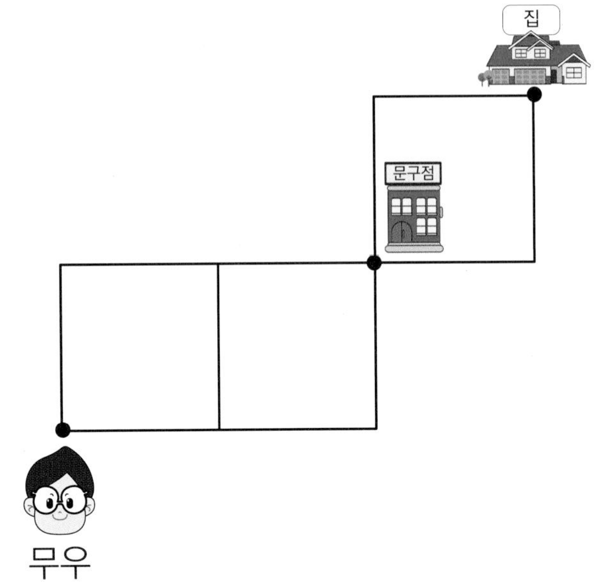

06 알알이의 동전 지갑에는 총 5개의 동전이 있으며 총 금액은 800원입니다. 이때 알알이의 동전 지갑에는 어떤 동전이 몇 개씩 있는지 각각의 종류와 개수를 구해 보세요.

07 무우는 빨간색, 노란색, 초록색, 파란색 네 개의 색연필을 가지고 있습니다. 이 중 두 개의 색연필을 이용해 아래 그림의 바깥쪽 별과 안쪽 별을 서로 다른 색으로 색칠하려고 합니다. 무우가 그림을 색칠하는 방법은 모두 몇 가지일까요?

08 상상이와 제이는 가위바위보 게임을 하려고 합니다. 3판 중 2판을 먼저 이기는 친구가 승리하며 비기는 경우는 생각하지 않습니다. 상상이는 첫 판에 가위를 내서 졌지만, 남은 두 판을 모두 이겨서 승리하려고 합니다. 이때, 상상이가 제이를 이길 수 있는 방법은 모두 몇 가지일까요?

❷ 리그와 토너먼트

01 조건에 맞게 토너먼트 그림을 완성해 보세요.

> (1) A, B, C, D, E 다섯 명이 경기합니다.
>
> (2) D는 두 번의 경기로 우승했습니다.
>
> (3) A는 B를 이겼습니다.

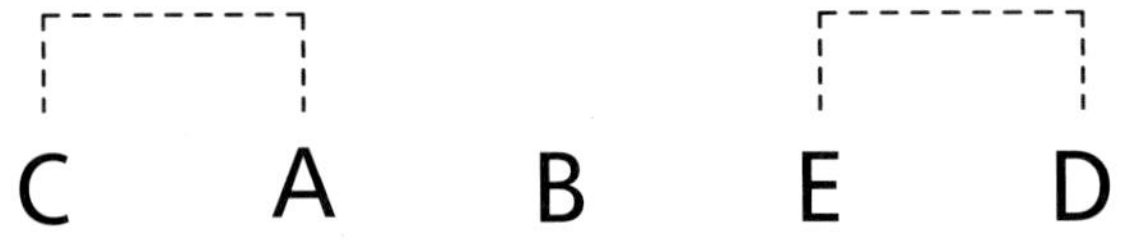

02 교내 농구 대회는 리그 방식으로 진행되었으며 총 21번의 경기가 치러졌습니다. 이 농구 대회에 참가한 팀은 모두 몇 팀일까요?

03 오늘은 씨름 대회가 있는 날입니다. 모든 경기를 리그 방식으로 진행할 때와 토너먼트 방식으로 진행할 때 경기 횟수의 차이는 15회라고 합니다. 이때 대회에 참가한 선수는 모두 몇 명일까요?

04 다섯 개의 점으로 이루어진 도형이 있습니다. 이 다섯 개의 점 중 두 개의 점을 이어 그릴 수 있는 선의 개수는 모두 몇 개일까요? (단, 이미 그려져 있는 다섯 개의 선은 제외합니다.)

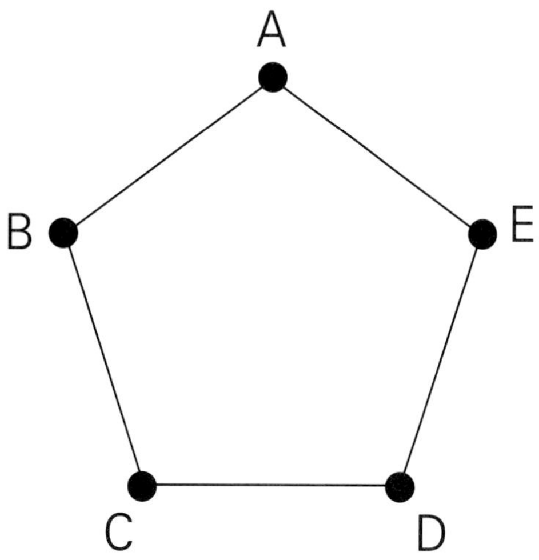

② 리그와 토너먼트

05 도내 축구 대회에 작년에는 5팀이 참가하였고 올해 대회에는 작년의 두 배 만큼의 팀이 참가한다고 합니다. 이 대회의 모든 경기는 리그 방식으로 치러진다고 할 때, 올해에는 작년에 비해 몇 번의 경기를 더 하게 될까요?

06 무우네 가족은 크리스마스를 기념해 선물 교환식을 하려고 합니다. 가족들 모두는 서로를 위한 선물을 하나씩 준비했으며, 번갈아 가며 선물을 교환하려고 합니다. 무우가 준비한 선물의 개수가 7개라고 할 때 무우네 가족 모두가 준비한 선물은 모두 몇 개일까요?

07 교내 배드민턴 대회는 팀별로 대결하며 각 팀은 여학생 한 명과 남학생 한 명으로 구성됩니다. 대회에는 4개의 팀이 참가했으며, 경기 시작 전 모든 선수는 같은 팀 선수를 제외한 나머지 선수들과 모두 한 번씩 악수합니다. 이때 총 몇 번의 악수를 하게 될까요?

08 10명의 선수가 게임 대회에 참가했습니다. 이 대회는 5명씩 두 조로 나뉘어 리그 방식으로 경기하고, 각 조에서 1등을 한두 명의 선수가 결승전을 치러 우승자를 정합니다. 총 몇 번의 경기를 하게 될까요?

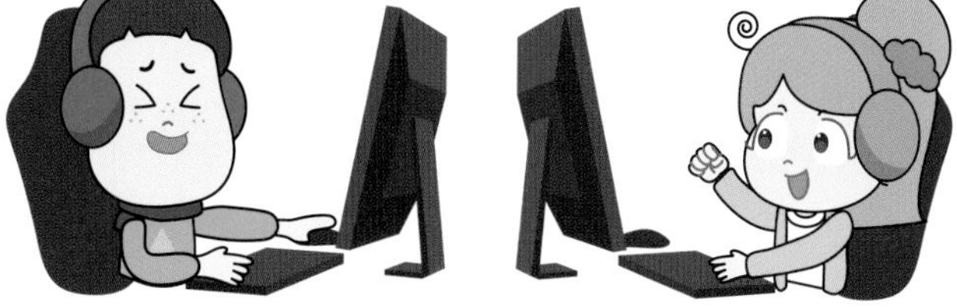

③ 분류하기

01 두 쌍의 단어를 잘못 연결한 것은 무엇일까요?

① 떡볶이 : 떡 ↔ 피자 : 치즈

② 학교 : 학생 ↔ 회사 : 직장인

③ 책 : 서점 ↔ 연필 : 문구점

④ 축구 : 운동장 ↔ 빵 : 빵집

02 두 빈칸에 들어갈 알맞은 도형의 기호를 각각 적어보세요.

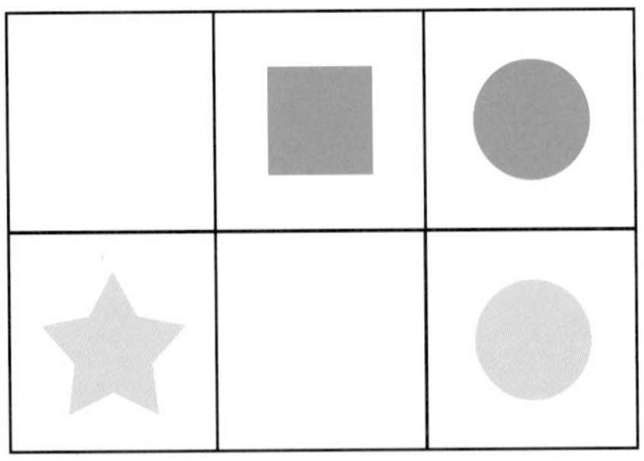

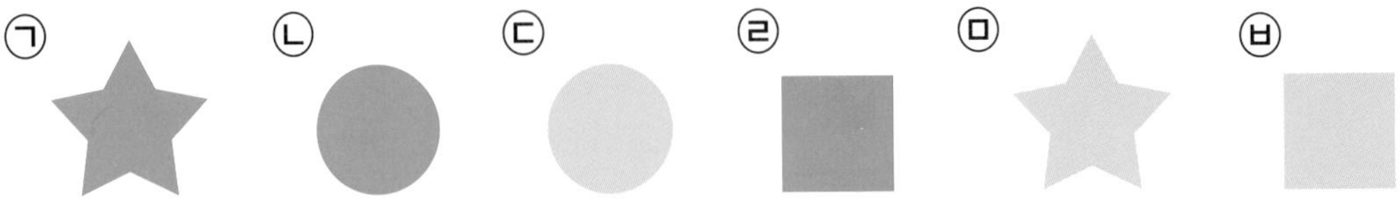

정답 및 풀이 P.47

03 〈보기〉를 보고 아래 도형은 소소인지 아닌지 이야기해 보세요.

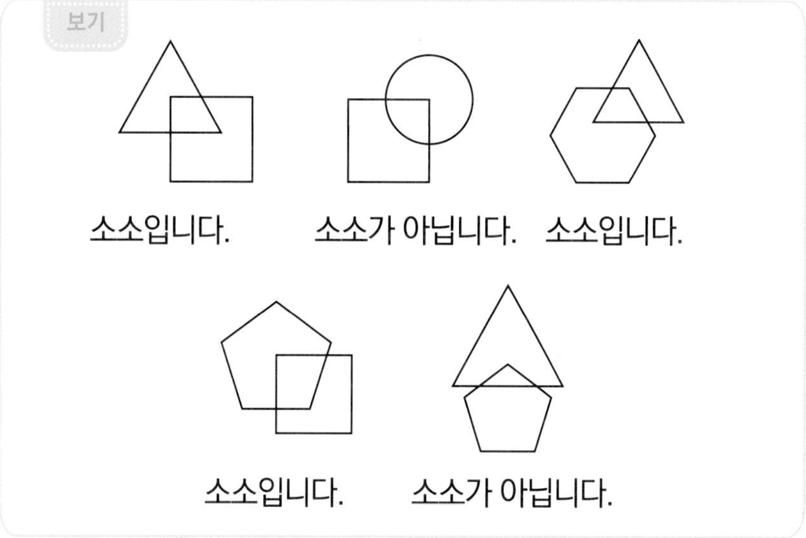

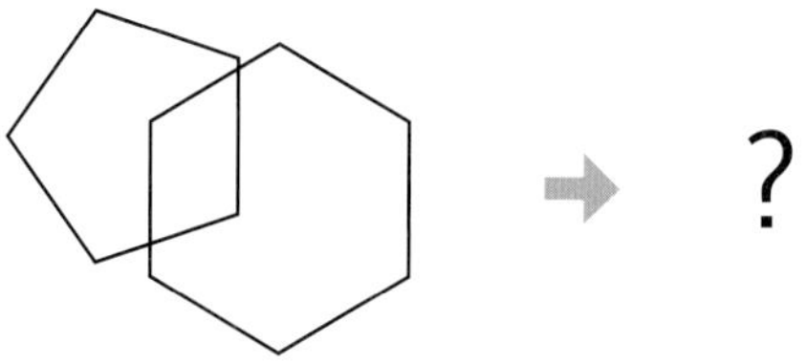

04 왼쪽 두 도형의 관계를 보고 빈 그림을 알맞게 색칠해 보세요.

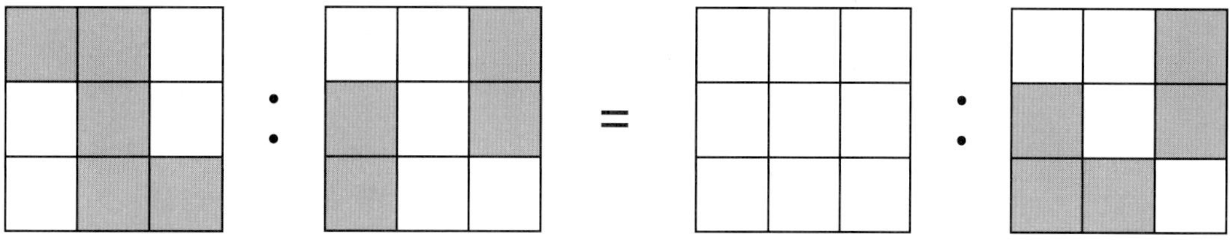

③ 분류하기

05 혼자만 다른 특징을 가진 그림을 찾아 ○ 표시를 해보고 그 특징이 무엇인지 이야기해 보세요.

특징 : ______________________________

06 같은 특징을 가진 도형들끼리 묶어 놓았습니다. 가운데 색칠된 부분에는 왼쪽과 오른쪽 묶음의 특징을 동시에 가지는 도형들이 위치합니다. 색칠된 부분에 올 수 있는 도형은 무엇일까요?

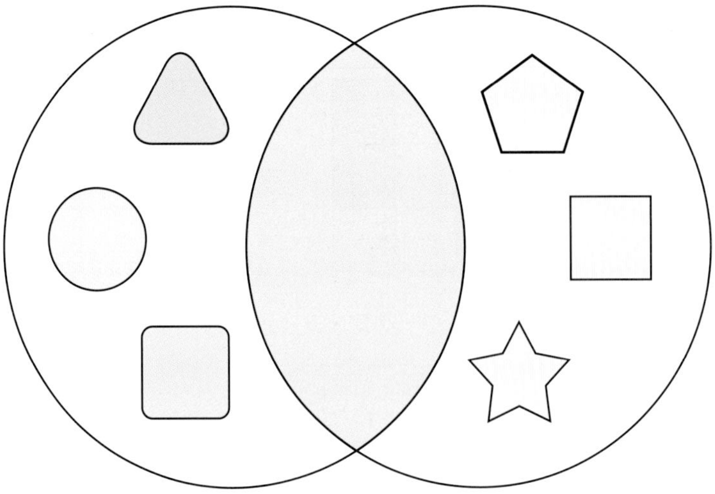

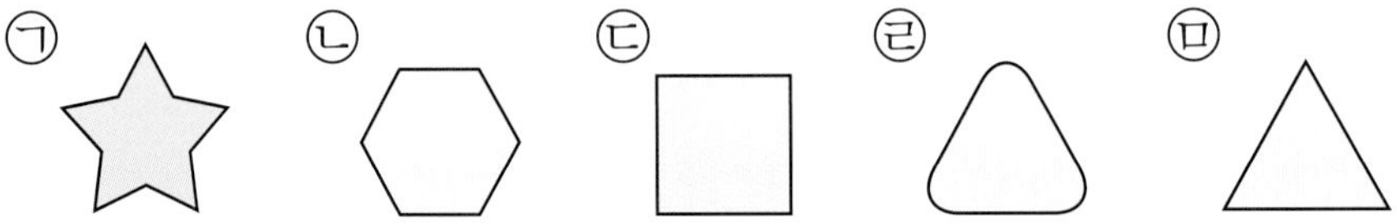

정답 및 풀이 P.48

07 <보기>의 두 단어의 관계와 가장 비슷한 두 단어는 무엇일까요?

> 보기
>
> **연필 : 필통**

① 쌀 : 밥　　② 펜 : 학용품　　③ 학교 : 선생님　　④ 원피스 : 옷

08 세 조건을 모두 만족하는 카드는 무엇일까요?

> (1) 각 그림 카드의 모양이 모두 다릅니다.
>
> (2) 각 그림 카드의 색깔이 모두 다릅니다.
>
> (3) 각 그림 카드의 모양의 개수가 모두 다릅니다.

①

②

③

④

④ 그림 그려 해결하기

01 무우의 방에 있는 책장은 네 층으로 나누어져 있으며 한 층에 꽂을 수 있는 책의 권수는 모두 같습니다. 무우는 두 번째 층 오른쪽 맨 끝에 있는 책을 꺼냈는데, 이 책의 왼쪽에는 4권의 책이 꽂혀 있었습니다. 무우의 책장에 꽂을 수 있는 책은 총 몇 권일까요?

02 동물들의 대화 내용을 보고 각 위치에 알맞은 동물의 이름을 쓰세요.

여우 : 강아지는 나의 동쪽에서 살고 있어!

고양이 : 여우의 북쪽에는 사슴이 살고 있어!

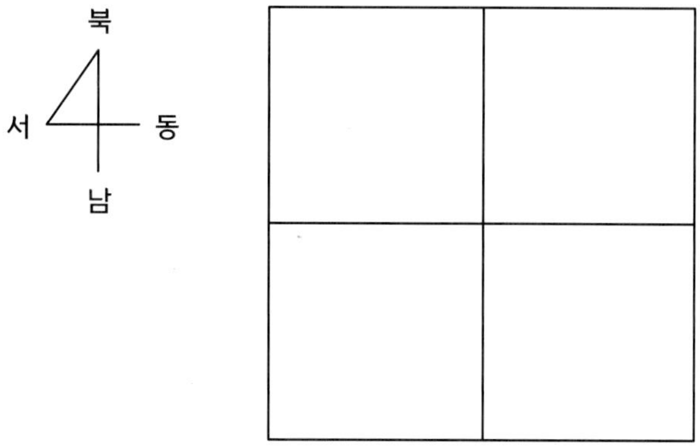

03 공원 산책로의 양쪽에 각각 6개씩의 벤치가 일정한 간격으로 놓여 있습니다. 벤치와 벤치 사이에 나무 한 그루씩을 심으려고 할 때, 총 몇 그루의 나무를 심게 될까요?

04 A, B, C 세 명은 모두 같은 아파트 다른 층에 살고 있습니다. 아래의 내용을 보고 A, B, C 가 살고 있는 아파트의 층수를 구해 보세요.

(1) 아파트는 총 12층입니다.

(2) A는 C의 바로 윗층에 삽니다.

(3) B는 A보다 다섯 층 아래에 삽니다.

(4) C는 위에서 네 번째 층에 삽니다.

④ 그림 그려 해결하기

05 오늘 지난주에 본 수학 시험의 성적이 나왔습니다. 아래의 내용을 보고 무우와 제이의 점수의 차이는 몇 점인지 구해 보세요.

(1) 상상이의 점수는 제이의 점수보다 8점 높습니다.

(2) 무우의 점수는 상상이의 점수보다 5점 낮습니다.

(3) 상상이의 점수는 97점입니다.

06 오늘은 체육대회 날입니다. 단체 줄넘기에 참가한 모든 친구들은 순서를 정하기 위해 키가 큰 순서대로 줄을 섰습니다. 아래의 내용을 보고 단체 줄넘기에 참가한 친구들은 모두 몇 명인지 구해 보세요.

(1) A보다 키가 작은 친구는 다섯 명 있습니다.

(2) B는 네 번째로 키가 큽니다.

(3) A와 B 사이에는 두 명의 친구들이 서 있습니다.

(4) 단체 줄넘기에 참가한 친구들의 총 인원수는 10명보다 적습니다.

07 무우, 상상, 알알이는 구슬 놀이를 하기 위해 가지고 있는 구슬을 모두 꺼냈습니다. 무우와 상상이가 가진 구슬의 개수는 같고, 알알이는 그 보다 3개 더 많은 구슬을 가지고 있습니다. 셋이 가진 구슬 개수의 총합이 18개일 때, 무우, 상상, 알알이가 가진 구슬의 개수는 각각 몇 개일까요?

08 아래의 내용을 보고 각 위치에 알맞은 건물의 이름을 빈칸에 써 넣으세요.

(1) 마트에서 한 번 길을 건너면 문구점과 카페에 갈 수 있습니다.

(2) 카페의 북쪽에는 미용실이 있습니다.

(3) 편의점의 남쪽에는 문구점이 있습니다.

(4) 백화점의 동쪽에는 편의점이 있습니다.

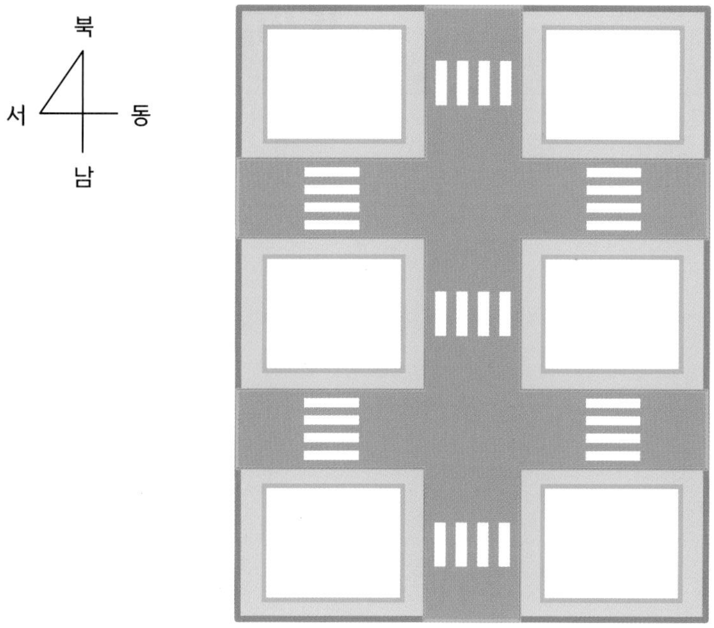

⑤ 표와 그래프

01 반 친구들 30명이 좋아하는 간식을 조사하여 그래프로 나타냈습니다. 이때, 사탕을 좋아하는 친구들의 인원수를 구해 아래 그래프를 완성해 보세요.

8			O		
7			O		O
6	O		O		O
5	O	O	O		O
4	O	O	O		O
3	O	O	O		O
2	O	O	O		O
1	O	O	O		O
명	젤리	쿠키	초콜렛	사탕	빵

02 반 친구들 27명이 좋아하는 햄버거를 조사하여 표로 나타냈습니다. 불고기버거를 좋아하는 친구는 새우버거를 좋아하는 친구보다 3명 더 많다고 할 때, 표의 빈칸을 알맞게 채워 완성해 보세요.

종류	치킨버거	불고기버거	치즈버거	새우버거
학생 수	7 명	명	5 명	명

03 영화부, 도서부, 농구부 친구들이 좋아하는 빵의 종류를 조사하여 표로 나타냈습니다. 각 기호에 알맞은 학생 수를 구해 보세요.

/	소보루빵	크림빵	단팥빵	슈크림빵	합계
영화부	㉠	10명	4명	㉡	24명
도서부	4명	6명	㉢	6명	19명
농구부	3명	㉣	㉤	7명	22명
합계	13명	㉥	11명	17명	/

㉠ : ________명　㉡ : ________명　㉢ : ________명

㉣ : ________명　㉤ : ________명　㉥ : ________명

04 두 개의 그래프는 1반과 2반 친구들이 다니는 학원의 개수를 조사하여 나타낸 것입니다. 2반보다 1반의 인원수가 5명 더 적다고 할 때, 2반 친구들 중 학원을 다니지 않는 친구는 몇 명일까요?

5		O		O	
4		O	O	O	
3		O	O	O	O
2	O	O	O	O	O
1	O	O	O	O	O
명	4개	3개	2개	1개	0개

〈1반〉

10			O	
8		O	O	
6		O	O	
4	O	O	O	
2	O	O	O	
명	3개	2개	1개	0개

〈2반〉

⑤ 표와 그래프

05 그래프는 제이네 반 친구들이 좋아하는 아이스크림의 종류를 조사하여 나타낸 것입니다. 딸기맛 아이스크림을 좋아하는 친구들의 수가 6명이라고 할 때, 제이네 반 친구들은 모두 몇 명인지 구해 보세요.

	○				
	○			○	
	○	○		○	
	○	○	○	○	
	○	○	○	○	○
명	초코칩	요거트	딸기	바닐라	녹차

06 표는 무우, 상상, 알알, 제이가 풍선 다트 게임의 결과를 정리하여 나타낸 것입니다. 친구들은 각자 10개씩의 다트를 던졌다고 할 때, 가장 많은 개수의 풍선을 터뜨린 친구는 누구일까요?

이름	무우	상상	알알	제이	합계
터뜨린 횟수		6번			
터뜨리지 못한 횟수	2번			4번	11번

07 제이네 반 친구들이 좋아하는 계절을 조사하여 나타낸 표와 원그래프입니다. 표의 빈칸을 채워 보고 원그래프를 완성해보세요.

계절	봄	여름	가을	겨울
학생 수	10명	4명		2명

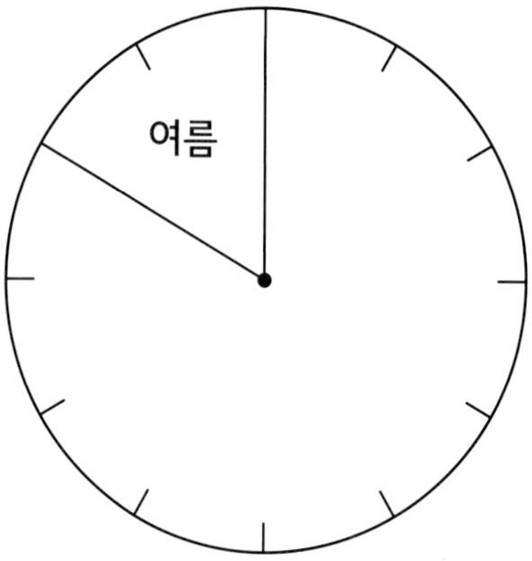

08 다음 표는 무우와 상상이가 한 10번의 가위바위보 결과를 정리하여 나타낸 것입니다. 가위바위보를 하여 이기면 5점을 더하고, 지면 2점을 빼고, 비기면 1점을 더한다고 합니다. 점수의 총합이 더 낮은 사람이 더 높은 사람에게 점수 차이만큼 1점당 1개의 사탕을 주기로 했을 때, 누가 누구한테 몇 개의 사탕을 주게 될까요?

	이긴 횟수	진 횟수	비긴 횟수
무우		4번	3번
상상			

F 문제해결력

① 문제 만들기

01 두 개의 문장에는 틀린 부분이 하나씩 있습니다. 틀린 부분을 × 표시하여 바르게 고쳐보세요. (단, 숫자는 바꾸지 않습니다.)

① 나는 8개의 구슬을 가지고 있고, 내 친구는 나의 두 배인 4개의 구슬을 가지고 있습니다.

② 무우는 12개의 풍선을 터트렸고, 상상이는 무우보다 5개 더 많은 풍선을 터트렸습니다. 둘이 터트린 풍선의 총 개수는 17개입니다.

02 알맞은 것끼리 선으로 이어 문제를 완성해보세요.

<조건1>	<조건2>	<문제>	<정답>
수학 시험은 서술형 5문제, 객관식 3문제입니다.	수학 시험은 30분 동안 치뤄졌습니다.	수학, 과학 시험은 총 몇 문제일까요?	3
무우는 과학 시험에서 3문제를 틀렸습니다.	과학 시험은 서술형 4문제, 객관식 2문제입니다.	수학, 과학 시험은 총 몇 분동안 치뤄졌을까요?	50
과학 시험은 20분 동안 치뤄졌습니다.	무우는 수학 시험에서 한 문제도 틀리지 않았습니다.	무우는 수학, 과학 시험에서 총 몇 문제를 틀렸을까요?	14

03 주어진 식을 이용해 문제를 만들어 문장으로 적어보세요.

$$250 \times 2 - 350$$

문제 : ______________________________

____

04 주어진 내용만을 보고 알 수 있는 내용을 찾아 괄호 안에 ○ 표시를 해보고, 알 수 없는 내용에는 × 표시를 해보세요.

버스에는 남자 8명과 여자 12명이 타고 있었습니다. 다음 정류장에서 여자 3명이 내리고 5명의 사람이 탔습니다. 현재 버스에 타고 있는 사람 중 남자는 11명입니다.

(1) 현재 버스에 타고 있는 사람은 22명입니다. (　　)

(2) 내린 사람 중 어린이는 3명입니다. (　　)

(3) 버스에 새로 탄 사람 중 여자는 2명입니다. (　　)

(4) 버스에는 최대 30명의 사람이 탈 수 있습니다. (　　)

❶ 문제 만들기

05 제이는 오늘 받은 용돈 1,000원을 가지고 구슬을 사기 위해 문구점에 왔습니다. 그림과 주어진 정답을 보고 알맞은 문제를 만들어 문장으로 적어보세요.

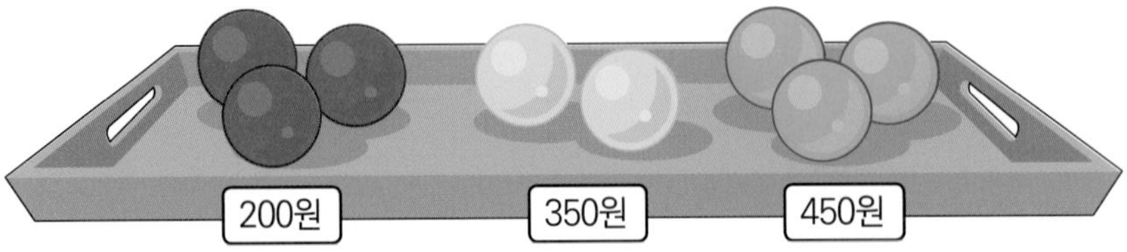

(1) 문제 : ______________________________

____

사용된 식 : 200 + 350 + 450

(2) 문제 : ______________________________

____

정답 : 100원

(3) 문제 : ______________________________

____

정답 : 4개

06 문제의 정답을 올바르게 구할 수 있도록 빈칸에 한 가지 조건을 적고 만든 조건에 따라 알맞은 답을 구해 보세요.

① 수학 시험에서 상상이는 무우에 비해 5점짜리 문제 2개를 더 틀렸습니다.

____

상상이의 수학 점수는 몇 점일까요?

② 제이의 어머니는 제이와 동생을 위해 18개의 쿠키를 만들었습니다.

____

제이는 먹은 쿠키는 몇 개일까요?

07 빈칸에 알맞은 수를 찾아 적어보고, 쌀 수확량이 많은 순서대로 마을의 이름을 나열해보세요.

각 마을의 쌀 수확량을 알아보려고 합니다. A마을의 쌀 수확량은 ☐ kg, B마을의 수확량은 C마을의 두 배인 800kg입니다. C마을의 수확량은 A마을에 비해서는 50kg이 많으며, D마을의 수확량인 ☐ kg에 비해서는 200kg이 적습니다.

F 문제해결력

❷ 주고 받기

01 무우는 자신이 가지고 있는 연필 5자루를 상상이에게 주었습니다. 그랬더니 둘이 가진 연필이 12자루씩으로 같아졌습니다. 원래 무우와 상상이가 가지고 있던 연필은 각각 몇 자루일까요?

02 A, B 두 상자에 담긴 오렌지 개수의 총합은 18개입니다. A상자에 담긴 오렌지 3개를 B상자로 옮겨 담았더니 두 상자에 담긴 오렌지의 개수가 똑같아졌습니다. 원래 두 상자에 담겨있던 오렌지는 각각 몇 개일까요?

03 형과 동생은 둘이 합쳐 900원을 가지고 있습니다. 형이 동생에게 100원을 주었더니 형이 가진 돈이 동생이 가진 돈의 두 배가 되었습니다. 이때, 형과 동생이 처음에 가지고 있던 돈은 각각 얼마일까요?

04 친구들의 대화를 보고 네 명의 친구들이 가진 사탕의 개수를 각각 구해 보세요.

무우 : 나는 알알이보다 2개의 사탕이 더 많아!

상상 : 내가 두 개의 사탕을 제이에게 주면 우리 둘이 가진 사탕의 개수는 같아져!

알알 : 상상이와 제이가 가진 사탕의 개수의 합은 나와 무우가 가진 사탕의 개수의 합과 같아!

제이 : 나는 4개의 사탕을 가지고 있어!

무우 : ________개 상상 : ________개 알알 : ________개 제이 : ________개

❷ 주고 받기

05 형은 가지고 있는 젤리의 절반을 동생에게 주었습니다. 그 이후 형은 1개의 젤리를, 동생은 5개의 젤리를 먹었더니 둘이 가지고 있는 젤리의 개수가 같아졌습니다. 동생이 원래 가지고 있던 젤리의 개수는 몇 개일까요?

06 15개의 쿠키를 빨간색, 노란색, 초록색 세 개의 상자에 나누어 담으려고 합니다. 빨간색과 노란색 상자에는 같은 개수의 쿠키를 담고, 크기가 가장 작은 초록색 상자에는 그보다 3개 적은 개수의 쿠키를 담는다고 할 때, 세 상자에는 각각 몇 개의 쿠키를 담게 될까요?

07 나와 형, 동생은 셋이 합쳐 20개의 사탕을 가지고 있습니다. 형이 나에게 3개의 사탕을 주고, 동생이 2개의 사탕을 먹었더니 셋이 가진 사탕의 개수가 모두 같아졌습니다. 나와 형, 동생이 처음에 가지고 있던 사탕의 개수는 각각 몇 개일까요?

08 친구들의 대화를 보고 각 친구들이 가진 도토리의 개수를 구해 보세요.

무우 : 나는 제이의 두 배만큼 도토리를 가지고 있어!

상상 : 내가 알알이에게 한 개의 도토리를 주면 우리 둘이 가진 도토리의 개수는 같아져!

알알 : 나는 제이보다 한 개 더 많은 도토리를 가지고 있어!

제이 : 상상이와 알알이가 가진 도토리 개수의 총합은 12개야!

무우 : ______개 상상 : ______개 알알 : ______개 제이 : ______개

③ 어떤 수 구하기

01 어떤 수에 4를 곱하고 2를 더해야 할 것을 잘못하여 2를 먼저 더하고 4를 곱했더니 36이 되었습니다. 바르게 계산했을 때의 답은 얼마일까요?

02 친구들의 대화를 보고 상상, 알알, 제이가 가지고 있는 사탕의 개수를 각각 구해 보세요.

 상상 : 나는 알알이보다 4개 더 많은 사탕을 가지고 있어!

 알알 : 사탕이 2개만 더 있으면 내가 가진 사탕이 20개가 될텐데..

 제이 : 내가 가진 사탕의 개수를 두 배하면 상상이와 알알이가 가진 사탕의 개수를 더한 것과 같아!

상상 : ________개 알알 : ________개 제이 : ________개

03 무우는 가지고 있는 23개의 초콜릿을 반 친구들에게 나누어 주려고 하는데, 4개씩 나누어 주면 3개의 초콜릿이 남는다고 합니다. 만약 똑같은 친구들에게 5개씩 나누어 주려면 몇 개의 초콜릿이 모자랄까요?

04 내용을 보고 가족들의 나이를 모두 구해 보세요.

(1) 우리 가족은 나, 동생, 엄마, 아빠입니다.

(2) 아버지의 나이는 동생의 나이에 4배를 한 후 2살을 더한 것과 같습니다.

(3) 동생은 나보다 3살이 더 어립니다.

(4) 어머니의 나이는 39살이며, 아버지보다 한 살이 더 많습니다.

③ 어떤 수 구하기

05 깊이가 11m인 우물에 빠진 달팽이는 우물을 탈출하기 위해 낮 동안 3m만큼 기어 올라오고, 밤 동안 1m만큼 미끄러진다고 합니다. 우물 바닥에서부터 오르기 시작했다고 할 때, 이 달팽이가 우물을 탈출하려면 며칠이 걸릴까요? 표를 작성해서 알아보세요.

	1일 째		2일 째		3일 째		4일 째		5일 째	
달팽이의 높이	낮	밤	낮	밤	낮	밤	낮	밤	낮	밤

06 무우와 상상이는 둘이 합쳐서 26개의 구슬을 가지고 있습니다. 상상이가 가진 구슬이 무우가 가진 구슬의 세 배보다 2개 더 많다고 할 때, 무우와 상상이가 가진 구슬의 개수를 아래 표를 이용해 구해 보세요.

무우	상상이	총합
1개	1×3+2=5개	1+5=6개

07 다트판을 보고 알맞은 답을 구해 보세요.

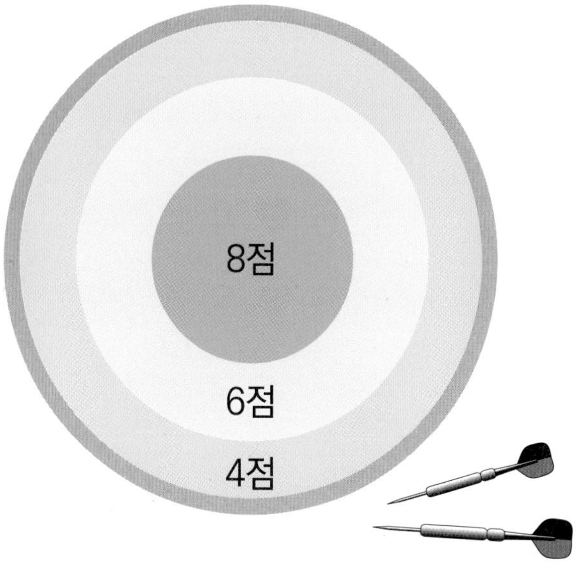

(1) 10개의 다트를 다트판에 모두 맞혀서 58점의 점수를 받았습니다. 6점 영역에는 3개의 다트를 맞혔다고 할 때, 8점과 4점 영역에 각각 몇 개의 다트를 맞혔을지 아래 표를 완성해 보세요.

	4점	6점	8점
맞힌 다트의 개수		3개	

(2) 2개의 다트를 다트판에 모두 맞혀서 점수의 합을 냈습니다. 가장 자주 나오는 점수의 합은 몇 점일까요?

④ 재치 있게 풀기

01 물음표 자리에 올 알맞은 수는 무엇일까요?

3 ♥ 2 = 3
6 ♥ 4 = 6
8 ♥ 3 = 15
7 ♥ 3 = ?

02 성냥개비를 두 개 추가해서 식이 성립하도록 만들어보세요. (단, 등호는 건드리지 않습니다.)

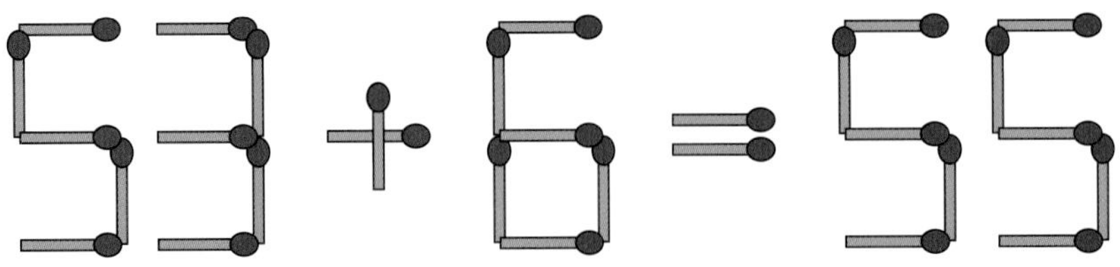

03 물음표에 들어갈 알맞은 수는 무엇일까요?

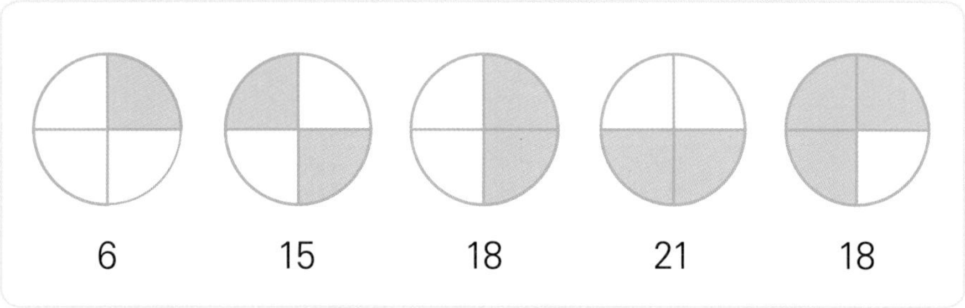

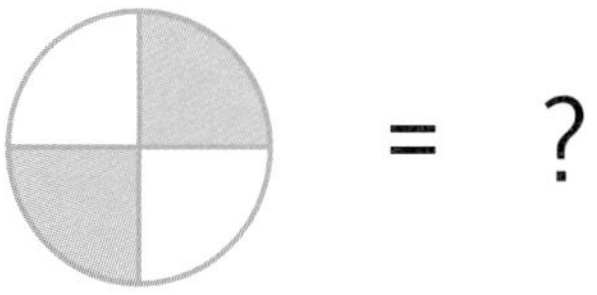

04 세 개의 성냥개비를 움직여서 같은 크기의 사각형 세 개를 만들어 보세요.

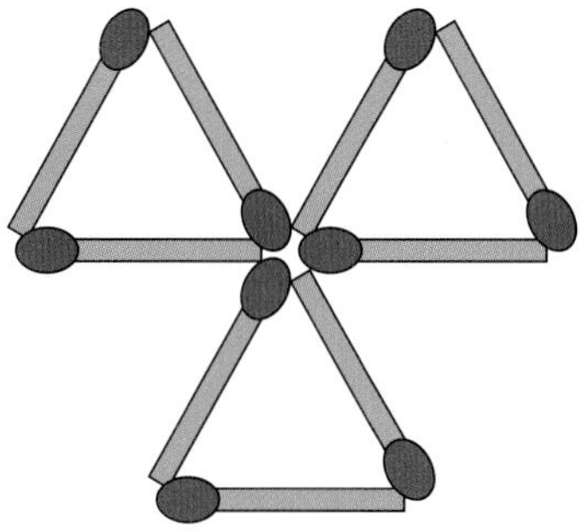

④ 재치 있게 풀기

05 한 마리의 세균은 1분이 지나면 2마리로 분열합니다. 또한 분열한 2마리는 1분 후면 다시 각각 2마리로 분열하여 4마리가 된다고 합니다. 1마리의 세균을 넣어서 유리병이 가득 차기까지 1시간이 걸린다고 할 때, 처음에 2마리를 넣는다면 유리병이 가득 차기까지는 몇 분이 걸릴까요?

06 세 개의 성냥개비를 옮겨서 같은 크기의 사각형 세 개를 만들어 보세요.

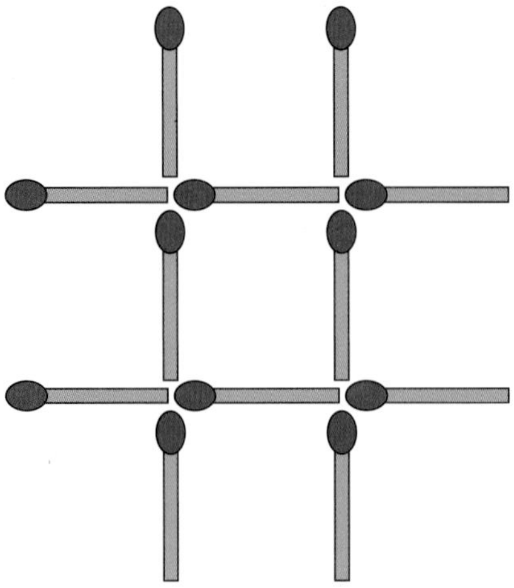

07 하나의 선을 추가하여 한붓그리기가 가능하도록 해보세요.

08 성냥개비로 만들어진 쓰레받기가 있습니다. 두 개의 성냥개비를 옮겨서 떨어져 있는 쓰레기를 쓰레받기 안으로 넣어 보세요.

⑤ 추론하기

01 무우, 상상, 알알, 제이는 빨강, 노랑, 초록, 파란색 중 서로 다른 한 가지 색을 좋아합니다. 아래의 내용을 보고 친구들이 좋아하는 색을 각각 구해 보세요.

(1) 무우가 좋아하는 색깔은 나무에서 찾을 수 있습니다.

(2) 알알이와 상상이는 파란색을 좋아하지 않습니다.

(3) 상상이는 바나나의 색깔을 좋아합니다.

02 A, B, C, D, 네 명의 선수가 달리기 시합을 했습니다. 각 선수의 순위를 구해 보세요.

(1) 동시에 결승선에 도착한 선수는 없습니다.

(2) B 선수보다 먼저 결승선에 도착한 선수는 두 명입니다.

(3) C 선수는 D 선수 바로 다음으로 결승선에 도착했습니다.

03 민수, 재민, 동수는 1반, 2반, 3반 중 서로 다른 반입니다. 각 친구들이 몇 반인지 구해 보세요.

민수 : 나는 1반이 아니야!

재민 : 나는 3반이 아니야!

동수 : 민수는 3반이 아니야!

04 1반, 2반, 3반, 4반의 반장 네 명은 체육대회에 관해 이야기하기 위해 둥글게 둘러앉았습니다. 1반 반장의 자리가 그림과 같을 때, 어느 자리에 누가 앉았는지 적어 보세요.

(1) 2반 반장의 왼쪽에는 3반 반장이 앉았습니다.
(2) 4반 반장과 2반 반장은 마주보고 앉았습니다.

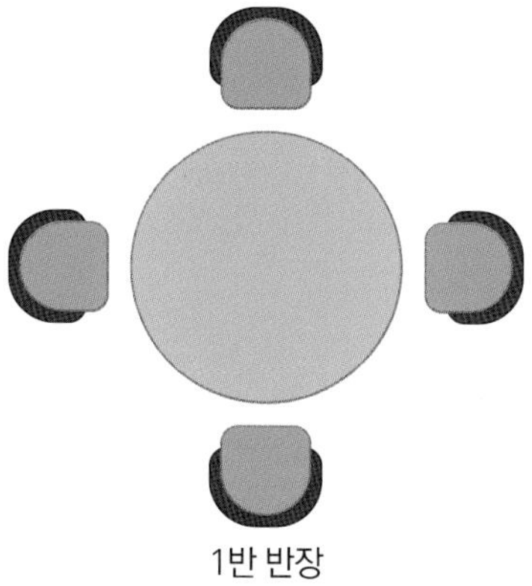

⑤ 추론하기

05 참말족 사람들은 항상 진실만을 말하고, 거짓말족 사람들은 항상 거짓말만을 합니다. 세 명 중 한 명만이 참말족이라고 할 때, 셋 중 누가 참말족인지 구해 보세요.

A : 나와 C는 참말족이야!

B : C는 거짓말을 하고 있어!

C : 우리 중 거짓말족은 두 명이야!

06 A, B, C, D 네 명은 4층 빌라 서로 다른 층에 살고 있습니다. 높은 층에 사는 사람의 순서대로 나열해보세요.

(1) B는 A와 C보다 높은 층에 삽니다.

(2) D는 A보다 높은 층에 삽니다.

(3) C는 D의 바로 윗층에 삽니다.

07 무우, 상상, 알알이는 강아지, 고양이, 토끼 중 서로 다른 한 마리의 반려동물을 키웁니다. 각 친구들이 기르는 반려동물의 종류와 이름을 구해 보세요.

(1) 반려동물의 이름은 꼬미, 별이, 마루 중에 하나입니다.
(2) 상상이가 키우는 반려동물은 꼬미입니다.
(3) 마루는 강아지입니다.
(4) 무우는 토끼를 키웁니다.

08 민호, 연수, 혜주의 성은 박씨, 이씨, 김씨 중에 하나이고, 나이는 8살, 9살, 10살 중에 하나입니다. 친구들의 정확한 이름과 나이를 구해 보세요.

(1) 세 친구들의 성과 나이는 모두 다릅니다.
(2) 민호의 성은 김씨입니다.
(3) 이씨인 사람은 9살입니다.
(4) 혜주는 8살입니다.

6 미로와 퍼즐

01 퍼즐을 한 조각마다 A, B, C, D 알파벳이 하나씩 들어가도록 똑같은 모양의 네 조각으로 나누어 보세요.

B	C	D	C
D	A	B	D
A	B	D	A
C	A	C	B

02 숫자 1에서 시작하여 숫자 5에서 끝나도록 1 → 2 → 3 → 4 → 5 순으로 다섯 개의 숫자를 연결하려고 합니다. 모든 칸을 한 번씩 지나도록 다섯 개의 숫자를 연결해보세요. (단, 대각선 방향으로는 연결하지 않습니다.)

		5		
			1	
	4			
			2	
3				

정답 및 풀이 P.62

03

노노그램 퍼즐을 완성했을 때, 퍼즐에서 찾을 수 없는 모양은 무엇일까요?
(단, 모양을 돌리거나 뒤집지 않습니다.)

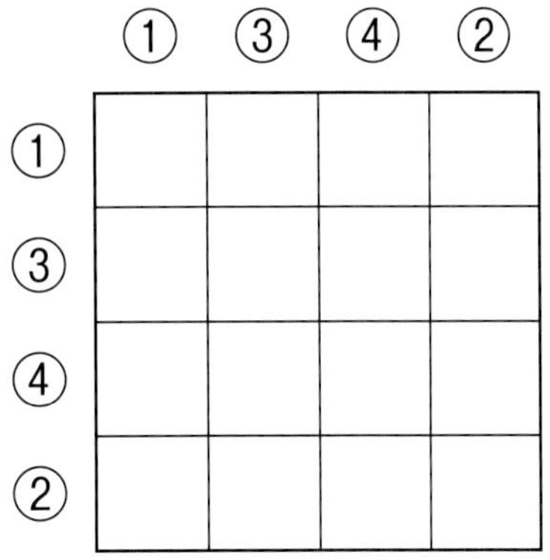

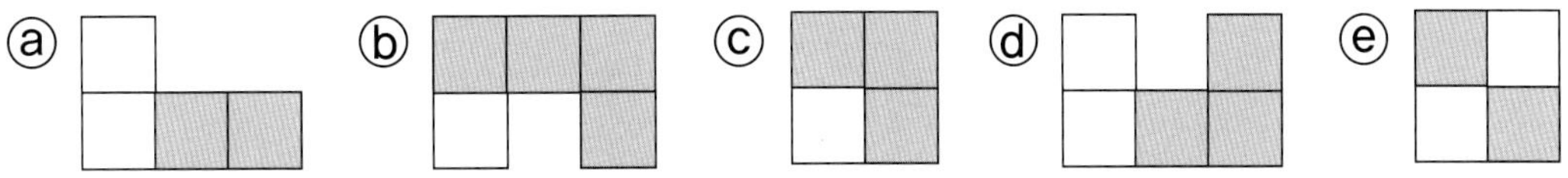

04

화살표는 이동 방향을, 숫자는 이동하는 칸 수를 나타냅니다. 출발점에서 도착점까지 이동하려고 할 때, 각 빈칸에 들어갈 화살표와 숫자를 그려보세요.

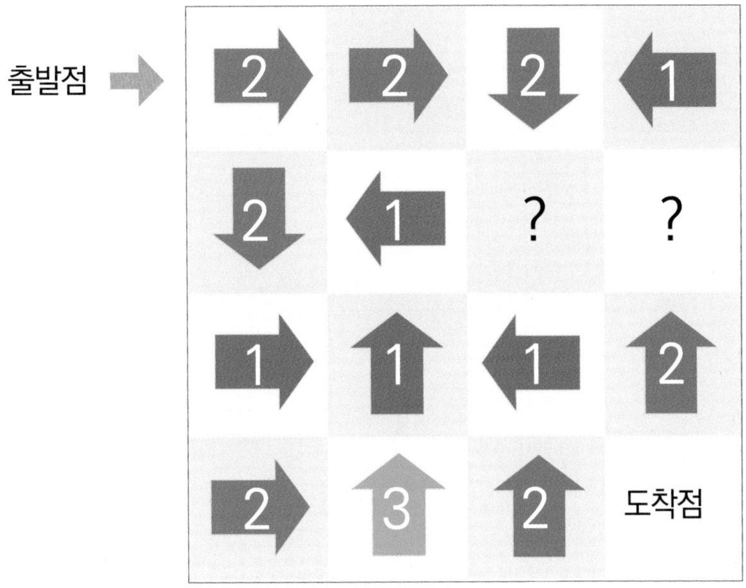

6 미로와 퍼즐

05 ○ 안에 쓰인 숫자는 ○에 연결된 선의 개수를 말합니다. 점선을 따라서만 ○를 연결할 수 있다고 할 때, 7개의 ○를 알맞게 선으로 연결해보세요.

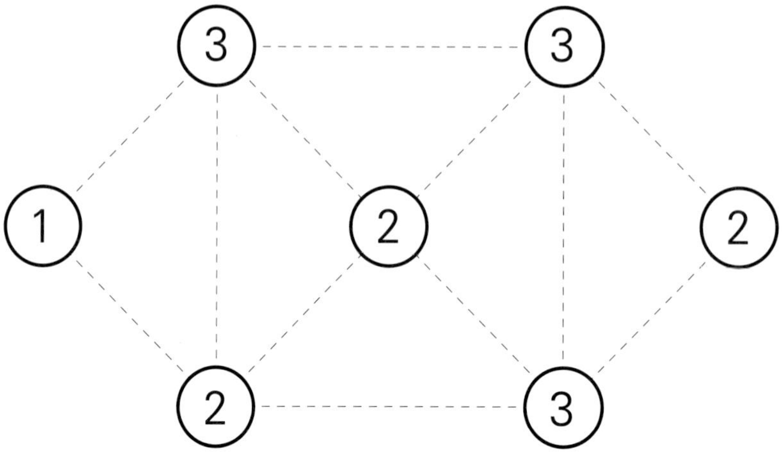

06 <보기>의 퍼즐 조각을 알맞은 위치에 놓아 스도쿠 퍼즐을 완성해보세요. (단, 조각을 돌리거나 뒤집어서 사용해도 됩니다.)

보기

3	4

1	2

4	2

3	1

			3
1	3		4
	1	4	2
	2		

07

각 가로줄, 세로줄, 굵은 선으로 나누어진 도형 안에 1, 2, 3, 4 네 개의 숫자가 한 번씩만 들어가도록 스도쿠 퍼즐을 완성해 보세요.

2		4	
			2
		3	
1			

08

1 작은 수 또는 1 큰 수가 있는 칸으로 이동하는 퍼즐입니다. 어둡게 색칠된 칸에서 출발하였을 때, ⓐ, ⓑ, ⓒ, ⓓ 네 개의 칸 중 도착점은 어디일까요? (단, 대각선 방향으로 이동하지 않으며 지나온 길을 되돌아가지 않습니다.)

2	3	ⓐ 5	ⓑ 4	ⓒ 6	ⓓ 3
5	4	2	3	5	6
6	7	8	7	8	5
5	4	9	8	5	4
7	3	2	3	4	2

MEMO

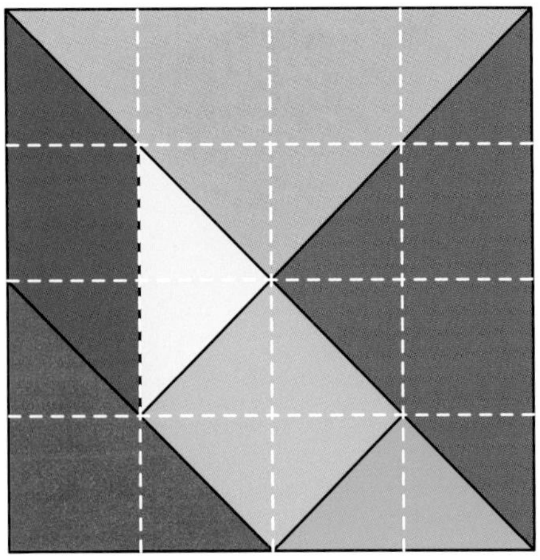

▲ 칠교판

가위를 사용해 도형을
잘라 맞춰보세요.

▲ 가장 적게 사용할 때

▲ 가장 많이 사용할 때

영재들의 수학여행

Math Travel

무한상상

창의력교재 업계1위

창의영재수학

아이앤아이

정답 및 풀이

입문 초등 1~3학년 G 워크북

무한상상

Imagine Infinite!

창의영재수학

아이앤아이

정답 및 풀이

입문 초등 1~3학년 G 워크북

A 정답 및 풀이

A 수와 연산

1. 수와 숫자 **01** ······ P. 08

[정답] 수 = 12개, 숫자 = 15개

[풀이 과정]

1) 시계에서 찾을 수 있는 수는 1, 2, 3, 4, 5, 6, 7, 8, 9, 10, 11, 12 으로 총 12 개입니다.
   시계에서 찾을 수 있는 숫자는 1, 2, 3, 4, 5, 6, 7, 8, 9, 1, 0, 1, 1, 1, 2 으로 총 15 개입니다.
2) 따라서 시계에서 찾을 수 있는 수는 12 개이고 숫자는 15 개입니다. (정답)

1. 수와 숫자 **02** ······ P. 08

[정답] 9개

[풀이 과정]

1) 왼쪽 페이지에 적힌 수는 5와 21과 같이 홀수입니다. 5부터 22까지 홀수를 찾으면 5, 7, 9, 11, 13, 15, 17, 19, 21으로 총 9 개입니다.
2) 따라서 왼쪽 페이지에 적힌 수의 개수는 모두 9개입니다. (정답)

1. 수와 숫자 **03** ······ P. 09

[정답] 757

[풀이 과정]

1) 아래 (그림)에서 적힌 고대 그리스 수가 나타내는 수는 500 + 100 + 100 + 50 + 7 = 757입니다.

(그림)

1. 수와 숫자 **04** ······ P. 09

[정답] 풀이 과정 참조

[풀이 과정]

1) 2438 = 2000 + 400 + 30 + 8입니다.
2) 따라서 아래 (정답)과 같이 2438을 고대 이집트 수로 나타내면 아래와 같습니다.

(정답)

1. 수와 숫자 **05** ······ P. 10

[정답] 풀이 과정 참조

[풀이 과정]

1) (그림)과 같이 각 칸이 나타내는 수는 차례대로 1, 2, 4, 8입니다.
2) 따라서 아래 (정답 1, 2)와 같이 12 는 4 와 8의 두 개의 칸을 색칠하고 15 는 1, 2, 4, 8의 모든 칸을 색칠하면 됩니다. 단, 겹쳐서 색칠하면 안됩니다.

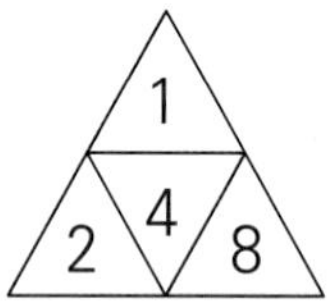

(그림)

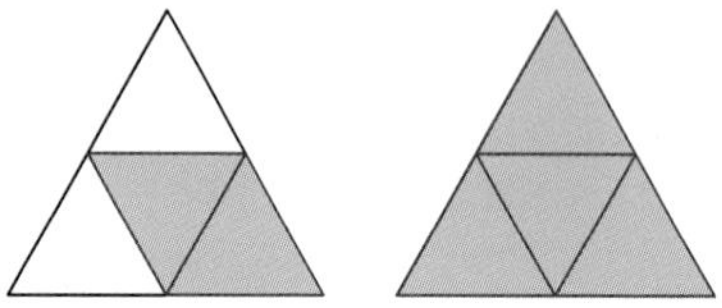

(정답 1) (정답 2)

1. 수와 숫자 **06** ······ P. 11

[정답] 19장

[풀이 과정]

1) <표>와 같이 무우가 10부터 34까지의 수 중에 모든 홀수를 만들어 24장의 숫자카드를 사용했습니다. 이 중에서 상상이가 숫자 3이 적힌 숫자 카드 5장을 가져갑니다.
2) 따라서 무우가 가지고 있는 숫자 카드는 19장입니다. (정답)

(그림)

1. 수와 숫자 07 .... P. 11

[정답] LXXX II

[풀이 과정]

1) XL V = 40 + 5 = 45 이고 XXX VII = 30 + 7 = 37입니다. 45 + 37 = 82 이므로 82를 로마 수로 나타내면 LXXX II 입니다.
2) 따라서 아래 (식)과 같이 빈칸에 들어갈 로마 수는 LXXX II 입니다.

(식)	(정답)
XL V + XXX VII = 45 + 37 = 82	LXXX II

1. 수와 숫자 08 .... P. 12

[정답] 9개

[풀이 과정]

1) (그림) 와 같이 200부터 350까지 홀수 중에 숫자 3이 두 번씩 들어가는 경우는 (1), (2), (3)의 3가지로 나눌 수 있습니다.
   i . ㉠3 3 일 때, ㉠에는 2만 들어갑니다. 만약 ㉠ = 3이 들어간다면 333이므로 숫자 3이 두 번이 아니라 3번씩 들어갑니다. 따라서 ㉠3 3에서 가능한 수는 233입니다. (1개)
   ii . 3㉡3일 때, ㉡에는 0, 1, 2, 4이 들어갑니다. 따라서 3㉡3에서 가능한 수는 303, 313, 323, 343입니다. (4개)
   iii. 3 3㉢ 일 때, ㉢에는 1, 5, 7, 9가 들어갑니다. 따라서 3 3㉢에서 가능한 수는 331, 335, 337, 339입니다. (4개)
2) 따라서 200부터 350까지 홀수 중에 숫자 3 이 두 번씩 들어가는 수는 1 + 4 + 4 = 9개입니다. (정답)

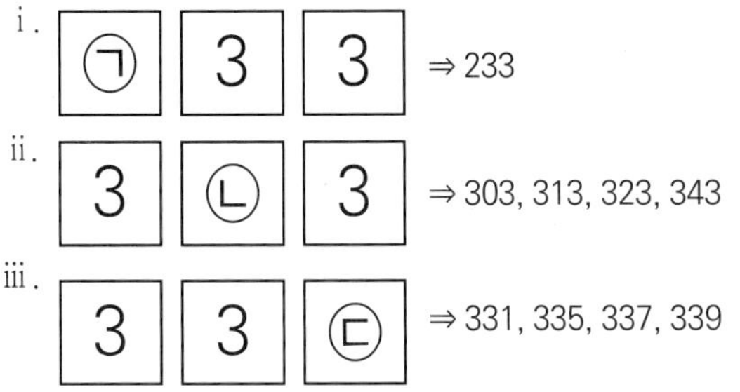

(그림)

1. 수와 숫자 09 .... P. 12

[정답] 199

[풀이 과정]

1) (그림 1)과 같이 왼쪽 칸에 있는 ▼ 은 60을 나타냅니다. 오른쪽 칸에는 ▼ 는 1 을 나타내고 ◀ 는 10을 나타냅니다.
2) (그림 2)와 같이 왼쪽 칸에 ▼ 이 3개있으므로 60 + 60 + 60 = 180이고 오른쪽 칸에는 ◀ 1개와 ▼ 9개가 있으므로 10 + 9 = 19입니다.
3) 따라서 바빌로니아 수가 나타내는 수는 180 + 19 = 199 입니다.

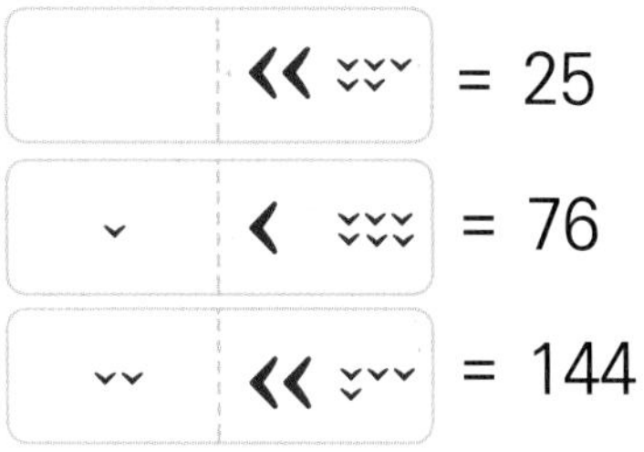

(그림 1)

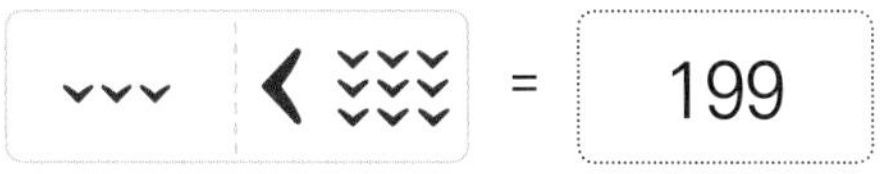

(그림 2) (정답)

1. 수와 숫자 10 .... P. 13

[정답] 풀이 과정 참조

[풀이 과정]

1) (그림)은 주판의 구슬이 나타내는 수입니다.
2) (그림 2)에서 왼쪽 주판의 구슬이 나타내는 수는 500 + 100 + 100 + 100 + 10 + 10 + 5 + 1이므로 826입니다. 오른쪽 주판의 구슬이 나타내는 수는 100 + 10 + 10 + 10 + 1 + 1 + 1 + 1 = 134입니다. 두 수를 합하면 826 + 134 = 960입니다.
3) 따라서 960을 주판의 구슬에 그립니다.

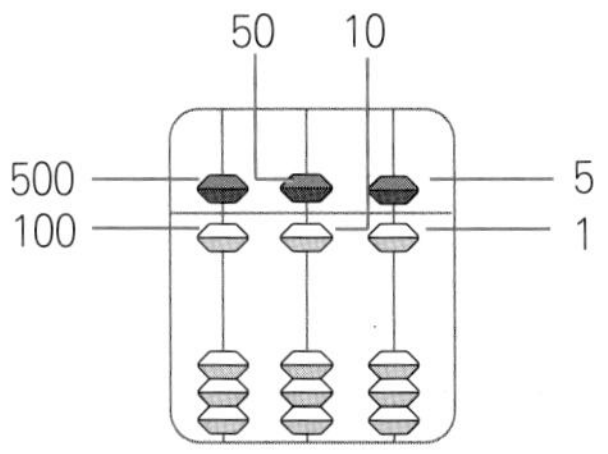

(그림)

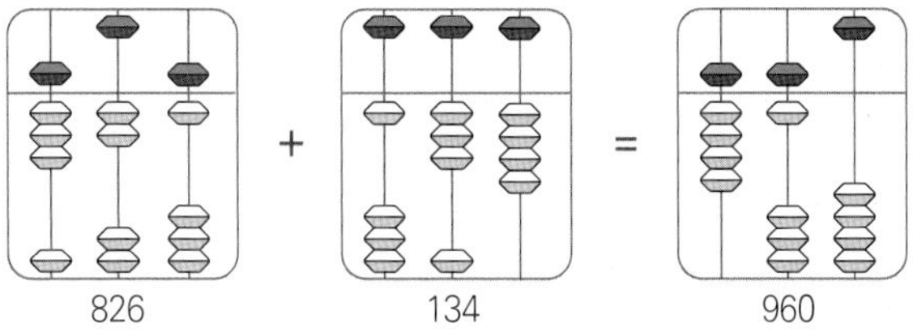

(그림 2)

2. 조건에 맞는 수 01 P. 14

[정답] 6개

[풀이 과정]

주사위를 굴려서 나올 수 있는 20보다 크고 40보다 작은 짝수는 아래 (그림)과 같이 22, 24, 26, 32, 34, 36 으로 총 6개입니다. (정답)

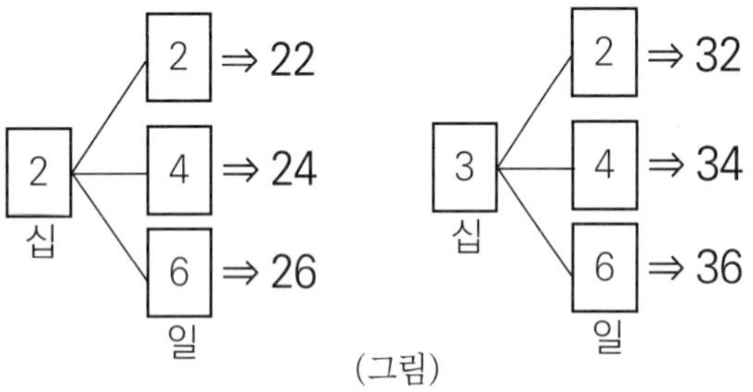

(그림)

2. 조건에 맞는 수 02 P. 14

[정답] 37

[풀이 과정]

1) 먼저 두 번째 조건의 1의자리 숫자와 10의자리 숫자를합하면 10인 경우는 (1, 9), (2, 8), (3, 7), (4, 6), (5, 5)로 5가지 입니다. 따라서 만들 수 있는 두 자리 수는 19 ,91, 28, 82, 37, 73, 46, 64, 55로 9개 입니다.
2) 위에서 찾은 두 자리 수 중에 첫 번째 조건인 1의 자리 숫자가 10의 자리 숫자보다 4 큽니다 라는것을 만족하는 수는 37밖에 없습니다. (정답)

2. 조건에 맞는 수 03 P. 15

[정답] 무우, 제이, 상상, 알알

[풀이 과정]

1) 1부터 8까지 숫자 카드 중에 무우는 가장 큰 숫자인 8을 십의 자리에 놓았으므로 네 명 중에 무우가 가장 큰 수를 만들었습니다.
2) 다음으로 두 번째로 큰 숫자인 7을 십의 자리에 놓은 제이가 두 번째로 큰 수를 만들었습니다.
3) 알알이는 숫자 카드 중에 가장 작은 숫자인 1을 십의 자리에 놓았으므로 가장 작은 수를 만들었습니다.
4) 상상이는 알알이보다 큰 수이므로 가장 큰 수를 만든 순서부터는 무우, 제이, 상상, 알알입니다. (정답)

2. 조건에 맞는 수 04 P. 15

[정답] 1

[풀이 과정]

1) 3 장의 숫자 카드에는 서로 다른 홀수가 적혀있으므로 뒤집힌 카드에는 1, 5, 9중에 하나의 숫자가 적혀있습니다.
2) 3장의 카드 중에 2장을 뽑아 만든 가장 큰 수가 73이므로 숫자 5와 9는 적혀있지 않습니다.
3) 따라서 뒤집힌 카드에 적힌 숫자는 1입니다. (정답)

2. 조건에 맞는 수 05 P. 16

[정답] 12개

[풀이 과정]

1) 사용할 수 있는 수는 0, 1, 3, 4입니다.
2) 조건에 맞춰서 1월 달에서 만들 수 있는 수는 103, 104, 130으로 1월 3일, 4일, 30일입니다. ➡ 3개
3) 3월 달에서 만들 수 있는 수는 301, 304, 310, 314으로 3월 1일, 4일, 10일, 14일입니다. ➡ 4개
4) 4월 달에서 만들 수 있는 수는 401, 403, 410, 413, 430으로 4월 1일, 3일, 10일, 13일, 30일입니다. ➡ 5개
5) 따라서 만들 수 있는 날짜는 모두 3 + 4 + 5 = 12개입니다.(정답)

2. 조건에 맞는 수 06 P. 16

[정답] 11개

[풀이 과정]

1) 숫자 카드 뒷면에 적힌 숫자와 그 앞면에 적힌 숫자를 함께 사용할 수 없습니다. 3과 2, 4와 1, 8과 5는 함께 사용할 수 없습니다.
2) 따라서 (그림)과 같이 40보다 크고 60보다 작은 수는 모두 11개입니다. (정답)

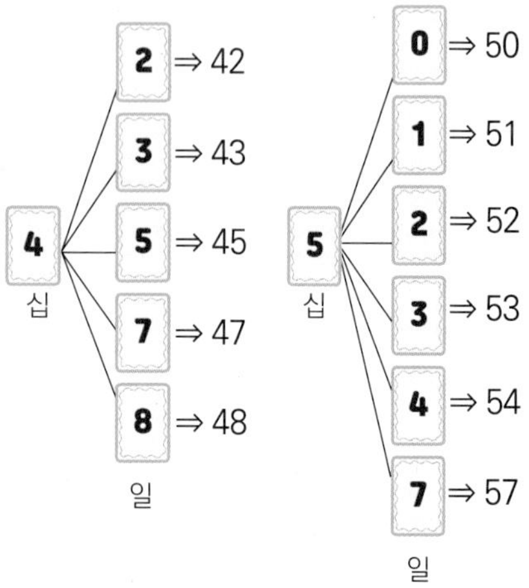

(그림)

2. 조건에 맞는 수 07 ······ P. 17

[정답] 네 번째로 큰 수 = 510, 네 번째로 작은 수 = 145

[풀이 과정]

1) (그림 1)과 같이 가장 큰 수부터 차례대로 적으면 네 번째로 큰 수는 510입니다. (그림 2)와 같이 가장 작은 수부터 차례대로 적으면 네 번째로 작은 수는 145입니다.

2) 따라서 네 번째로 큰 수는 510이고, 네 번째로 작은 수는 145입니다. (정답)

541	-	540	-	514	-	510

(그림 1)

104	-	105	-	140	-	145

(그림 2)

2. 조건에 맞는 수 08 ······ P. 17

[정답] 6개

[풀이 과정]

1) 세 자리 짝수가 되기 위해서는 일의 자리 숫자에는 0, 2, 6을 적어야 합니다.

i. 일의 자리 숫자에 0을 적는 경우

➜ 각 자리 숫자의 합이 8이 되려면 백의 자리와 십의 자리 숫자의 합이 8이 되어야 합니다.두 수의 합이 8인 경우는 (6, 2) 이므로 가능한 세 자리 수는 620, 260이 있습니다.

ii. 일의 자리 숫자에 2를 적는 경우

➜ 백의 자리 숫자와 십의 자리 숫자를 합하면 8 - 2 = 6 이 되어야 합니다. 두 수의 합이 6인 경우는 (1, 5), (0, 6) 이므로 가능한 세 자리 수는 152, 512, 602이 있습니다.

iii. 일의 자리 숫자에 6을 적는 경우

➜ 백의 자리 숫자와 십의 자리 숫자를 합하면 8 - 6 = 2 가 되어야 합니다. 두 수의 합이 2인 경우는 (0, 2) 이므로 가능한 세 자리 수는 206이 있습니다.

2) 위에서 찾은 세 자리 수 620, 260, 152, 512, 602, 206입니다. 따라서 5장의 카드로 만들 수 있는 각 자리 숫자의 합이 8인 짝수는 모두 6개입니다. (정답)

2. 조건에 맞는 수 09 ······ P. 18

[정답] 무우가 가져간 숫자 카드 = 3, 4, 7
상상이가 가져간 숫자 카드 = 2, 5, 6

[풀이 과정]

1) 무우가 가져간 3장의 숫자카드로 가장 큰 수인 74를 만들었으므로 3장의 숫자 카드 중 가장 큰 숫자는 7이고 그 다음 큰 수는 4입니다. 따라서 무우는 숫자 카드 5와 6을 가지고 있지 않습니다.

2) 상상이가 가져간 3장의 숫자카드로 가장 작은 수인 25를 만들었으므로 무우는 2를 가지고 있지 않습니다. 따라서 무우는 숫자 카드 3을 가지고 있습니다. 상상이는 나머지 숫자 카드인 6을 가지고 있습니다.

3) 따라서 무우가 가져간 숫자 카드는 3, 4, 7이고 상상이가 가져간 숫자 카드는 2, 5, 6입니다.

2. 조건에 맞는 수 10 ······ P. 19

[정답] 19개

[풀이 과정]

1) 조건 Ⅰ에 따라 일의 자리 숫자에 홀수가 들어가야 합니다. 이 중 수의 순서를 거꾸로 써도 처음 수와 같은 수는 다음과 같습니다.

i. 일의 자리 숫자가 1인 경우 : 총 7개

➜ 1월 달력에서 101, 111, 121, 131을 찾을 수 있습니다. 10월 달력에서 1001, 11월 달력에서 1111, 12월 달력에서 1221을 찾을 수 있습니다.

ii. 일의 자리 숫자가 3인 경우 : 총 3개

➜ 3 월 달력에서 303, 313, 323을 찾을 수 있습니다.

iii. 일의 자리 숫자가 5인 경우 : 총 3개

➜ 5 월 달력에서 505, 515, 525를 찾을 수 있습니다.

iv. 일의 자리 숫자가 7인 경우 : 총 3개

➜ 7 월 달력에서 707, 717, 727을 찾을 수 있습니다.

v. 일의 자리 숫자가 9인 경우 : 총 3개

➜ 9 월 달력에서 909, 919, 929를 찾을 수 있습니다.

2) 따라서 1월부터 12월까지 달력에서 찾을 수 있는 날짜의 개수는 모두 7 + 3 + 3 + 3 + 3 = 19개입니다. (정답)

3. 수의 크기 비교 01 .... P. 20

[정답] 6, 7, 8, 9

[풀이 과정]

1) 4 + 1□ > 19에서 4 + 15 = 19 이므로 □ 는 5보다 큰 수입니다.

2) 따라서 □ 안에 들어갈 수 있는 숫자는 6, 7, 8, 9입니다. (정답)

3. 수의 크기 비교 02 .... P. 20

[정답] ㉡, ㉠, ㉢

[풀이 과정]

1) ▲ 은 홀수이므로 1, 3, 5, 7, 9중 하나입니다.

2) ▲ 이 홀수 중 가장 큰 숫자인 9일 때, 가장 큰 수는 항상 975입니다.

3) ▲ 이 홀수 중 가장 작은 숫자인 1일 때, 가장 작은 수는 항상 101입니다.

4) 위와 같이 ▲ 가 3, 5, 7일 때, 가장 큰 수는 항상 975이고 가장 작은 수는 10▲ 입니다.

5) 따라서 ▲가 1, 3, 5, 7, 9중 하나일 때, 가장 큰 수부터 차례대로 기호를 적으면 ㉡, ㉠, ㉢ 입니다. (정답)

3. 수의 크기 비교 03 .... P. 21

[정답] ㉠, ㉣, ㉡, ㉢

[풀이 과정]

1)아래와 같은 숫자의 개수를 구합니다.

㉠ : 12□ > 124에서 일의 자리 숫자를 비교하면 □ 안에는 5, 6, 7, 8, 9가 들어갈 수 있습니다. ⇒ 총 5개입니다.

㉡ : 275 < 2□8에서 십의 자리 숫자를 비교하면 □ 안에는 7, 8, 9가 들어갈 수 있습니다. ⇒ 총 3개입니다.

㉢ : □8 > 78에서 십의 자리 숫자를 비교하면 □ 안에는 8, 9 가 들어갈 수 있습니다. ⇒ 총 2개입니다.

㉣ : 6□ < 64에서 일의 자리 숫자를 비교하면 □ 안에는 0, 1, 2, 3 이 들어갈 수 있습니다. ⇒ 총 4개입니다.

2) □ 들어갈 수 있는 숫자의 개수가 가장 많은 순서대로 기호를 적으면 ㉠, ㉣, ㉡, ㉢ 입니다. (정답)

3. 수의 크기 비교 04 .... P. 21

[정답] 6

[풀이 과정]

1) 6578 < 6□48 에서 천의 자리 숫자는 서로 같으므로 백의 자리 숫자를 비교하면 5 < □ 입니다. 만약 □ 에 5가 들어간다면 6578 > 6548 이므로 부등호가 반대가 되므로 □ 는 5 보다 큰 숫자가 들어갑니다.
따라서 □ 에는 6, 7, 8, 9가 들어갈 수 있습니다.

2) 3□49 < 3746에서 천의 자리 숫자가 서로 같으므로 백의 자리 숫자를 비교하면 □ < 7입니다. 만약 □ 에 7이 들어간다면 3749 > 3746이므로 부등호가 반대가 되므로 □ 는 7보다 작은 숫자가 들어갑니다.
따라서 □ 에는 0, 1, 2, 3, 4, 5, 6이 들어갈 수 있습니다.

3) 따라서 □ 안에 공통으로 들어갈 수 있는 숫자는 6입니다. (정답)

3. 수의 크기 비교 05 .... P. 22

[정답] 17

[풀이 과정]

1) 17 + □ > 33 에서 17 + 16 = 33이므로 □ 안에 16보다 큰 수가 들어가야 합니다. 따라서 □ = 17, 18, 19, 20, … 이 들어갈 수 있습니다.

2) 25 - □ > 6에서 25 - 19 = 6이므로 □ 안에 19보다 작은 수가 들어가야 합니다. 따라서 □ = 18, 17, 16, 15, 14, … 이 들어갈 수 있습니다.

3) 따라서 □ 안에 공통으로 들어갈 수 있는 수는 17, 18입니다. 이 중 가장 작은 수는 17입니다. (정답)

3. 수의 크기 비교 06 .... P. 22

[정답] 17

[풀이 과정]

1) (그림 1, 2) 와 같이 먼저 빨간색 원 안에 가장 큰 숫자 9를 놓고 파란색 원 안에 가장 작은 숫자 1을 놓습니다. 나머지 원 안에 부등호에 맞게 숫자를 써넣습니다.(그림 1, 2)외에도 놓는 방법은 여러 가지가 있습니다.

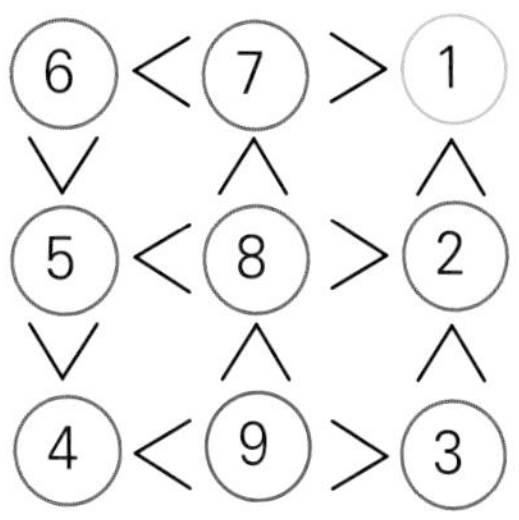

(그림 1)

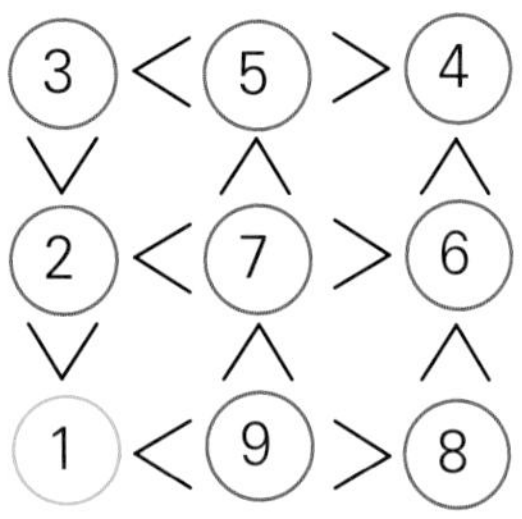

(그림 2)

3. 수의 크기 비교 07 ············ P. 23

[정답] 2

[풀이 과정]

1) 제이가 줄넘기를 가장 적게 했으므로 □ 에는 1, 2, 3이 들어갈 수 있습니다.

 i . □ = 1일 때

 ➜ 각 □ 안에 채우면 무우 : 310, 알알 : 311, 상상 : 301, 제이 : 119 입니다. 알알이가 무우보다 많이 하므로 □ = 1이 아닙니다.

 ii . □ = 2일 때

 ➜ 각 □ 안에 채우면 무우 : 320, 알알 : 312, 상상 : 302, 제이 : 229입니다. 이 중에 무우가 가장 많이 하고 제이가 가장 적게 하는 조건을 만족합니다.

 iii. □ = 3일 때

 ➜ 각 □ 안에 채우면 무우 : 330, 알알 : 313, 상상 : 303, 제이 : 339 입니다. 이 중에 제이가 무우보다 많이 하므로 □ = 3이 아닙니다.

 iv. □ = 4일 때

 ➜ □ = 4일 때는 모두 조건에 만족하지 않습니다.

2) 따라서 □ 안에 알맞은 숫자는 2입니다. (정답)

3. 수의 크기 비교 08 ············ P. 23

[정답] 15개

[풀이 과정]

1) 7㉠52 > 78㉡5의 ㉠ 에는 8, 9가 들어갈 수 있습니다.

 i . ㉠ = 8일 때, 7852 > 78㉡5입니다.

 ➜ 7852 > 78㉡5에서 ㉡ 에 5가 들어가면 7852 < 7855 이므로 부등호가 반대됩니다. 따라서 ㉡ 에는 5보다 작은 수인 0, 1, 2, 3, 4 가 들어갈 수 있습니다. 따라서 (표 1)과 같이 ㉠ = 8일 때, 쌍의 개수는 모두 5개입니다.

 ii . ㉠ = 9일 때, 7952 > 78㉡5입니다.

 ➜ 7952 > 78㉡5 에서 ㉡ 에는 0 부터 9까지 들어갈 수 있습니다. 따라서 (표 2)와 같이 ㉠ = 9일 때, 쌍의 개수는 모두 10개입니다.

2) 따라서 쌍의 개수는 총 5 + 10 = 15개입니다. (정답)

㉠	㉡	(㉠, ㉡)
8	0	⇒ (8, 0)
	1	⇒ (8, 1)
	2	⇒ (8, 2)
	3	⇒ (8, 3)
	4	⇒ (8, 4)

(표 1)

㉠	㉡	(㉠, ㉡)
9	0	⇒ (9, 0)
	1	⇒ (9, 1)
	2	⇒ (9, 2)
	3	⇒ (9, 3)
	4	⇒ (9, 4)
	5	⇒ (9, 5)
	6	⇒ (9, 6)
	7	⇒ (9, 7)
	8	⇒ (9, 8)
	9	⇒ (9, 9)

(표 2)

3. 수의 크기 비교 09 ············ P. 24

[정답] 3뒷면에 B, 6뒷면에 A, 8뒷면에 C

[풀이 과정]

1) (그림)의 ⓐ 줄에서 백의 자리 숫자가 서로 같으므로 십의 자리를 서로 비교하면 A < C 임을 알 수 있습니다. ⓑ 줄 비교에서 백의 자리 숫자가 서로 같으므로 십의 자리 숫자를 서로 비교하면 B < A 임을 알 수 있습니다. 따라서 크기 순서가 B < A < C 임을 알 수 있습니다.

2) 앞장에 적힌 3장의 숫자 카드 3, 6, 8 에서 가장 가장 큰 수는 8이므로 뒷면에 C 가 적혀있고, 그 다음 6은 뒷면에 A 가 적혀있습니다. 마지막으로 3은 뒷면에 B 가 적혀있습니다.

3) 따라서 3뒷면에 B, 6 뒷면에 A, 8뒷면에 C 가 적혀있습니다. (정답)

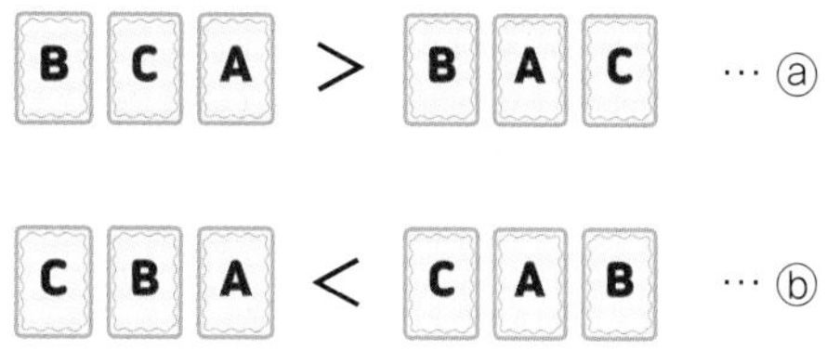

(그림)

3. 수의 크기 비교 **10** ······ P. 25

[정답] 7개

[풀이 과정]

1) 5㉠4 < 59㉡ < ㉢97 의 ㉢ 에는 5, 6, 7, 8, 9가 들어갈 수 있습니다. 하지만 ㉠ > ㉡ > ㉢ 이므로 ㉢ 이 8과 9일 때, ㉠ 과 ㉡ 에 들어갈 수 있는 숫자가 없습니다. 따라서 ㉢ 에는 5, 6, 7이 들어갈 수 있습니다.

i. ㉢ = 5일 때, 5㉠4 < 59㉡ < 597 입니다.

➜ 5㉠4 < 59㉡ < 597에서 ㉡에는 7 이 들어갈 수 없습니다. ㉡은 ㉢=5보다 커야하므로 6이 들어갑니다. ㉠ 은 나머지 6 보다 큰 7, 8, 9가 들어갈 수 있습니다. 따라서 (표 1)과 같이 ㉢ = 5일 때, 쌍의 개수는 모두 3개입니다.

ii. ㉢ = 6일 때, 5㉠4 < 59㉡ < 697입니다.

➜ 5㉠4 < 59㉡ 에서 ㉡ 은 6 보다 큰 숫자인 7, 8, 9가 들어갈 수 있습니다. 하지만 ㉠ > ㉡ > ㉢ 이므로 ㉡ 이 9 일 때, ㉠ 에 들어갈 수 있는 숫자가 없습니다. 따라서 ㉡ 에는 7, 8이 들어갈 수 있습니다. ㉠ 은 ㉡ 에 따라 들어갈 수 있는 숫자를 찾습니다. 따라서 (표 2)과 같이 ㉢ = 6일 때, 쌍의 개수는 모두 3개입니다.

iii. ㉢ = 7일 때, 5㉠4 < 59㉡ < 797입니다.

➜ 5㉠4 < 59㉡ 에서 ㉡ 은 7보다 큰 숫자인 8밖에 없습니다. ㉠ 에 들어갈 수 있는 숫자는 9입니다. 따라서 (표 3)과 같이 ㉢ = 7일 때, 쌍의 개수는 1개입니다.

2) 따라서 쌍의 개수는 총 3 + 3 + 1 = 7개입니다. (정답)

㉠	㉡	㉢	(㉠, ㉡, ㉢)
7			⇒ (7, 6, 5)
8	6	5	⇒ (8, 6, 5)
9			⇒ (9, 6, 5)

(표 1)

㉠	㉡	㉢	(㉠, ㉡, ㉢)
8	7		⇒ (8, 7, 6)
9		6	⇒ (9, 7, 6)
9	8		⇒ (9, 8, 6)

(표 2)

㉠	㉡	㉢	(㉠, ㉡, ㉢)
9	8	7	⇒ (9, 8, 7)

(표 3)

4. 합과 차 **01** ······ P. 26

[정답] 풀이 과정 참조

[풀이 과정]

1) 아래로는 가르기, 위로는 모으기를 하는 수 피라미드 입니다.

2) (정답)과 같이 먼저 5를 3과 2로 가르기 한 후, 2와 2를 모으기 해서 4를 적습니다.

3) 가르기와 모으기를 하며 빈칸을 채웁니다.

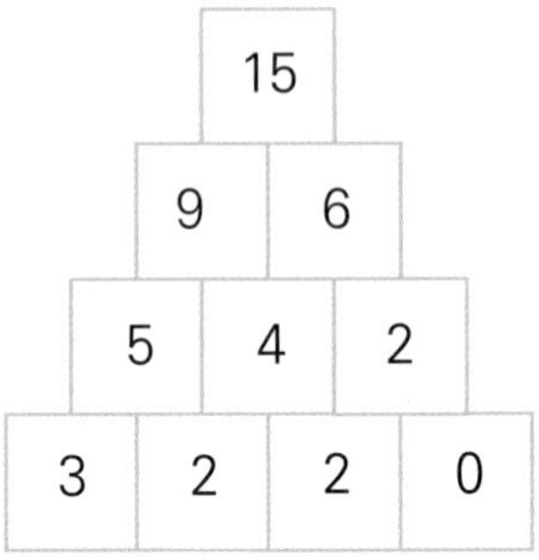

(정답)

4. 합과 차 **02** ······ P. 26

[정답] 풀이 과정 참조

[풀이 과정]

(정답)과 같이 먼저 8을 1과 7로 가르기 한 후, 5와 1을 모으기 해서 6을 적습니다. 그 후, 20을 14와 6으로 가르기 해서 맨 아래 칸에 34까지 적습니다.

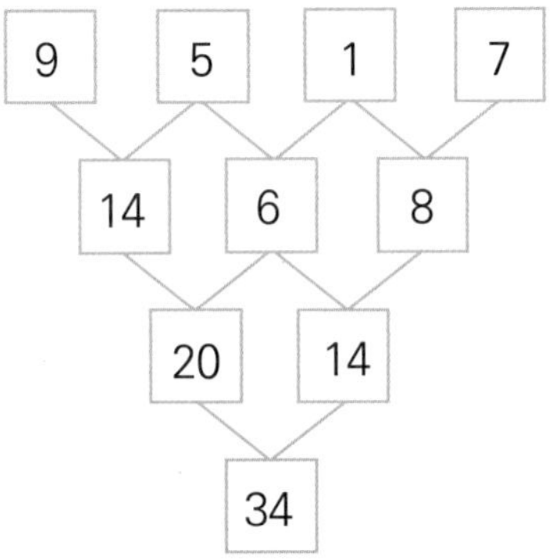

(정답)

4. 합과 차 03 .... P.27

[정답] 5개

[풀이 과정]

1) (그림 1) 과 같이 세 수의 합이 10인 곳을 ▭ 으로 모두 표시합니다. ➡ 총 3개입니다.

2) (그림 2)과 같이 세 수의 합이 10인 곳을 ㄴ 으로 모두 표시합니다. ➡ 총 2개입니다.

3) 따라서 표에서 찾을 수 있는 곳은 5개입니다. (정답)

1	3	6
2	7	2
4	4	2

(그림 1)

1	3	6
2	7	2
4	4	2

(그림 2)

4. 합과 차 04 .... P. 27

[정답] 2, 3, 5, 7, 10

[풀이 과정]

1) 먼저 1 과 합 또는 차를 하면 1 + 4 = 5, 4 - 1 = 3, 1 + 6 = 7 으로 계산 결과값이 5, 3, 7이 됩니다. 그 다음 4와 합 또는 차를 하면 4 + 6 = 10, 6 - 4 = 2으로 계산 결과 2, 10이 됩니다. (중복된 결과는 1개만 적습니다.)

2) 따라서 숫자 카드 1, 4, 6으로 합 또는 차를 하면 2, 3, 5, 7, 10의 계산 결과 값이 나옵니다.

4. 합과 차 05 .... P. 28

[정답] 풀이 과정 참조

[풀이 과정]

1) 주어진 도미노 3개를 옆으로 늘어놓아 맞닿은 부분의 차가 1 또는 2가 되는 방법은 아래의 그림처럼 2가지가 있습니다.

2) 따라서 (방법 1)과 같이 차가 2 는 (4, 2) 이고 1은 (4, 3) 으로 놓습니다. 다른 방법으로 (방법 2)와 같이 차가 2 는 (3, 1) 이고 1은 (3, 2) 으로 놓습니다.

(방법 1)

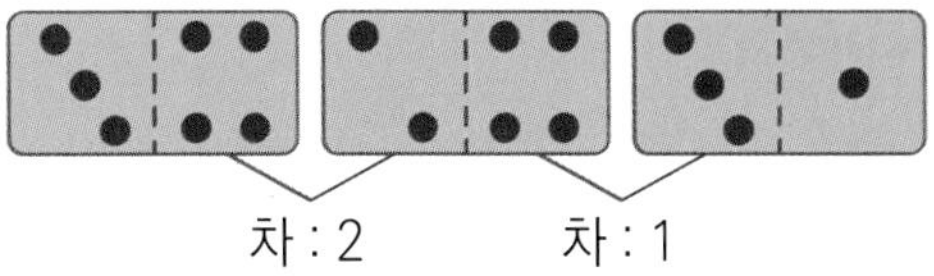

(방법 2)

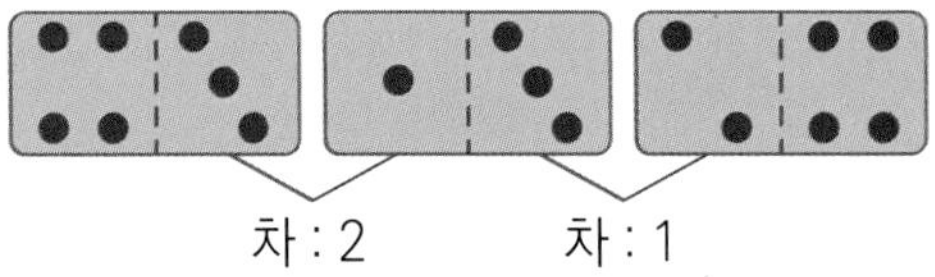

(정답)

4. 합과 차 06 .... P. 29

[정답] ㉠ = 49, ㉡ = 45, ㉢ = 34, ㉣ = 15

[풀이 과정]

1) 먼저 ㉡ = 67 - 22 = 45입니다.
67 - ㉢ = 33이므로 ㉢ = 67 - 33 = 34입니다.
㉠ - 22 = 27이므로 ㉠ = 27 + 22 = 49입니다.
㉠ - ㉢ = ㉣ 에서 ㉣ = 49 - 34 = 15입니다.

2) 따라서 ㉠ = 49, ㉡ = 45, ㉢ = 34, ㉣ = 15입니다.

-	22	㉢ 34
67	㉡ 45	33
㉠ 49	27	㉣ 15

(정답)

4. 합과 차 07 .... P. 29

[정답] 6개

[풀이 과정]

1) (그림 1) 과 같이 두 수의 차가 6인 곳을 ▭ 으로 모두 표시합니다. ➡ 총 4개입니다.

2) (그림 2)과 같이 두 수의 차가 6인 곳을 ▯ 으로 모두 표시합니다. ➡ 총 2개입니다.

3) 따라서 표에서 두 수의 차가 6인 곳은 6개입니다. (정답)

1	12	5	11
7	0	6	8
4	10	1	3
9	2	8	9

(그림 1)

1	12	5	11
7	0	6	8
4	10	1	3
9	2	8	9

(그림 2)

4. 합과 차 08 ········· P. 30

[정답] 7개

[풀이 과정]

1) (그림 1) 과 같이 덧셈식을 만족하는 곳을 ▭ 으로 모두 표시합니다. ⇒ 총 3개입니다.

2) (그림 2)과 같이 덧셈식을 만족하는 곳을 ▯ 으로 모두 표시합니다. ⇒ 총 4개입니다.

3) 따라서 표에서 빨셈식을 만족하는 곳은 7개입니다.

1	6	2	8
3	4	7	2
0	1	9	10
3	5	2	8

(그림 1)

1	6	2	8
3	4	7	2
0	1	9	10
3	5	2	8

(그림 2)

4. 합과 차 09 ········· P. 30

[정답] ㉠ = 5, ㉡ = 6, ㉢ = 2

[풀이 과정]

1) ㉠ + ㉢ = 7, ㉢ + ㉡ = 8, ㉠ + ㉡ = 11이므로 (㉠, ㉡) = (6, 5) 또는 (5, 6) 입니다.

i . (㉠, ㉡) = (6, 5)일 경우

㉠ + ㉢ = 7에서 ㉢ = 1 이고 ㉢ + ㉡ = 8에서 ㉢ = 3 입니다. ㉢이 서로 다르게 나오므로 (㉠, ㉡) = (6, 5)가 아닙니다.

ii . (㉠, ㉡) = (5, 6)일 경우

㉠ + ㉢ = 7 에서 ㉢ = 2이고 ㉢ + ㉡ = 8에서 ㉢ = 2 입니다. ㉢이 같으므로 (㉠, ㉡) = (5, 6) 입니다.

2) 따라서 ㉠ = 5, ㉡ = 6, ㉢ = 2입니다. (정답)

4. 합과 차 10 ········· P. 31

[정답] ㉠ = 7, ㉡ = 4, ㉢ = 3, ㉣ = 1

[풀이 과정]

1) ㉠ > ㉡ > ㉢ > ㉣이고, ㉠+㉡ = 11 이므로 (㉠, ㉡) = (8, 3), (7, 4), (6, 5) 중 하나입니다.

i . (㉠, ㉡) = (8, 3)일 경우

㉡+㉢ = 8이므로 ㉢ = 5가 됩니다. ㉡ > ㉢ 이 되어 조건에 맞지 않습니다.

ii . (㉠, ㉡) = (7, 4)일 경우

㉡+㉢ = 7이므로 7을 가르기 하면 ㉢ = 3이 됩니다. 4 를 가르기 하면 ㉣ = 1이 됩니다. 따라서 ㉡ = 4이면 ㉠ = 7, ㉢ = 3, ㉣ = 1입니다. 이경우는 조건에 맞습니다.

iii. (㉠, ㉡) = (6, 5)일 경우

㉡+㉢ = 6이므로 ㉢ = 1 이 됩니다. 5를 가르기 하면 ㉣ = 4가 됩니다. ㉢ > ㉣이 되어 조건에 맞지 않습니다.

2) 따라서 ㉠ = 7, ㉡ = 4, ㉢ = 3, ㉣ = 1입니다. (정답)

5. 식 만들기 01 ········· P. 32

[정답] 11 + 32 + 8 = 51

[풀이 과정]

1) 주어진 숫자 카드를 모두 더하면 11 + 32 + 21 + 8 = 72입니다. 주어진 식의 계산 결과인 51 과 72의 차는 21입니다.

2) 따라서 21을 제외한 나머지 11, 32, 8을 주어진 식에 적으면 됩니다. (정답)

5. 식 만들기 02 ········· P. 32

[정답] 풀이 과정 참조

[풀이 과정]

1) 주어진 식 18 - 5 + 16 + 4 - 13을 계산하면 20입니다.

2) 주어진 식에 적힌 답 17과 계산 결과 값 20의 차가 3이므로 (정답)에서 필요없는 부분은 + 16 과 - 13입니다.

3) 따라서 (정답)과 같이 + 16 과 - 13에 ✕ 표시하면 됩니다.

18 - 5 ~~+ 16~~ + 4 ~~- 13~~ = 17

(정답)

5. 식 만들기 03 ········· P. 33

[정답] 4가지

[풀이 과정]

1) 숫자카드 7장 중 3장을 사용하고, ㉠, ㉡, ㉢은 모두 다른 수가 적힌 숫자카드입니다.

2) 먼저 ㉢ 에는 1, 2, 3, 4, 5가 들어갈 수 있습니다. ㉢이 6, 7일 때는 ㉠ > ㉡ > ㉢을 만족하지 않습니다.

3) 이 중 ㉠ > ㉡ > ㉢와 ㉠+㉡+㉢ = 10을 동시에 만족하는 것은 (표)와 같이 4가지 경우가 있습니다. (정답)

㉠	㉡	㉢
7	2	1
6	3	1
5	4	1
5	3	2

(표)

5. 식 만들기 **04** ······ P. 33

[정답] 9 - 4 + 7 - 8 + 1 = 5

[풀이 과정]

1) 주어진 식에 + 만 넣었을 때, 식은 9 + 4 + 7 + 8 + 1 으로 계산 결과값은 29입니다.
2) 주어진 식에 적힌 답 5 와 계산 결과 값 29의 차는 24이므로 12의 2배입니다. 따라서 1) 식에서 4와 8 앞의 연산기호를 각각 - 로 바꿉니다.
3) 따라서 알맞은 식은 9 - 4 + 7 - 8 + 1 = 5입니다. (정답)

5. 식 만들기 **05** ······ P. 34

[정답] 풀이 과정 참조

[풀이 과정]

1) 주어진 숫자 카드로 만들 수 있는 곱셈식은 2 × 4 = 8 밖에 없습니다. 따라서 맨 처음 칸 곱셈식에는 반드시 2 × 4 = 8이 들어갑니다.
2) 나머지 숫자 카드로 덧셈식과 뺄셈식을 만들면 (정답 1, 2) 와 같습니다. (정답 1, 2)이외에도 다른 덧셈식과 뺄셈식을 만들 수 있습니다.

2 × 4 = 8
4 + 6 = 10
8 - 6 = 2
(정답 1)

2 × 4 = 8
2 + 8 = 10
10 - 4 = 6
(정답 2)

5. 식 만들기 **06** ······ P. 35

[정답] □ = 6

[풀이 과정]

1) □ 안에 한 자리 수가 들어가므로 1부터 9까지 넣어 봅니다.
2) □ = 6일 때, 주어진 식에 6을 넣으면 27 - 6 - 6 = 9+6 입니다.
3) 27 - 6 - 6 - 6 = 9 도 가능합니다.
4) 따라서 □ = 6입니다. (정답)

5. 식 만들기 **07** ······ P. 35

[정답] 가장 클 때 : 79, 가장 작을 때 : 17

[풀이 과정]

1) 먼저 주어진 식 48 ○ 7 ○ 20 ○ 6 × 3 에서 곱셈부터 계산하여 다시 적으면 48 ○ 7 ○ 20 ○ 18입니다.
2) 48 ○ 7 ○ 20 ○ 18식에서 +, - 을 한 번 이상 써넣어 계산 결과가 가장 크게 되려면 가장 작은 수인 7앞에 - 를 놓고 나머지 ○ 안에 + 를 써넣습니다. 따라서 48 - 7 + 20 + 18 = 79입니다.
3) 반대로 계산 결과가 가장 작게 되려면 가장 작은 수인 7 앞에 + 을 놓고 나머지 ○ 안에 - 을 써넣습니다. 따라서 48 + 7 - 20 - 18 = 17입니다.
4) 따라서 계산 결과가 가장 클 때는 48 - 7 + 20 + 18 = 79이고, 가장 작을 때는 48 + 7 - 20 - 18 = 17 입니다. (정답)

5. 식 만들기 **08** ······ P. 36

[정답] 풀이 과정 참조

[풀이 과정]

1) 주어진 숫자 카드 중에 가장 큰 수는 14입니다. 주어진 숫자 카드 중에 두 수의 합으로 14를 만들 수 있는 경우는 3 + 11 과 6 + 8밖에 없습니다. 따라서 맨 아래 줄 오른쪽의 계산 결과 값에 14가 들어갑니다.
2) (정답 1, 2) 와 같이 주어진 숫자 카드로 1 + 2 = 3, 4 + 7 = 11, 2 + 4 = 6, 7 + 1 = 8의 덧셈식을 만듭니다. (정답 1, 2)외에도 덧셈식을 놓는 방법은 여러 가지가 있습니다.

2	+	1	=	3
+		+		+
4	+	7	=	11
=		=		=
6	+	8	=	14

(정답 1)

4	+	2	=	6
+		+		+
7	+	1	=	8
=		=		=
11	+	3	=	14

(정답 2)

5. 식 만들기 09 P. 37

[정답] 96 + 7 × 8 - 3 = 149

[풀이 과정]

1) (식)과 같이 각 빈칸에 ㉠ 부터 ㉤ 까지 적습니다. 주어진 숫자 카드를 써넣어 계산한 결과가 가장 크게 되려면 ㉤ 은 가장 작은 숫자인 3이 들어가야 합니다.

㉠ ㉡ + ㉢ × ㉣ - ㉤ = ?

(식)

2) 다음과 같이 정리할 수 있습니다.

ⅰ. 두 자리 수 ㉠㉡ 에 9가 들어갈 때의 식

➜ 98 + 7 × 6 - 3 = 137, 97 + 8 × 6 - 3 = 142, 96 + 7 × 8 - 3 = 149

ⅱ. 곱셈식 ㉢ × ㉣ 에 9가 들어갈 때의 식

➜ 76 + 9 × 8 - 3 = 145, 86 + 9 × 7 - 3 = 146, 87 + 9 × 6 - 3 = 138

3) 따라서 위 식 중에 계산 결과 값이 가장 큰 식은 96 + 7 × 8 - 3 = 149입니다.

9 6 + 7 × 8 - 3 = 149

(정답)

5. 식 만들기 10 P. 37

[정답] 555 + 55 + 5 + 5 = 620

[풀이 과정]

1) 주어진 식의 계산 결과 값이 세 자리 수이므로 555 를 만들어야 합니다. 620 - 555 = 65이므로 나머지 55 + 5 + 5를 하여 65를 만듭니다.

2) 따라서 주어진 식의 3개의 + 만 사용해서 555 + 55 + 5 + 5 = 620을 만들 수 있습니다. 이 외에도 덧셈의 순서가 서로 바뀌어도 상관없습니다.

6. 벌레 먹은 셈 01 P. 38

[정답] 풀이 과정 참조

[풀이 과정]

(덧셈식) 풀이 과정

1) (덧셈식)의 각 □ 안에 ㉠, ㉡ 을 적습니다. 일의 자리에서 2 + ㉡ = 9이므로 ㉡ = 7입니다. 십의 자리에서 ㉠ + 1 = 7이므로 ㉠ = 6입니다.

2) 따라서 아래 (덧셈식 정답) 과 같이 각 □ 안에 알맞은 숫자를 써넣을 수 있습니다.

	㉠	2
+	1	㉡
	7	9

(덧셈식)

	6	2
+	1	7
	7	9

(덧셈식 정답)

(뺄셈식) 풀이 과정

1) (뺄셈식)의 각 □ 안에 ⓐ, ⓑ 를 적습니다. 일의 자리에서 10 + 2 - ⓑ = 9이므로 ⓑ = 3입니다. 십의 자리에서 ⓐ - 1 - 1 = 7이므로 ⓐ = 9입니다.

2) 따라서 아래 (뺄셈식 정답) 과 같이 각 □ 안에 알맞은 숫자를 써넣을 수 있습니다.

	ⓐ	2
-	1	ⓑ
	7	9

(뺄셈식)

	9	2
-	1	3
	7	9

(뺄셈식 정답)

6. 벌레 먹은 셈 02 P. 38

[정답] (A, B, C) = (2, 9, 1), (1, 0, 3)

[풀이 과정]

1) 덧셈식의 일의 자리에서 B + A 는 1 또는 11이 될 수 있습니다. 두자리수 덧셈식이므로 A와 C는 0이 될 수 없습니다.

2) 먼저 B + A = 1일 때, 두 자리 수 덧셈식이므로 A = 1, B = 0입니다. 십의 자리에서 A + C = 4이므로 C = 3 입니다.

3) B + A = 11일 때, 십의 자리는 A + C + 1 = 4입니다. 두 식을 만족하는 경우는 A = 2, B = 9, C = 1밖에 없습니다.

4) 따라서 덧셈식을 만족하는 (A, B, C) 는 (2, 9, 1) 와 (1, 0, 3) 입니다. (정답)

6. 벌레 먹은 셈 **03** P. 39

[정답] ○ = 8, ☆ = 1, △ = 4

[풀이 과정]

1) 아래와 같이 각 식을 ⓐ, ⓑ, ⓒ로 합니다.

2) 식 ⓑ에 □ = 7을 넣으면 ☆ + △ = 5입니다. ☆ + △ = 5에서 가능한 (☆, △)는 (3, 2), (2, 3), (1, 4), (4, 1), (0, 5), (5, 0) 입니다. 이 중에 식 ⓐ와 식 ⓒ를 만족하는 (☆, △)를 찾습니다.

3) (☆, △) = (1, 4)일 때, 식 ⓐ에서 ○ + 4 + 5 = 17으로 ○ = 8이 됩니다. 식 ⓒ에서 ○ + 1 = 9이므로 ○ = 8이 됩니다.

4) (☆, △) = (3, 2), (2, 3), (4, 1), (0, 5), (5, 0) 일 때, 만족하는 ○가 없습니다.

5) 따라서 ○ = 8, ☆ = 1, △ = 4 입니다. (정답)

ⓐ … ○ + △ + 5 = 17
ⓑ … □ + ☆ + △ = 12
ⓒ … ○ + ☆ = 9

6. 벌레 먹은 셈 **04** P. 39

[정답] 풀이 과정 참조

[풀이 과정]

(덧셈식) 풀이 과정

1) (덧셈식) 과 같이 각 □ 안에 ㉠ 부터 ㉢ 까지 적습니다. 일의 자리에서 ㉠ + 4 = 10이므로 ㉠ 는 6입니다. 십의 자리에서 7 + ㉡ + 1 = ㉢ 이므로 ㉢ 은 한 자리 숫자이므로 ㉡ = 1입니다. 따라서 ㉢ = 9입니다.

2) 따라서 아래 (덧셈식 정답) 과 같이 각 □ 안에 알맞은 숫자를 써넣을 수 있습니다.

	7	㉠
+	㉡	4
	㉢	0

(덧셈식)

	7	6
+	1	4
	9	0

(덧셈식 정답)

(뺄셈식) 풀이 과정

1) (뺄셈식) 과 같이 각 □안에 ⓐ부터 ⓒ까지 적습니다. 일의 자리에서 8 - ⓒ = 7이므로 ⓒ = 1입니다. 십의 자리에서 ⓐ - ⓑ = 8이므로 가능한 ⓐ = 9, ⓑ = 1밖에 없습니다.

2) 따라서 아래 (뺄셈식 정답) 과 같이 각 □ 안에 알맞은 숫자를 써넣을 수 있습니다.

	ⓐ	8
-	ⓑ	ⓒ
	8	7

(뺄셈식)

	9	8
-	1	1
	8	7

(뺄셈식 정답)

6. 벌레 먹은 셈 **05** P. 40

[정답] 풀이 과정 참조

[풀이 과정]

	㉠	㉡	㉢	㉣	
ⓐ …	□	○	△	□	10
ⓑ …	△	○	□	○	
ⓒ …	□	○	△	☆	11
	7			6	

1) 가로 ⓐ 식 □ + ○ + △ + □ = 10와 세로 ㉠ 식 □ + △ + □ = 7에서 공통인 부분은 □ + △ + □ 입니다. 따라서 ○ = 3입니다.

2) 가로 ⓒ 식 □ + ○ + △ + ☆ = 11와 세로 ㉣ 식 □ + ○ + ☆ = 6에서 각 식에 ○ = 3을 써넣으면 □ + △ + ☆ = 8과 □ + ☆ = 3이 됩니다. 이 경우 □ + ☆ 이 공통이므로 △ = 5입니다.

3) 세로 ㉠ 식 □ + △ + □ = 7에서 △ = 5를 써넣으면 □ + □ = 2으로 □ = 1입니다.

4) □ + ☆ = 3이므로 ☆ = 2입니다.

5) 따라서 □ = 1, △ = 5, ○ = 3, ☆ = 2 를 넣어 계산하여 (정답)과 같이 노란색 빈칸을 채울 수 있습니다.

□	○	△	□	10
△	○	□	○	12
□	○	△	☆	11
7	9	11	6	

(정답)

6. 벌레 먹은 셈 **06** P. 40

[정답] A = 1, B = 8, C = 4

[풀이 과정]

1) 덧셈식 에서 A = 2라면, 십의 자리에서 2 + B + C = 24를 만들 수 없으므로 A는 반드시 1입니다.

2) 일의 자리에 A = 1을 써넣으면 1 + B + B = 7 또는 17이 되어야 하므로 B = 3 또는 8입니다. B = 3일 때, 십의 자리에서 1 + 3 + C = 14가 되어야 하고, C = 10 이므로 두자리 수 이어서 만족하지 않습니다. 따라서 B = 8입니다.

3) 십의 자리에 A = 1과 B = 8을 써넣으면 1 + 8 + C + 1 = 14이므로 C = 4가 됩니다.

4) 따라서 A = 1, B = 8, C = 4입니다. (정답)

6. 벌레 먹은 셈 **07** ······ P. 41

[정답] 풀이 과정 참조

[풀이 과정]

1) 덧셈식에서 일의 자리 △ + △ + △ + △ = 16또는 36이 될 수 있습니다.
   - i. △ + △ + △ + △ = 16일 때, △ = 4가 됩니다. 십의 자리에서 □ + □ + 1 = 15이므로 □ = 7입니다.
   - ii. △ + △ + △ + △ = 36일 때, △ = 9가 됩니다. 십의 자리에서 □ + □ + 3 = 15이므로 □ = 6입니다.
2) 따라서 (정답 1, 2)와 같이 (△, □)에 (4, 7)와 (9, 6)을 각각 써넣어 식을 완성할 수 있습니다.

$$\begin{array}{rrr} & 7 & 4 \\ & 7 & 4 \\ & & 4 \\ + & & 4 \\ \hline 1 & 5 & 6 \end{array} \qquad \begin{array}{rrr} & 6 & 9 \\ & 6 & 9 \\ & & 9 \\ + & & 9 \\ \hline 1 & 5 & 6 \end{array}$$

(정답 1) (정답 2)

6. 벌레 먹은 셈 **08** ······ P. 41

[정답] 4개

[풀이 과정]

1) (식)의 빨간색 사각형의 십의 자리에서 A + 1 = B 이어야 하므로 (A와 B는 서로 다른 숫자) B 는 A 보다 1만큼 큽니다. 일의 자리에서 B + A = 10 + C 이므로 두 조건을 만족하는 (A, B, C) 는 (5, 6, 1), (6, 7, 3), (7, 8, 5), (8, 9, 7) 가 있습니다.
2) 따라서 (정답)과 같이 (A, B, C) 가 (5, 6, 1), (6, 7, 3), (7, 8, 5), (8, 9, 7) 으로 4개의 식을 만을 수 있습니다.

$$\begin{array}{rrr} & A & B \\ + & & A \\ \hline & B & C \\ - & A & A \\ \hline & & B \end{array}$$

(식)

$$\begin{array}{rrr} & 5 & 6 \\ + & & 5 \\ \hline & 6 & 1 \\ - & 5 & 5 \\ \hline & & 6 \end{array} \qquad \begin{array}{rrr} & 6 & 7 \\ + & & 6 \\ \hline & 7 & 3 \\ - & 6 & 6 \\ \hline & & 7 \end{array}$$

$$\begin{array}{rrr} & 7 & 8 \\ + & & 7 \\ \hline & 8 & 5 \\ - & 7 & 7 \\ \hline & & 8 \end{array} \qquad \begin{array}{rrr} & 8 & 9 \\ + & & 8 \\ \hline & 9 & 7 \\ - & 8 & 8 \\ \hline & & 9 \end{array}$$

(정답)

6. 벌레 먹은 셈 **09** ······ P. 42

[정답] 풀이 과정 참조

[풀이 과정]

1) (덧셈식)과 같이 각 □ 안에 ㉠ 부터 ㉥ 까지 적습니다.
   - i. 일의 자리에서 6 + ㉣ = 10이므로 ㉣ = 4가 됩니다. 십의 자리에서 ㉡ + ㉢ + 1 = 10 + ㉥ 이 되어야 ㉠과 ㉤ 에 서로 다른 숫자가 들어갑니다.
   - ii. 십의 자리는 7 + 5 + 1 = 10 + 3이 될 수 밖에 없습니다. 따라서 ㉠ = 1이고 ㉤ = 2가 됩니다.
2) 따라서 (정답) 과 같이 덧셈식을 완성할 수 있습니다. 단, 7과 5를 5와 7로 자리를 서로 바꿔 적어도 됩니다.

$$\begin{array}{rrrr} & \text{㉠} & \text{㉡} & 6 \\ + & & \text{㉢} & \text{㉣} \\ \hline & \text{㉤} & \text{㉥} & 0 \end{array} \qquad \begin{array}{rrrr} & 1 & 7 & 6 \\ + & & 5 & 4 \\ \hline & 2 & 3 & 0 \end{array}$$

(덧셈식) (정답)

6. 벌레 먹은 셈 **10** ······ P. 43

[정답] 풀이 과정 참조

[풀이 과정]

(덧셈식) 풀이 과정

1) (덧셈식)의 각 □ 안에 ㉠ 부터 ㉢ 까지 적습니다.
   - i. 일의 자리에서 5 + ㉡ + 6 = 12이므로 ㉡ = 1입니다.
   - ii. 십의 자리에서 ㉠ + 4 + ㉢ + 1 = 22이므로 (㉠, ㉢) = (8, 9) 또는 (9, 8) 입니다.
2) 따라서 (덧셈식 정답 1) 과 같이 각 □ 안에 알맞은 숫자를 써넣을 수 있습니다. 단, (덧셈식 정답 2)와 같이 9와 8을 8과 9로 서로 자리를 적어도 됩니다.

$$\begin{array}{rrr} & \text{㉠} & 5 \\ & 4 & \text{㉡} \\ + & \text{㉢} & 6 \\ \hline 2 & 2 & 2 \end{array} \qquad \begin{array}{rrr} & 8 & 5 \\ & 4 & 1 \\ + & 9 & 6 \\ \hline 2 & 2 & 2 \end{array} \qquad \begin{array}{rrr} & 9 & 5 \\ & 4 & 1 \\ + & 8 & 6 \\ \hline 2 & 2 & 2 \end{array}$$

(덧셈식) (덧셈식 정답1) (덧셈식 정답2)

(뺄셈식) 풀이 과정

1) (뺄셈식)의 각 □ 안에 ⓐ 부터 ⓒ 까지 적습니다.
   - i. 일의 자리에서 10 + 2 - 8 = ⓒ 이므로 ⓒ = 4입니다.
   - ii. 십의 자리에서 6 - 1 - ⓑ = 4이므로 가능한 ⓑ = 1입니다.
   - iii. 백의 자리에서 ⓐ - 3 = 1이므로 ⓐ = 4입니다.
2) 따라서 (뺄셈식 정답) 과 같이 각 □ 안에 알맞은 숫자를 써넣을 수 있습니다.

$$\begin{array}{rrrr} & \text{ⓐ} & 6 & 2 \\ - & 3 & \text{ⓑ} & 8 \\ \hline & 1 & 4 & \text{ⓒ} \end{array} \qquad \begin{array}{rrrr} & 4 & 6 & 2 \\ - & 3 & 1 & 8 \\ \hline & 1 & 4 & 4 \end{array}$$

(뺄셈식) (뺄셈식 정답)

B 도형

1. 평면 도형 **01** .... P. 46

[정답] 5

[풀이 과정]

1)

삼각형 : 꼭짓점 개수-3개, 변의 개수-3개

사각형 : 꼭짓점 개수-4개, 변의 개수-4개

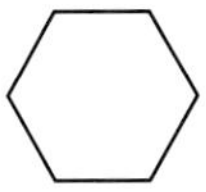

육각형 : 꼭짓점 개수-6개, 변의 개수-6개

2) 삼각형과 육각형의 꼭짓점 개수의 합 3+6=9에서 사각형의 변의 개수를 뺀 값은 9-4=5입니다.

1. 평면 도형 **02** .... P. 46

[정답] 13개

[풀이 과정]

1) 다음과 같이 13개의 크고 작은 사각형을 찾을 수 있습니다.

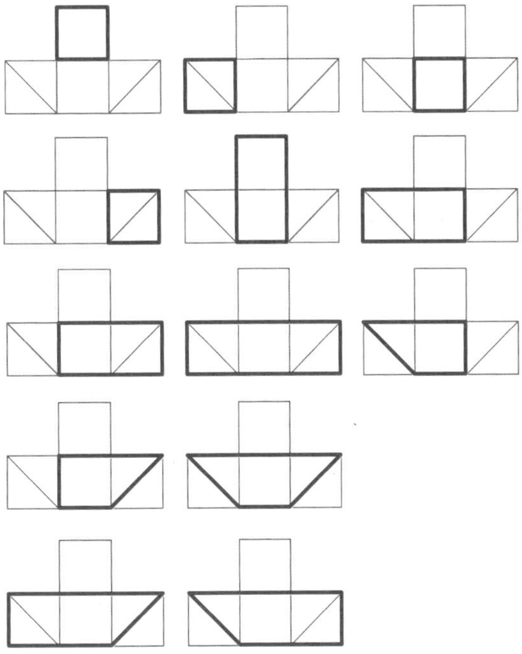

(정답)

1. 평면 도형 **03** .... P. 46

[정답] 풀이 과정 참조

[풀이 과정]

1) 아래와 같이 곧은 선 2개를 그으면 오각형 두 개와 사각형 하나로 나눌 수 있습니다.

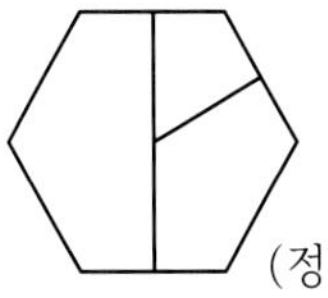

(정답)

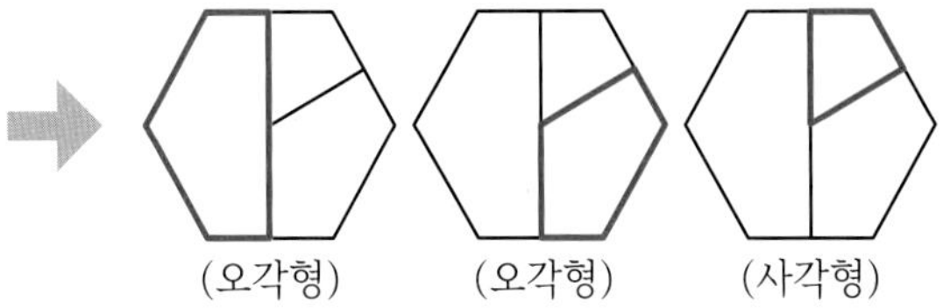

2) 또한 아래와 같이 육각형의 마주 보는 두 변에 각각 두 점을 찍고 나란히 두 선을 그으면 오각형 두 개와 사각형 하나로 나눌 수 있습니다.

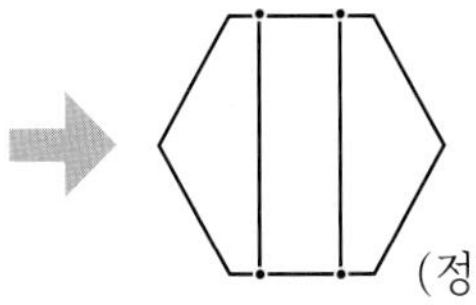

(정답)

1. 평면 도형 **04** .... P. 47

[정답] 4개

[풀이 과정]

다음과 같이 서로 다른 삼각형 4개를 만들 수 있습니다. 돌리거나 뒤집었을 때 같은 모양은 하나로 봅니다.

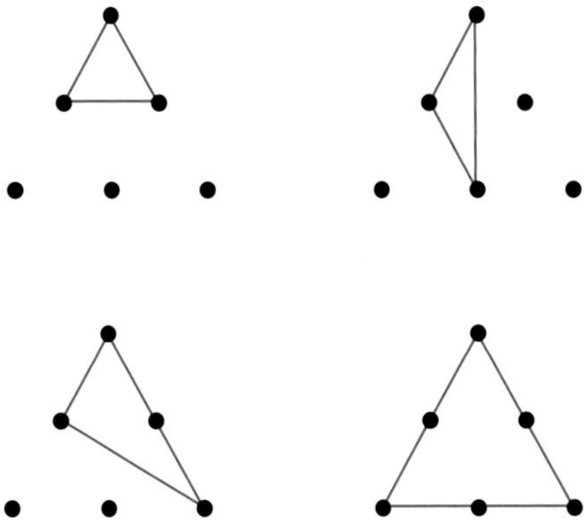

1. 평면 도형 **05** .... P. 47

[정답] 27개

[풀이 과정]

1) 한 개의 삼각형으로 이루어진 경우 ➔ 16개

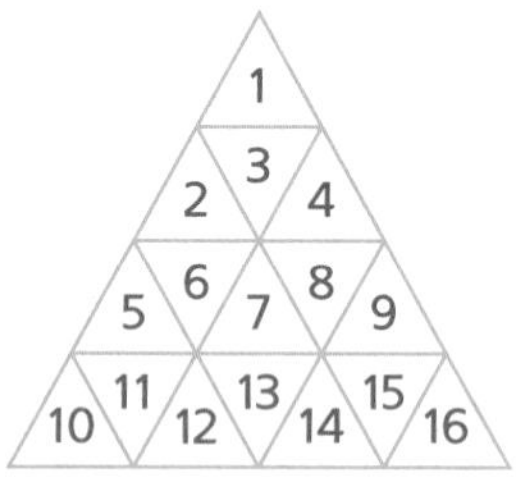

2) 두 개 이상의 삼각형으로 이루어진 경우 ➔ 11개

3) 따라서 찾을 수 있는 크고 작은 삼각형은 모두 16 + 11 = 27개 입니다. (정답)

1. 평면 도형 **06** .... P. 48

[정답] 11개

[풀이 과정]

다음과 같이 ★ 를 포함하는 사각형 11개를 찾을 수 있습니다.

1. 평면 도형 **07** .... P. 48

[정답] 칠각형

[풀이 과정]

1) 다각형의 경우 꼭짓점의 개수와 변의 개수는 항상 같습니다.

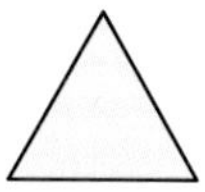

삼각형 : 꼭짓점-3개, 변-3개

2) 꼭짓점과 변의 개수가 모두 7개인 칠각형의 경우 변의 개수와 꼭짓점의 합이 14가 되게 됩니다. 따라서 무우가 그린 다각형의 이름은 칠각형입니다. (정답)

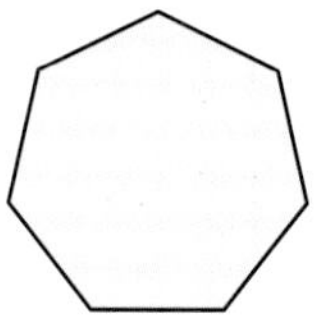

칠각형 : 꼭짓점-7개, 변-7개

1. 평면 도형 08 ····· P. 48

[정답] 18개

[풀이 과정]

1) 다음과 같이 18개의 크고 작은 사각형을 찾을 수 있습니다.

① 사각형 1칸 ➜ 6개

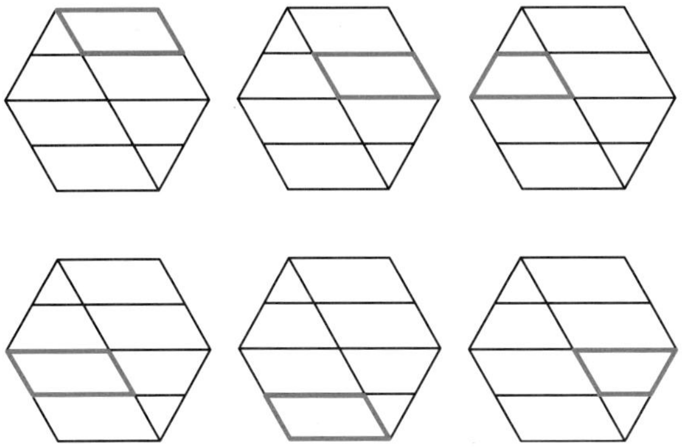

② 사각형 2칸 ➜ 6개

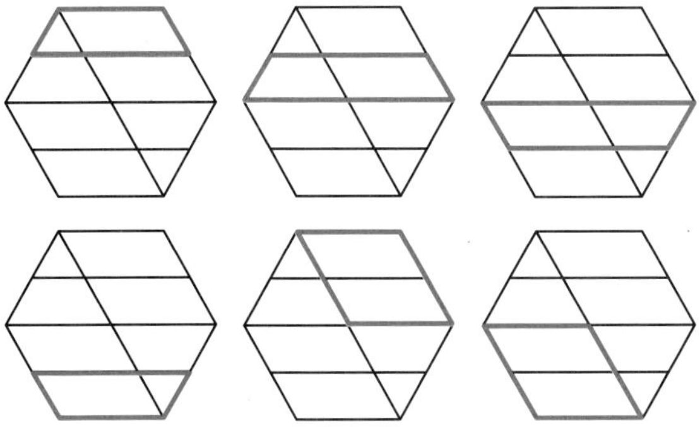

③ 사각형 3칸 ➜ 2개

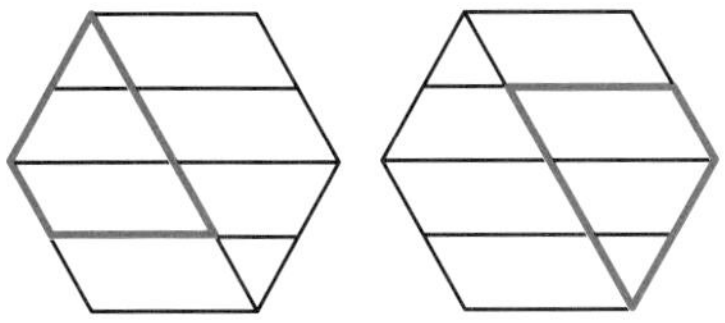

④ 사각형 4칸 ➜ 4개

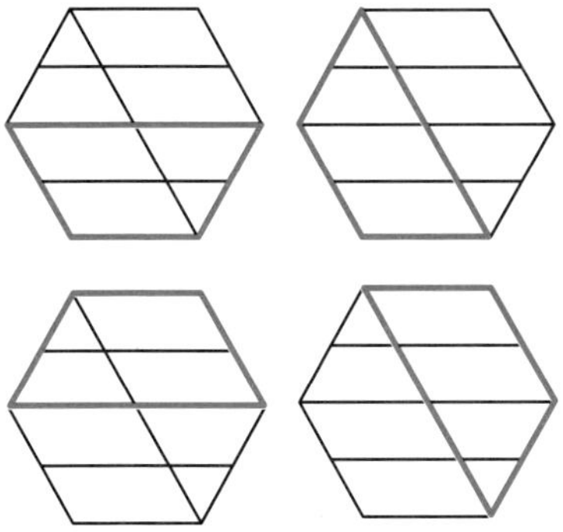

2) 따라서 도형에서 찾을 수 있는 크고 작은 사각형의 개수는 6 + 6 + 2 + 4 = 18개 입니다. (정답)

1. 평면 도형 09 ····· P. 49

[정답] 6개

[풀이 과정]

1) 다음과 같이 6개의 크고 작은 육각형을 찾을 수 있습니다.

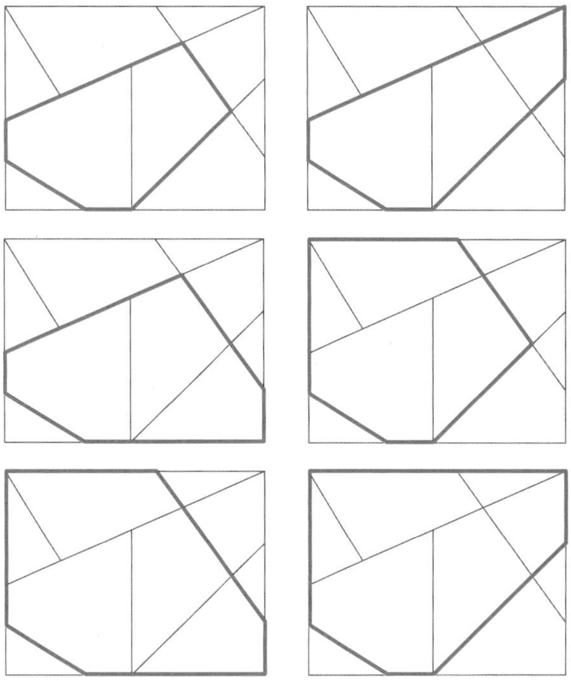

1. 평면 도형 10 ····· P. 49

[정답] 8개

[풀이 과정]

다음과 같이 서로 다른 사각형 8개를 만들 수 있습니다.

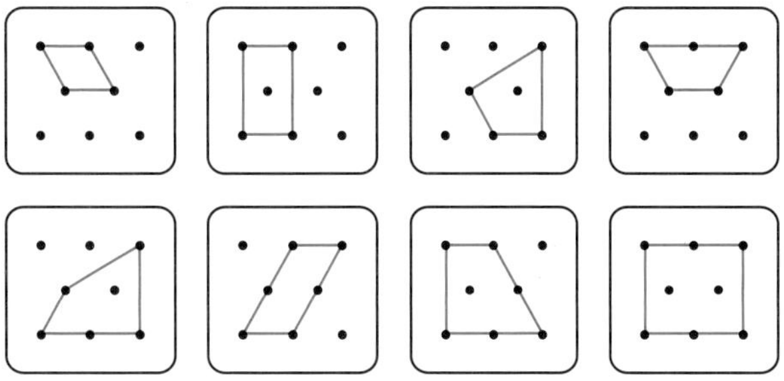

2. 입체 도형 **01** ········· P. 50

[정답] 8

[풀이 과정]

1) 먼저 각 입체 도형의 평평한 부분의 개수를 세어줍니다.

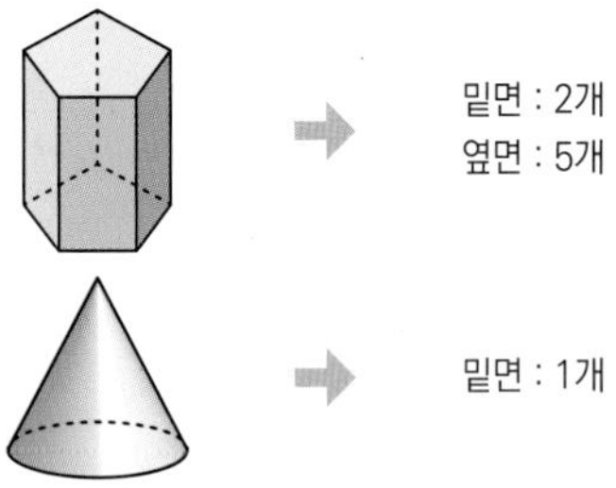

2) 따라서 세 입체 도형의 평평한 부분의 개수를 모두 합한 값은 2+5+1=8 입니다. (정답)

2. 입체 도형 **02** ········· P. 50

[정답] 풀이 과정 참조

[풀이 과정]

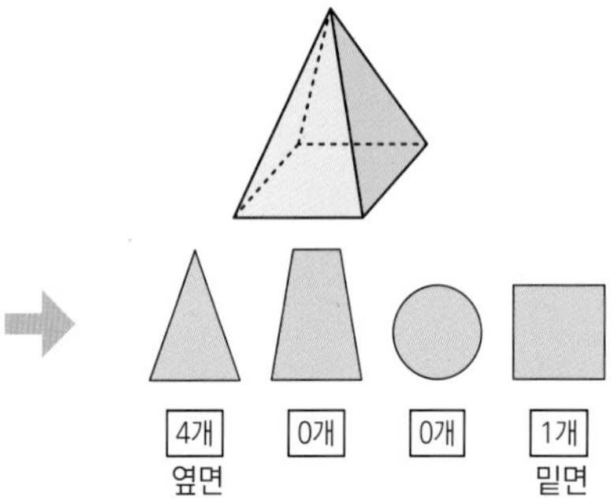

(정답)

2. 입체 도형 **03** ········· P. 51

[정답] 풀이 과정 참조

[풀이 과정]

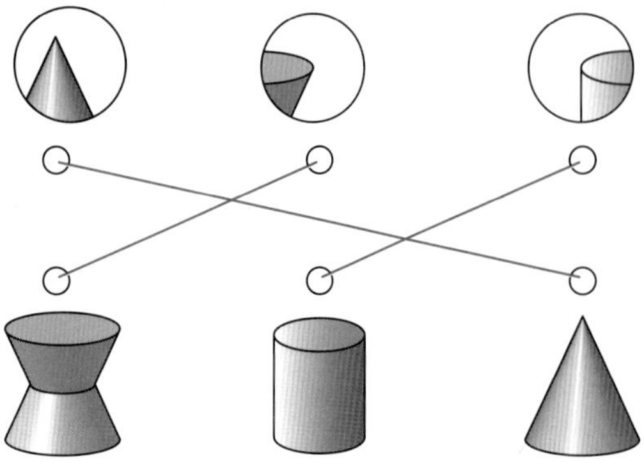

(정답)

2. 입체 도형 **04** ········· P. 51

[정답] ㉡

[풀이 과정]

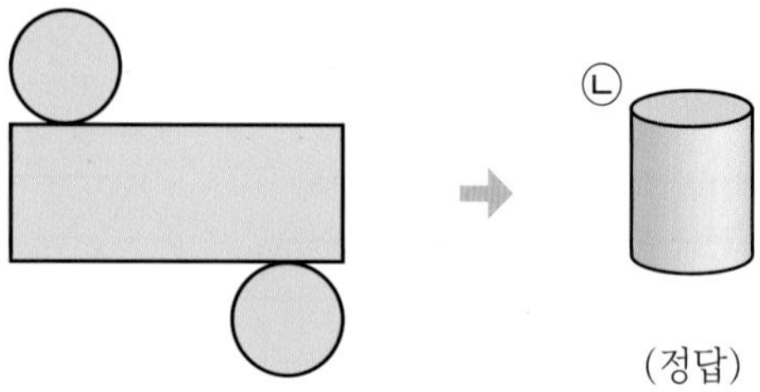

(정답)

2. 입체 도형 **05** ········· P. 52

[정답] 풀이 과정 참조

[풀이 과정]

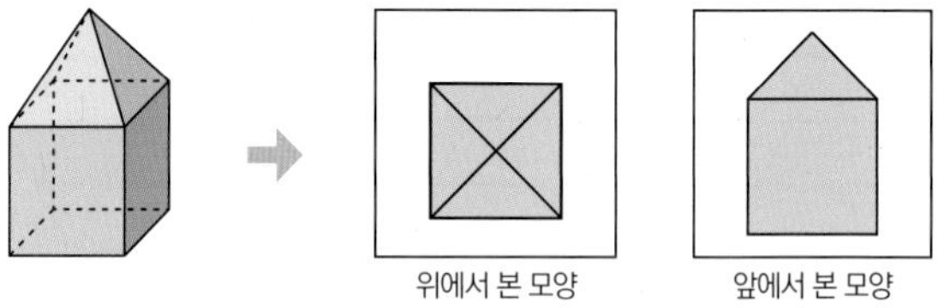

(정답)

2. 입체 도형 **06** ········· P. 52

[정답] ①, ②, ⑤

[풀이 과정]

1) ①번, ②번, ⑤번 도형을 이용해 삼각형 모양의 그림자를 만들 수 있습니다.

①

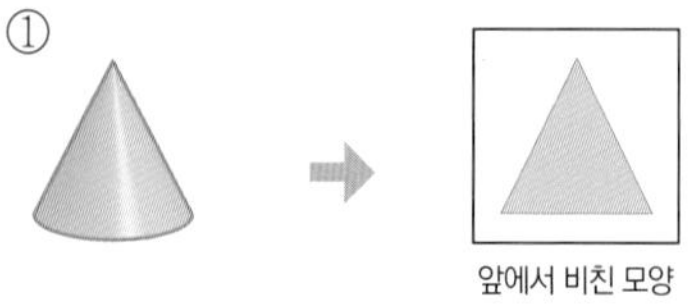

②

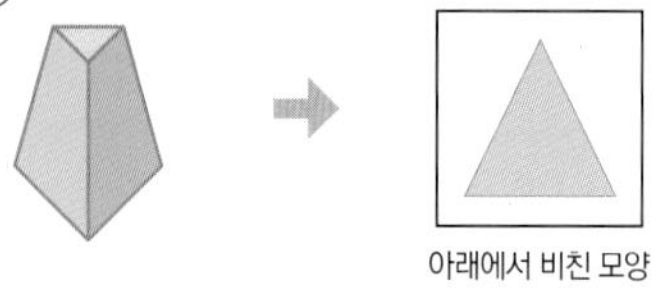

⑤

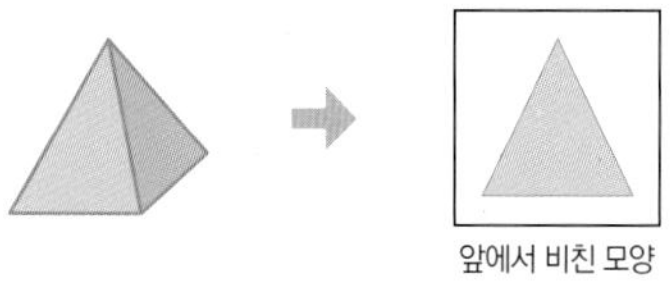

2. 입체 도형 **07** P. 53

[정답] ③

[풀이 과정]

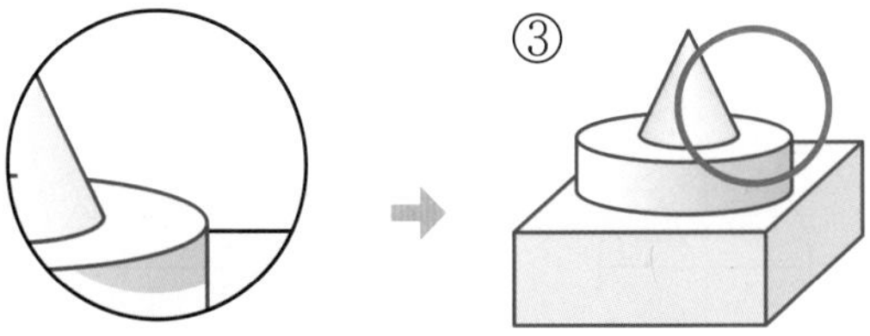

(정답)

2. 입체 도형 **08** P. 53

[정답] ㉢, ㉣ 조각

[풀이 과정]

1) 한 번만 잘라서 만들 수 있는 조각 ➔ ㉠, ㉡, ㉤

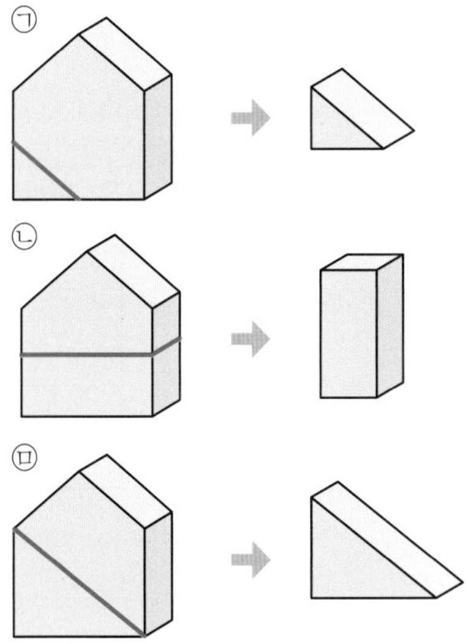

2) 한 번만 잘라서 만들 수 없는 조각 ➔ ㉢, ㉣은 두 번 자릅니다.

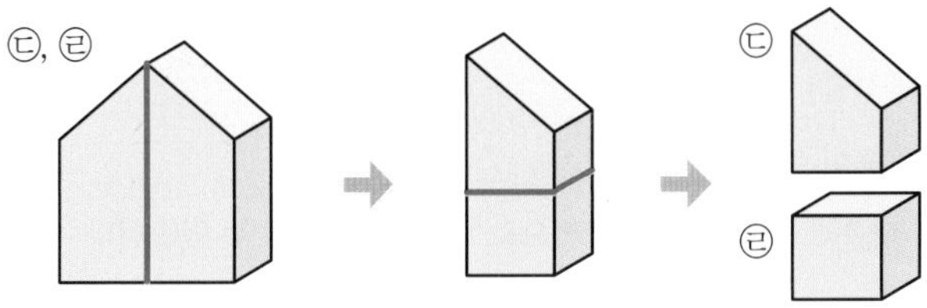

3. 모양 찾기 **01** P. 54

[정답] 풀이 과정 참조

[풀이 과정]

1) 거울에 비친 글자는 왼쪽과 오른쪽이 반대로 나타나게 됩니다.

(1)

(2)

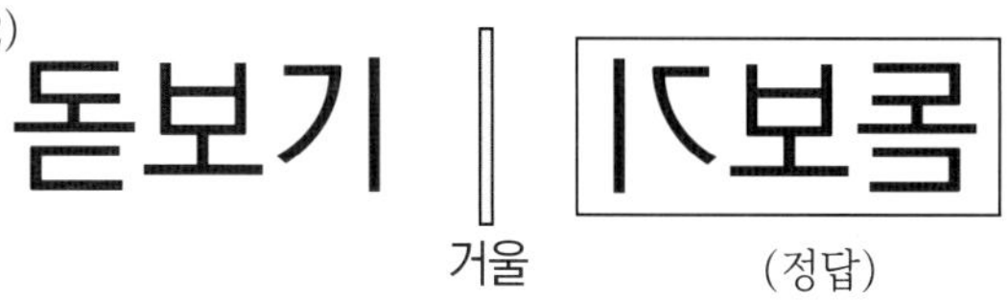

3. 모양 찾기 **02** P. 54

[정답] ㉣

[풀이 과정]

1) 회전 되어 있는 각 도형들을 원래대로 되돌린 후 비교합니다.

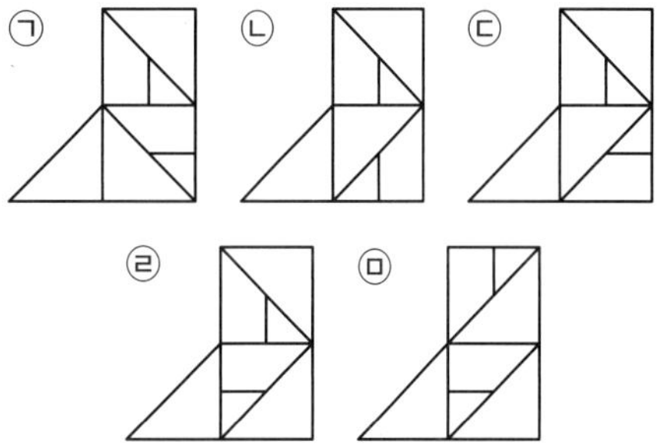

2) 이 중 (보기)의 도형과 같은 모양은 ㉣입니다. (정답)

3. 모양 찾기 **03** P. 55

[정답] 12시 53분

[풀이 과정]

1) 거울에 비추기 전 원래 모습을 나타내면 다음과 같습니다.

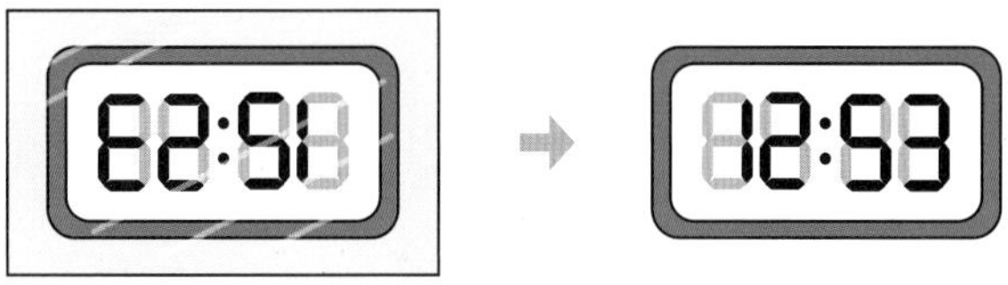

2) 시계가 나타내는 현재 시각은 12시 53분입니다. (정답)

3. 모양 찾기 04 P. 55

[정답] 13개

[풀이 과정]

1) 두 장의 투명 종이를 완전히 겹치면 다음과 같습니다. 이때 색칠된 칸의 개수를 세어줍니다.

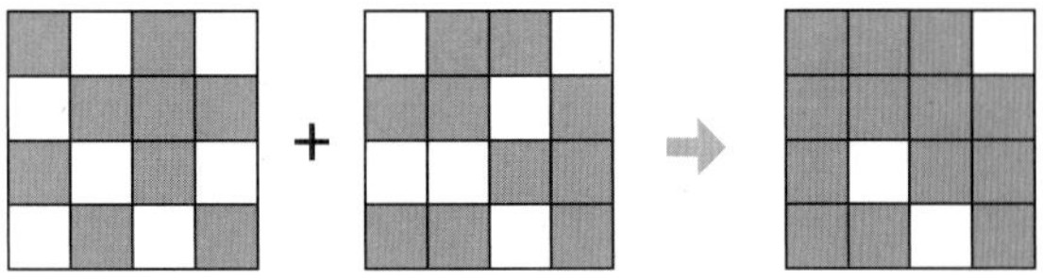

2)두 장의 투명 종이를 겹쳤을 때 색칠된 칸의 개수는 13개입니다. (정답)

3. 모양 찾기 05 P. 56

[정답] ㉡, ㉣, ㉤

[풀이 과정]

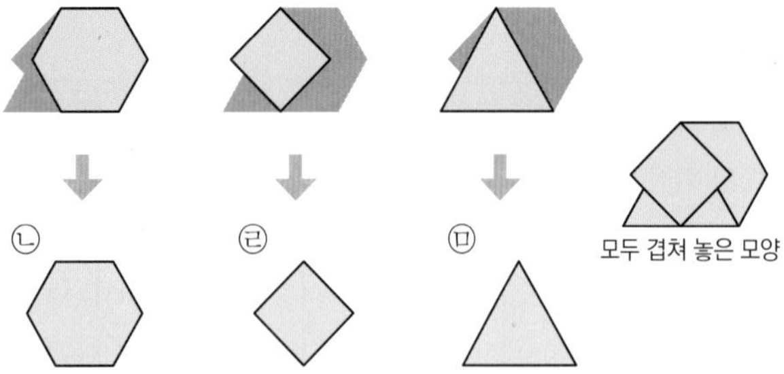

3. 모양 찾기 06 P. 56

[정답] ㉢모양

[풀이 과정]

1) 다음과 같이 모양을 찾을 수 있습니다.

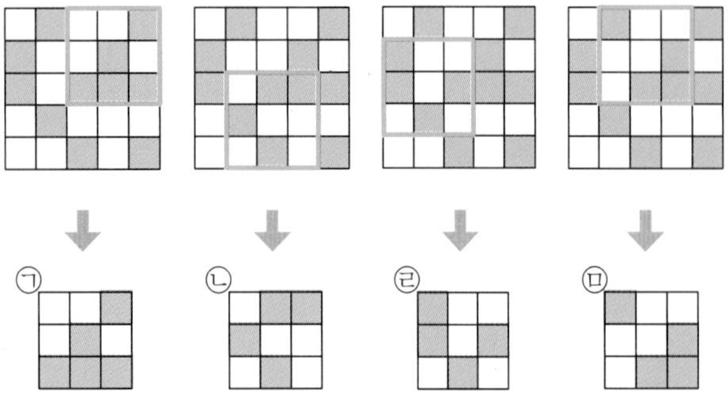

2) 찾을 수 없는 모양은 ㉢ 입니다.

3. 모양 찾기 07 P. 57

[정답] ㉠

[풀이 과정]

1) 모든 도형을 (보기)와 같이 왼쪽 위에 ♡ 모양이 오도록 회전시킨 후 비교합니다.

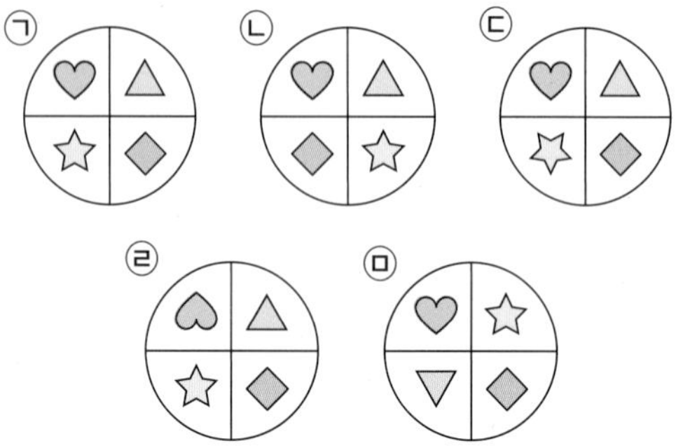

2) 이 중 (보기)의 그림과 같은 모양은 ㉠ 입니다. (정답)

3. 모양 찾기 08 P. 57

[정답] 풀이 과정 참조

[풀이 과정]

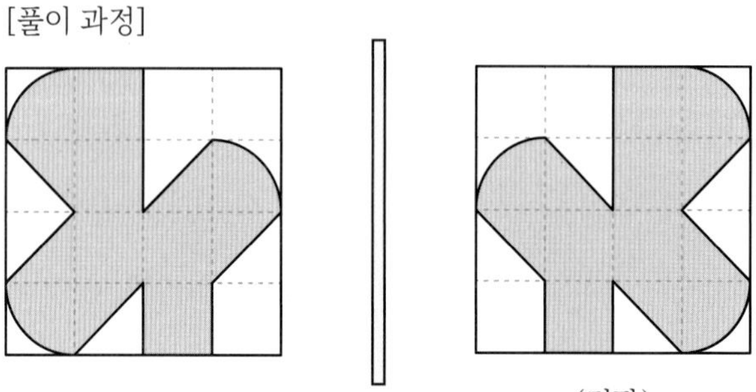

거울 (정답)

4. 도형 나누기와 움직이기 01 P. 58

[정답] 풀이 과정 참조

[풀이 과정]

다음과 같은 두 가지 방법으로 도형을 5등분 할 수 있습니다.

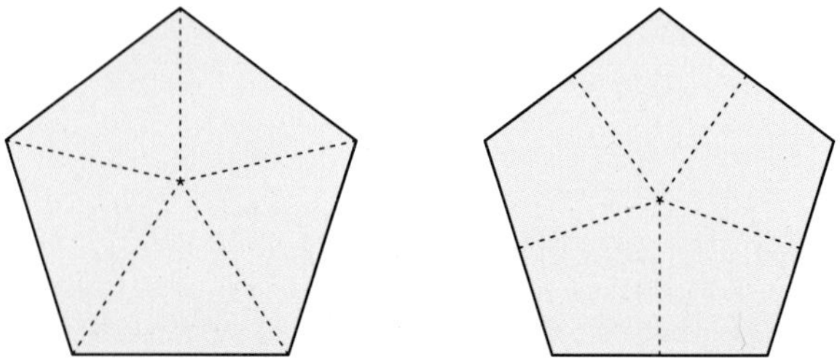

(정답)

4. 도형 나누기와 움직이기 02 ············ P. 58

[정답] 풀이 과정 참조

[풀이 과정]

다음과 같이 도형을 돌린 모양을 그릴 수 있습니다

(정답)

4. 도형 나누기와 움직이기 03 ············ P. 59

[정답] 풀이 과정 참조

[풀이 과정]

다음과 같이 두 가지 방법으로 모양이 하나씩 들어가도록 도형을 사등분 할 수 있습니다. 정답2는 같은 모양 다른 칸으로도 사등분 할 수 있습니다.

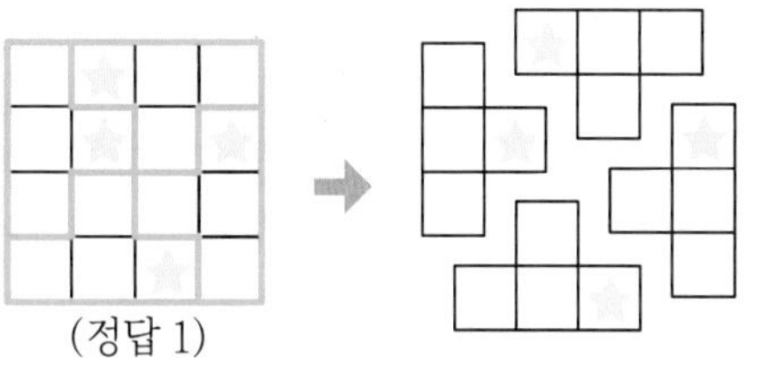

(정답 1)

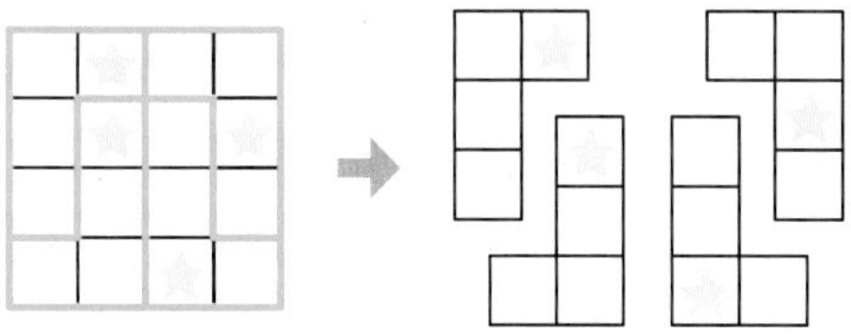

(정답 2)

4. 도형 나누기와 움직이기 04 ············ P. 59

[정답] 풀이 과정 참조

[풀이 과정]

1) 다음과 같이 여러 가지 방법으로 도형을 나눌 수 있습니다.
 이 외에도 여러 가지 방법이 있을 수 있습니다.

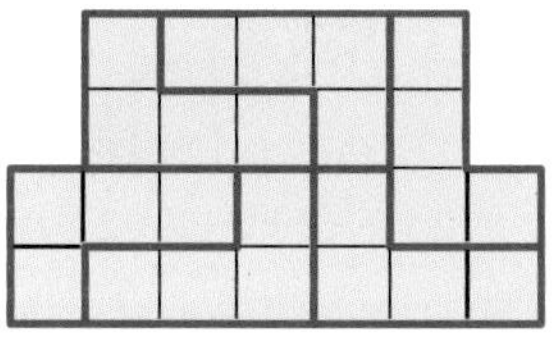

(정답 1)

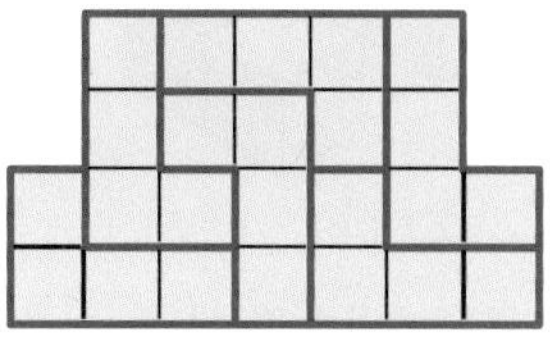

(정답 2)

4. 도형 나누기와 움직이기 05 ············ P. 60

[정답] 풀이 과정 참조

[풀이 과정 1]

다음과 같이 시계 방향으로 반의 반 바퀴씩 세 번 돌린 모양을 그릴 수 있습니다.

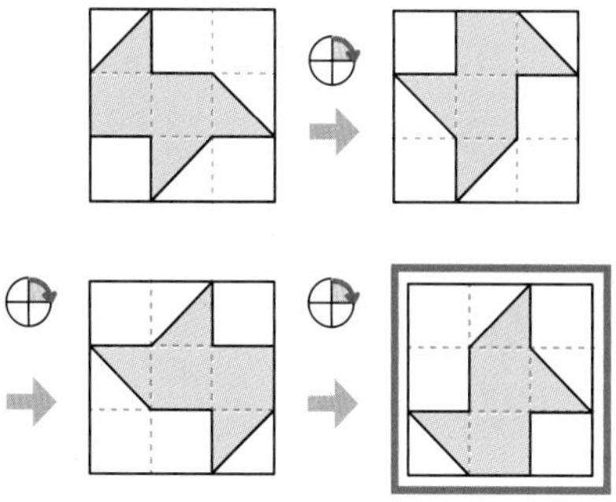

(정답)

[풀이 과정 2]

시계 방향으로 반의 반 바퀴씩 세 번 돌린 모양은 반시계 방향으로 반의 반 바퀴만큼 한 번 돌린 모양과 같습니다.

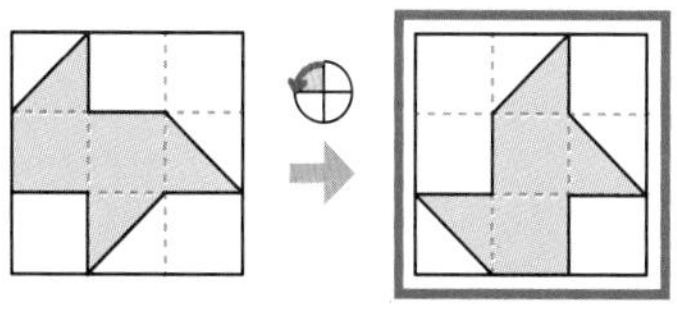

(정답)

4. 도형 나누기와 움직이기 06 ············ P. 60

[정답] 풀이 과정 참조

[풀이 과정]

다음과 같이 여러 가지 방법으로 도형을 나눌 수 있습니다.
이외에도 여러 가지 방법이 있을 수 있습니다.

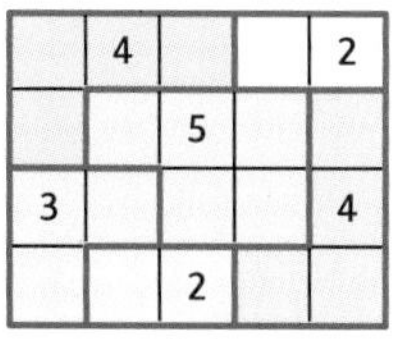

(정답 1)

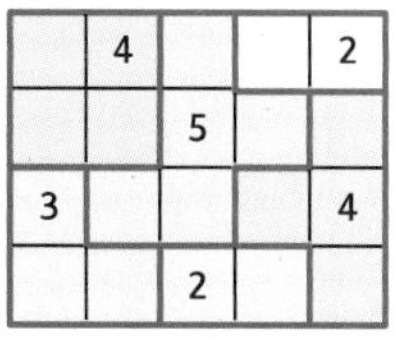

(정답 2)

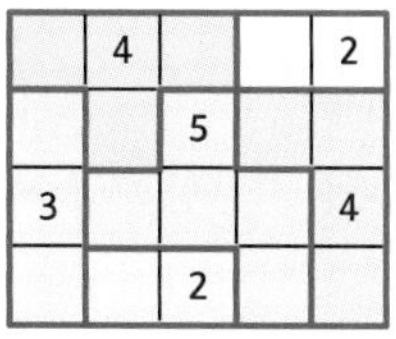

(정답 3)

B 정답 및 풀이

4. 도형 나누기와 움직이기 **07** .... P. 61

[정답] 풀이 과정 참조

[풀이 과정]

다음과 같이 도형을 돌리거나 뒤집은 모양을 그릴 수 있습니다.

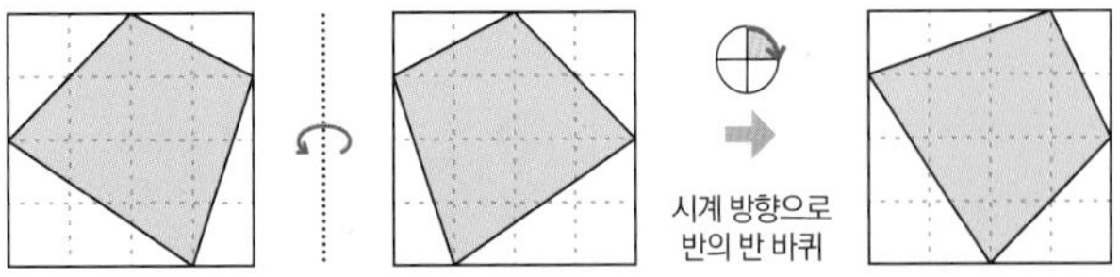

(정답) (정답)

4. 도형 나누기와 움직이기 **08** .... P. 61

[정답] 풀이 과정 참조

[풀이 과정]

다음과 같이 도형을 빈틈 없이 채울 수 있습니다.

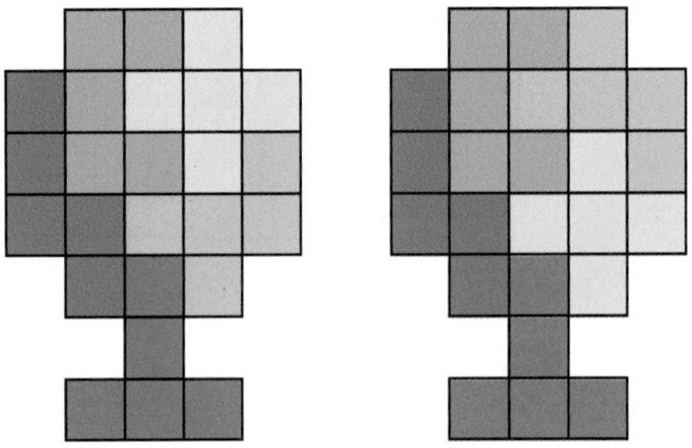

(정답 1) (정답 2)

5. 쌓기나무 **01** .... P. 62

[정답] 4개 : ㉠, ㉤ 5개 : ㉡, ㉢ 6개 : ㉣, ㉥

[풀이 과정]

다음과 같이 짝지을 수 있습니다.

ⅰ. 쌓기나무 4개를 사용한 모양 ➜ ㉠, ㉤

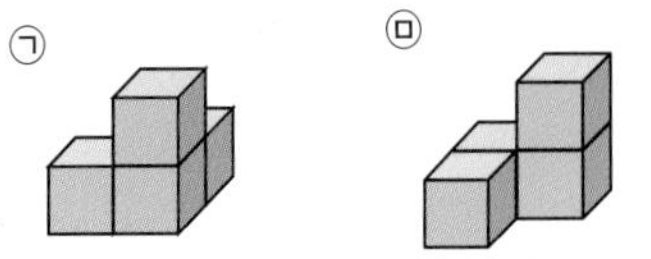

ⅱ. 쌓기나무 5개를 사용한 모양 ➜ ㉡, ㉢

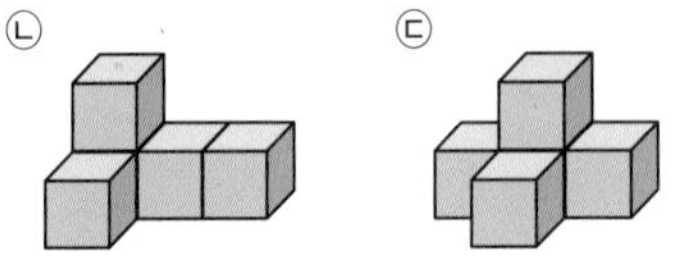

ⅲ. 쌓기나무 6개를 사용한 모양 ➜ ㉣, ㉥

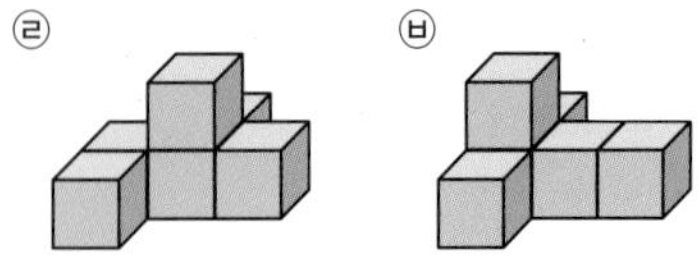

5. 쌓기나무 **02** .... P. 62

[정답] 3가지

[풀이 과정]

(보기)의 모양에 한 개의 쌓기나무를 더 붙여 만들 수 있는 새로운 모양은 다음과 같이 세 가지입니다. 돌리거나 뒤집었을 때, 같은 모양이 되지 않습니다.

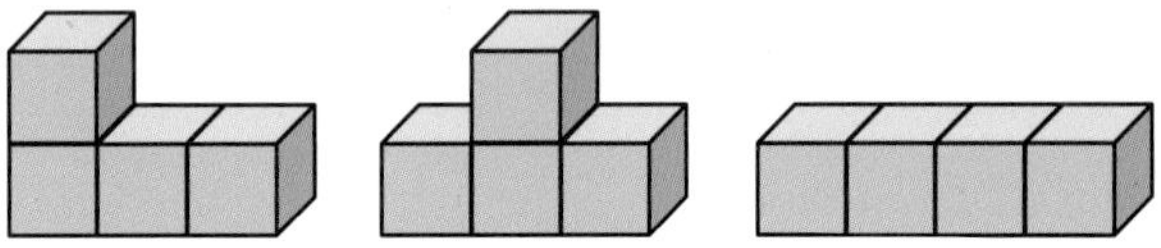

5. 쌓기나무 **03** .... P. 63

[정답] 풀이 과정 참조

[풀이 과정]

다음과 같이 회색 쌓기나무의 위치를 찾아 색칠할 수 있습니다.

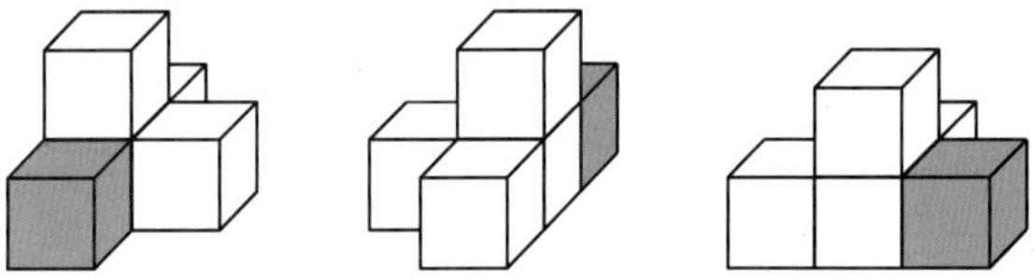

5. 쌓기나무 **04** .... P. 63

[정답] 5개

[풀이 과정]

1) 먼저 각 모양을 만드는데 필요한 쌓기나무의 개수를 구합니다.

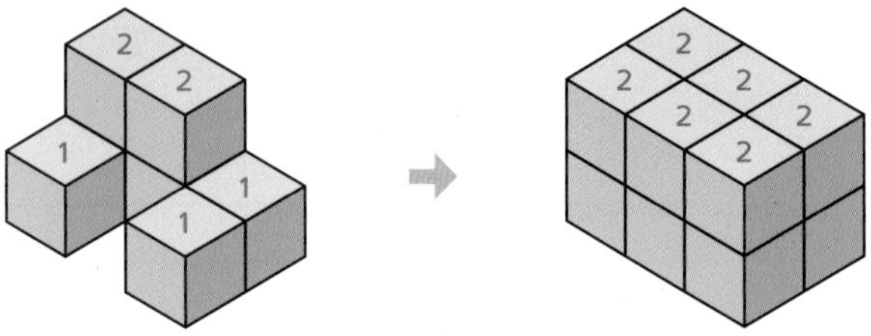

2 + 2 + 1 + 1 + 1 = 7개　　　2 + 2 + 2 + 2 + 2 + 2 = 12개

2) 7개의 쌓기나무로 12개의 쌓기나무가 필요한 모양을 만들기 위해선 12−7=5개의 쌓기나무가 더 필요합니다. (정답)

5. 쌓기나무 **05** .... P. 64

[정답] 2개

[풀이 과정]

1) 먼저 보이는 쌓기나무의 개수와 보이지 않는 쌓기나무의 개수를 구합니다.

2) 보이지 않는 쌓기나무의 개수는 사용된 총 쌓기나무의 개수에서 보이는 쌓기나무의 개수를 빼면 구할 수 있습니다.

〈총 쌓기나무의 개수〉 〈보이는 쌓기나무의 개수〉

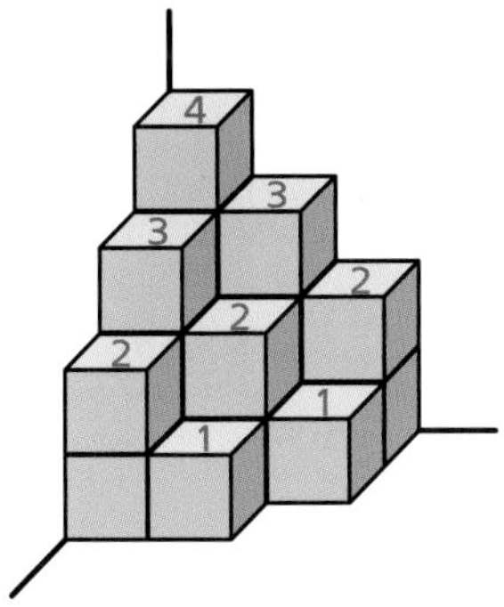

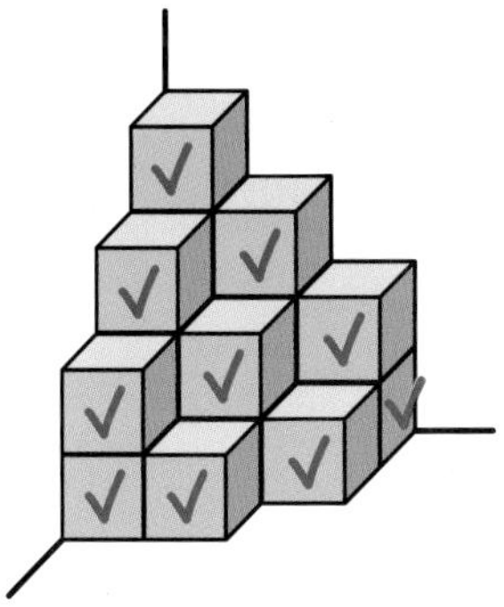

➡ 4 + 3 + 3 + 2 + 2 + 2 + 1 + 1 = 18개

➡ 10개

보이지 않는 쌓기나무의 개수는 18−10=8개입니다.

3) 보이는 쌓기나무의 개수는 10개, 보이지 않는 쌓기나무의 개수는 8개이므로 두 개의 차는 10−8=2개입니다. (정답)

5. 쌓기나무 **06** .... P. 64

[정답] 15개

[풀이 과정]

1) 각 번째에 쌓여 있는 쌓기나무의 개수를 세어줍니다.

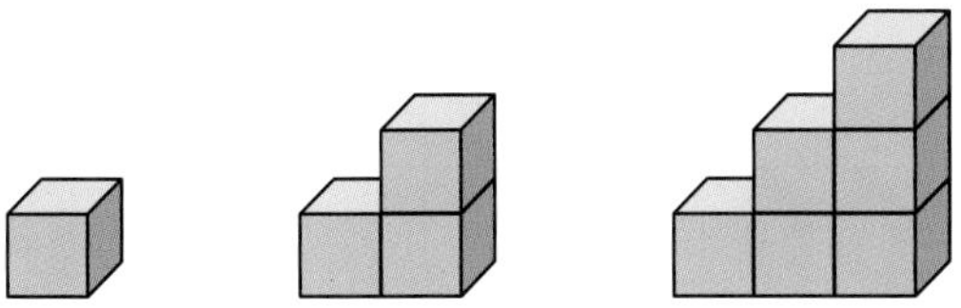

첫 번째 1개 / 두 번째 1 + 2 = 3개 / 세 번째 1 + 2 + 3 = 6개 …

2) 다음 번째로 갈 때마다 가로와 세로로 1개씩 커지는 수의 쌓기나무가 더해지는 것을 알 수 있습니다. 두 번째에는 2개의 쌓기나무, 세 번째에는 3개의 쌓기나무가 더해졌으므로 네 번째에는 4개의 쌓기나무가, 다섯 번째에는 5개의 쌓기나무가 더해지게 됩니다.

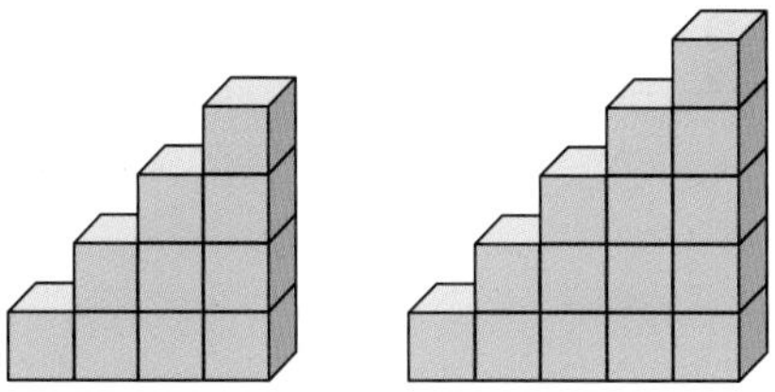

네 번째 1 + 2 + 3 = 4 = 10개 / 다섯 번째 1 + 2 + 3 + 4 + 5 = 15개

3) 따라서 다섯 번째에는 15개의 쌓기나무를 쌓아야 합니다. (정답)

5. 쌓기나무 **07** .... P. 65

[정답] 9개

[풀이 과정]

1) 앞, 옆에서 본 모양을 이용해 위에서 본 모양 위에 사용된 쌓기나무의 개수를 적습니다.

ⅰ. 오른쪽 옆에서 본 모양을 이용

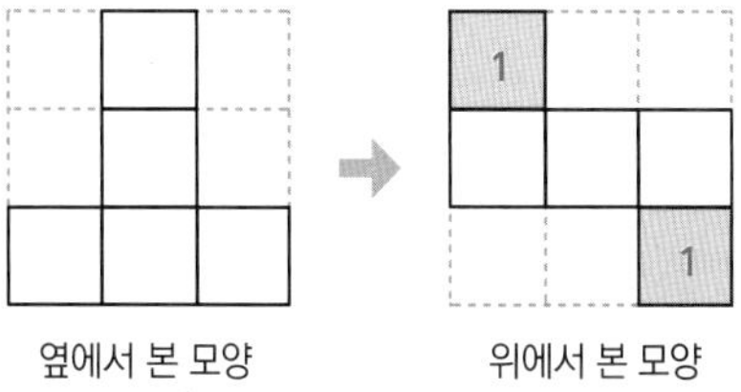

오른쪽 옆에서 봤을 때 왼쪽과 오른쪽이 1층이므로 회색 빈칸 두 개를 1로 채울 수 있습니다.

ⅱ. 앞에서 본 모양을 이용

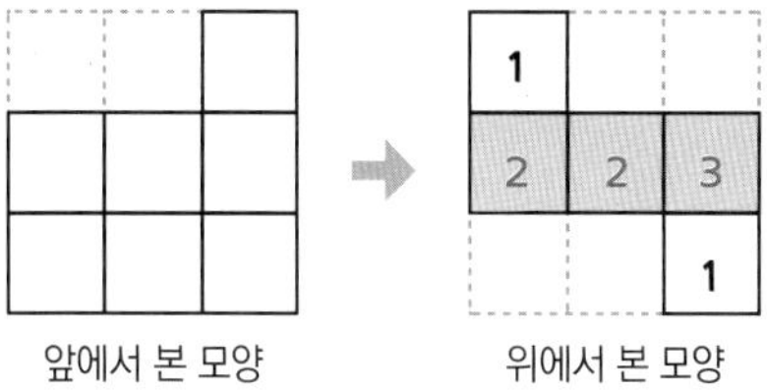

앞에서 봤을 때 왼쪽부터 차례대로 2층, 2층, 3층으로 보이므로 회색 빈칸 세 개를 각각 2, 2, 3으로 채울 수 있습니다.

2) 따라서 이 모양을 만들기 위해선 총 1+2+2+3+1=9개의 쌓기나무가 필요합니다. (정답)

5. 쌓기나무 **08** .... P. 65

[정답] ③

[풀이 과정]

1) 1번, 2번, 4번, 5번 모양의 경우 다음과 같이 (보기)의 모양에 한 개의 쌓기나무를 더 붙이면 만들 수 있습니다.

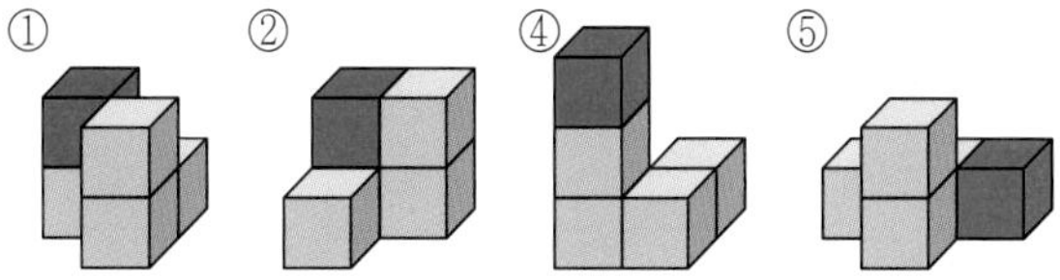

2) 하지만 3번 모양의 경우 (보기)의 모양에 한 개의 쌓기나무를 더 붙여서는 만들 수 없습니다. 따라서 만들 수 없는 모양은 3번 모양입니다.

C 측정

1. 길이 비교 **01** P. 68

[정답] ㉠, ㉣, ㉡, ㉢

[풀이 과정]

1) 밧줄이 많이 구부러져 있을수록 길이가 더 깁니다. 많이 구부러진 밧줄은 ㉠ 이고 가장 적게 구부러진 밧줄은 ㉢ 입니다.
2) 따라서 가장 긴 밧줄부터 적으면 ㉠, ㉣, ㉡, ㉢ 입니다. (정답)

1. 길이 비교 **02** P. 68

[정답] 빨간색 연필

[풀이 과정]

1) 무우는 지우개 3개의 길이보다 작은 연필이므로 노란색과 초록색 중 한 개입니다.
2) 알알이는 지우개 2개의 길이보다 작은 연필이므로 노란색 연필을 갖고 있습니다. 따라서 무우는 초록색 연필을 가지게 됩니다.
3) 따라서 상상이는 나머지 빨간색 연필을 가지고 있습니다. (정답)

1. 길이 비교 **03** P. 69

[정답] 무우

[풀이 과정]

1) 아래 (그림)과 같이 천 뒷면에 있는 실을 순서에 맞게 그려 길이를 비교합니다. ╲ = ╱ 에는 X 표시를 하고 ╱ = ╲ 에는 O 표시를 하여 남은 실을 찾습니다. 남은 실에 △ 표시를 합니다. 초록색 실 위에 △ 만큼 빨간색 실보다 깁니다.
2) 따라서 무우가 상상이보다 더 긴 실을 사용했습니다. (정답)

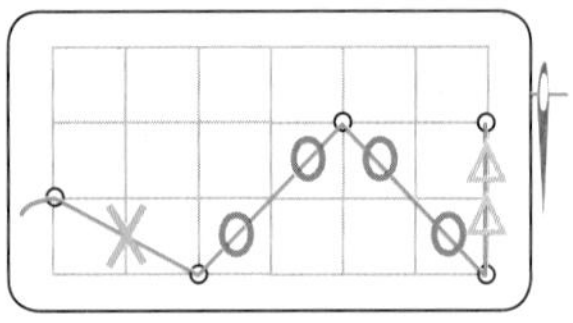
▲무우

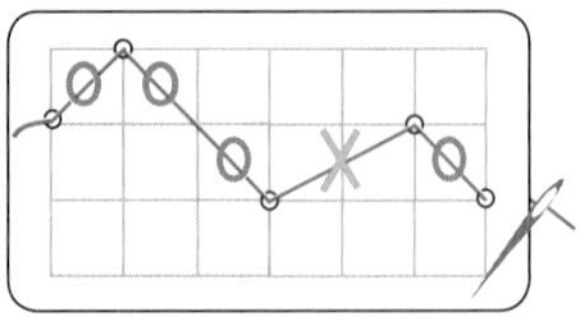
▲상상

(그림)

1. 길이 비교 **04** P. 69

[정답] 1번 (빨간색과 노란색)

[풀이 과정]

1) (그림)에서 차례대로 2장씩 테이프의 길이를 비교합니다. 파란색 > 빨간색, 노란색 > 초록색, 파란색 > 노란색, 빨간색 > 초록색이므로 파란색 > (빨간색, 노란색) > 초록색 됩니다. 하지만 노란색과 빨간색 테이프의 순서를 알 수 없습니다.
2) 따라서 1번 더 추가로 비교해야 하고 (빨간색과 노란색)을 비교해야 합니다. (정답)

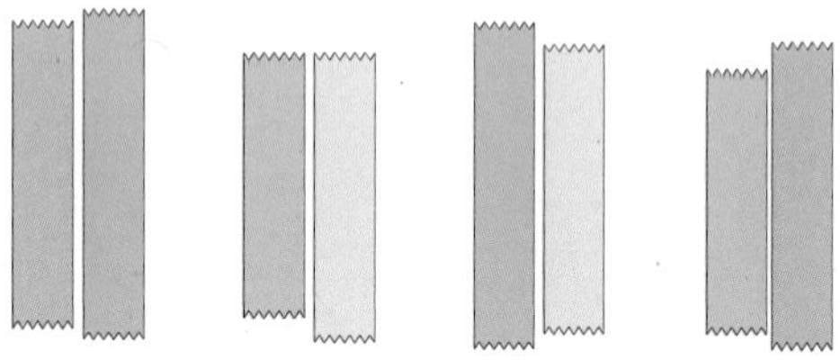

(그림)

1. 길이 비교 **05** P. 70

[정답] ㉠, ㉢, ㉡

[풀이 과정]

1) 오른쪽 (그림)과 같이 보이지 않는 테이프의 길이를 생각합니다. 모든 테이프는 세로와 높이에만 붙어있습니다.
2) ㉠ : 높이 테이프 개수는 6개, 세로 테이프 개수는 6개입니다.
   ㉡ : 높이 테이프 개수는 6개, 세로 테이프 개수는 2개입니다.
   ㉢ : 높이 테이프 개수는 6개, 세로 테이프 개수는 4개입니다.
   각 상자에 붙인 높이 테이프 개수는 6개로 모두 같습니다. 따라서 세로 테이프의 개수가 많을수록 사용된 테이프의 길이가 깁니다.
3) 따라서 테이프의 길이가 가장 긴 순서로 나열하면 ㉠, ㉢, ㉡ 입니다. (정답)

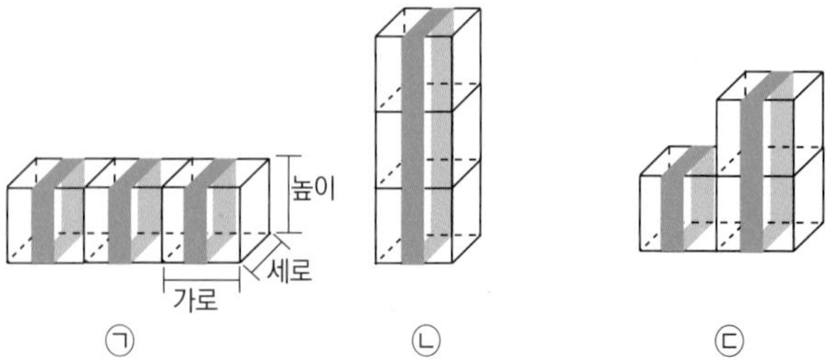

㉠ ㉡ ㉢

(그림)

1. 길이 비교 06 ······ P. 70

[정답] 제이

[풀이 과정]

1) (그림)과 같이 세 명의 친구들이 무우네 집에 갈 때, 세로 방향의 길은 모두 6개로 같습니다. 따라서 가로 방향의 길의 개수를 서로 비교합니다.
2) 상상 : 가로 방향의 길 총 4개, 알알 : 가로 방향의 길 총 3개, 제이 : 가로 방향의 길 총 2개입니다.
3) 따라서 무우네 집으로 가는 길이 가장 짧은 사람은 제이입니다. (정답)

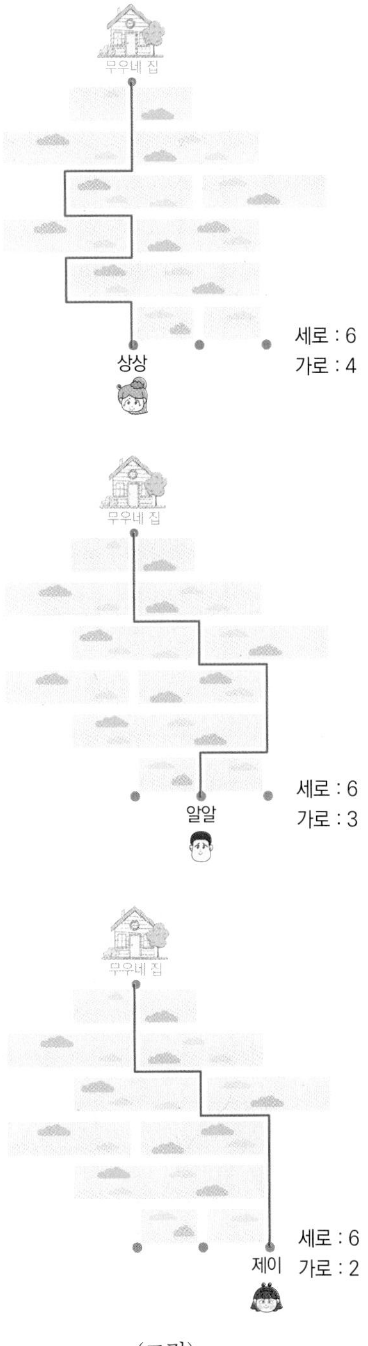

(그림)

1. 길이 비교 07 ······ P. 71

[정답] ㉡, ㉢, ㉠

[풀이 과정]

1) (그림)의 각 도형의 높이를 구합니다. 삼각형은 4칸, 사각형은 5칸, 원은 6칸입니다.
2) 각 도형의 칸의 합이 클수록 연필의 길이가 짧습니다. ㉠, ㉡, ㉢ 의 위, 아래에 있는 도형의 칸의 합을 각각 구해서 비교합니다.
3) 먼저 ㉠은 삼각형 1개, 원 1개, 사각형 1개이므로 총 15칸입니다.
   ㉡은 삼각형 2개, 사각형 1개이므로 총 13칸입니다.
   ㉢은 삼각형 2개, 원 1개이므로 총 14칸입니다.
4) 따라서 칸의 합이 큰 순서는 13(갈색) ＜14(주황색) ＜15(빨간색) 이므로 가장 긴 순서대로 나열하면 ㉡, ㉢, ㉠ 입니다. (정답)

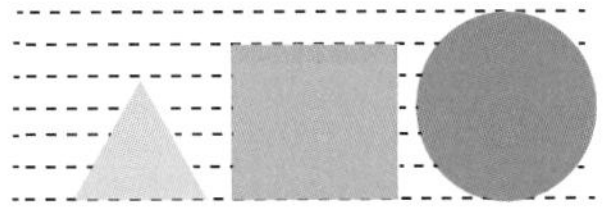

(그림)

1. 길이 비교 08 ······ P. 71

[정답] ㉢㉡㉣㉠

[풀이 과정]

1) (그림)과 같이 테이프의 한쪽을 따라 칸의 개수를 셉니다.
2) 따라서 ㉠ 은 3칸, ㉡ 은 5칸, ㉢ 은 6칸, ㉣ 은 4칸으로 테이프의 길이가 가장 긴 순은 ㉢, ㉡, ㉣, ㉠ 입니다. (정답)

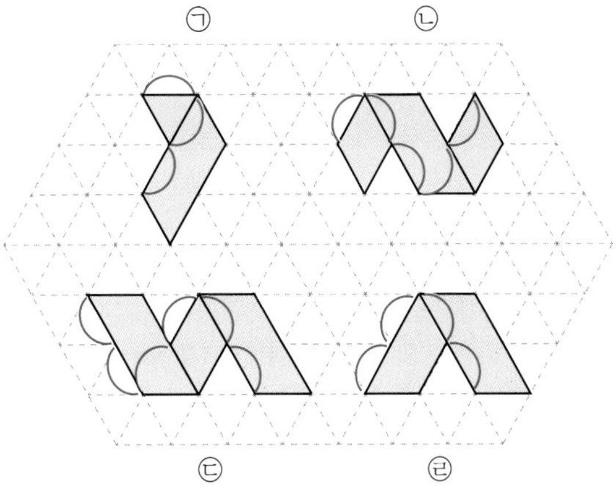

(그림)

2. 길이 재기 01 .... P. 72

[정답] 31분

[풀이 과정]

1) (그림)과 같이 학원에서 학교까지 무우의 걸음으로 16 - 9 = 7분이 걸립니다.
2) 따라서 집에서 학교까지 무우의 걸음으로 24 + 7 = 31분이 걸립니다. (정답)

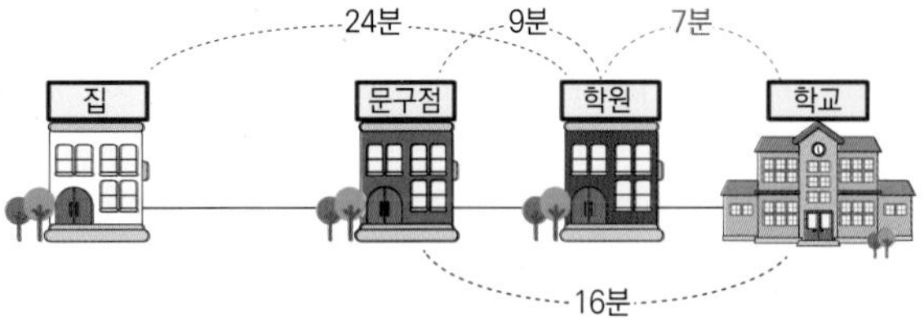

(그림)

2. 길이 재기 02 .... P. 72

[정답] 35cm

[풀이 과정]

(그림)과 같이 빨간색 선의 개수는 총 7개입니다. 따라서 총 길이는 7 × 5=35cm 입니다.

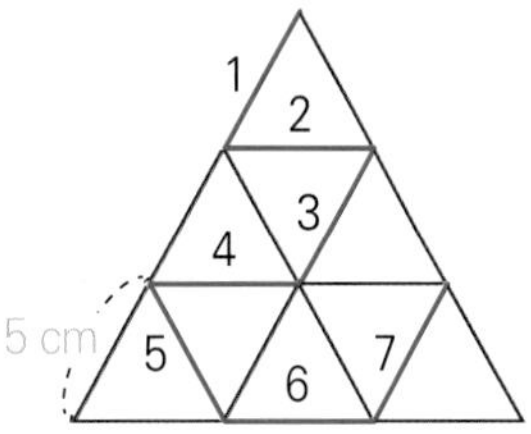

(그림)

2. 길이 재기 03 .... P. 73

[정답] 6cm

[풀이 과정]

1) <삼각형> 에서 성냥개비의 개수는 6개입니다. 따라서 삼각형의 둘레는 6 × 3 = 18cm 입니다.
2) <사각형>에서 성냥개비의 개수는 8개입니다. 따라서 사각형의 둘레는 8 × 3 = 24cm 입니다.
3) 따라서 삼각형의 둘레와 사각형의 둘레의 차는 24 - 18 = 6cm 입니다. (정답)

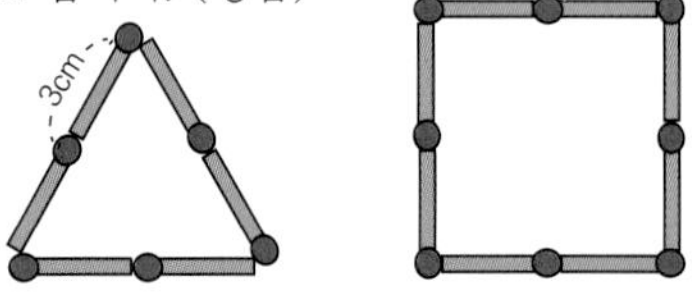

(삼각형) (사각형)

2. 길이 재기 04 .... P. 73

[정답] B의 길이 = A의 길이의 2배, C의 길이 = A의 길이의 3배

[풀이 과정]

1) (그림 1)과 같이 출발점에서 A까지 가장 가깝게 가기 위해 가로 2칸, 세로 1칸 가면 됩니다. 따라서 가장 가까운 길이는 3cm 입니다. 출발점에서 B까지 가장 가깝게 가기 위해 가로 3칸, 세로3칸 가면 됩니다. 따라서 가장 가까운 길이는 6cm 입니다.
2) (그림 2)와 같이 출발점에서 C까지 가장 가깝게 가기 위해 가로 5칸, 세로 4칸 가면 됩니다. 따라서 가장 가까운 길이는 9cm 입니다.
3) 따라서 출발점에서 B까지 가는 길이는 A까지의 길이의 2배이고 출발점에서 C까지 가는 길이는 A까지의 길이의 3배입니다. (정답)

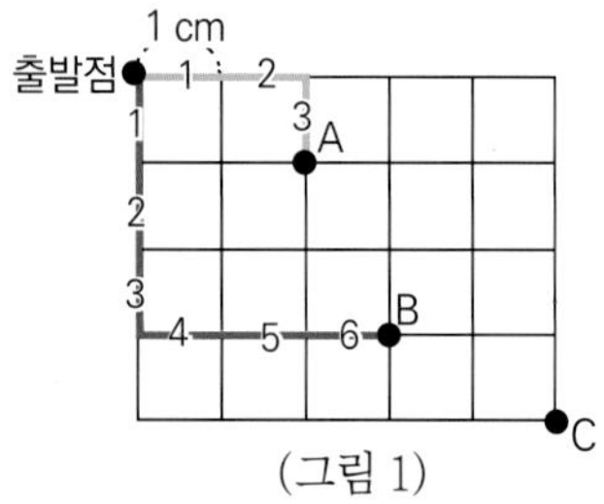

(그림 1)

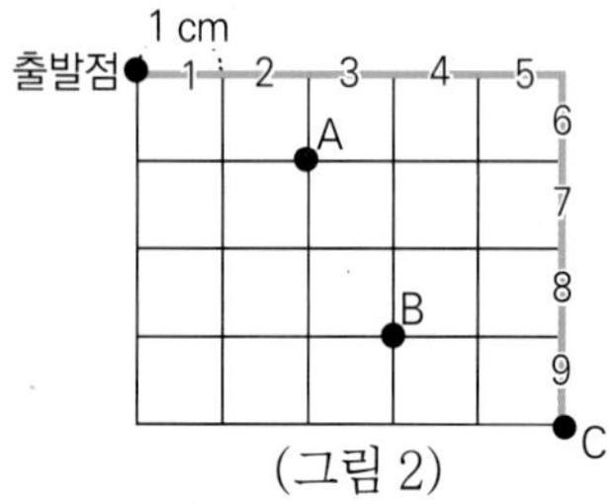

(그림 2)

2. 길이 재기 05 .... P. 74

[정답] 11cm

[풀이 과정]

(그림)에서 한 선을 따라 칸의 수를 셉니다. 칸의 개수는 모두 11개이므로 파란색 테이프의 총 길이는 11 cm 입니다.

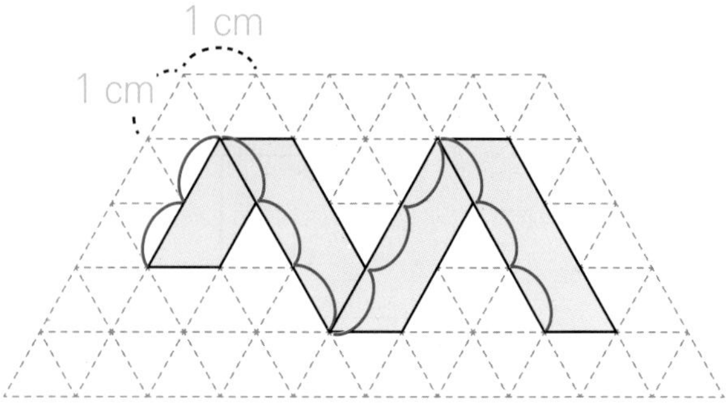

(그림)

[정답] 14cm

[풀이 과정]

1) (그림 1)과 같이 출발점에서 도착점으로 가장 가깝게 가기 위해 오른쪽으로 5칸, 오른쪽 아래로 2칸 가면 됩니다. 이 외에도 (그림 2)와 같이 가는 방법은 여러 가지입니다.

2) 따라서 한 변의 길이가 2cm 이므로 총 가는 길은 7 × 2 = 14cm 입니다.

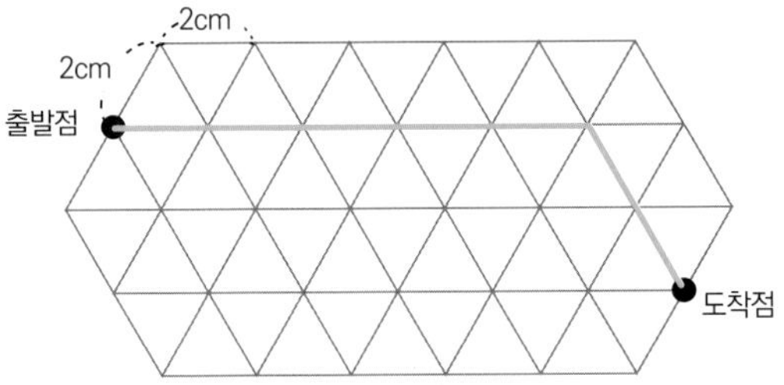

(그림 1)

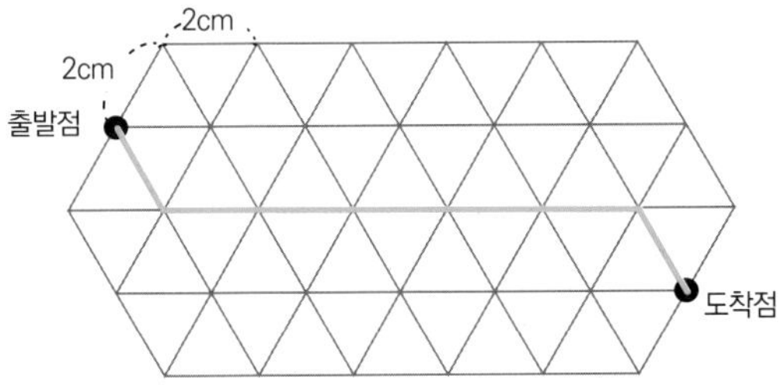

(그림 2)

[정답] 5cm

[풀이 과정]

1) (그림)의 ㉠ 줄과 ㉡ 줄과 같이 각각 지우개 1개씩 추가해서 그립니다. 따라서 ㉡ 줄에서 지우개 3개의 길이는 20 - 14 = 6cm 가 되므로 지우개 1 개의 길이는 2cm 입니다.

2) 따라서 ㉢ 줄에서 성냥개비 한 개의 길이는 2 + 2 + 1 = 5cm 가 됩니다.

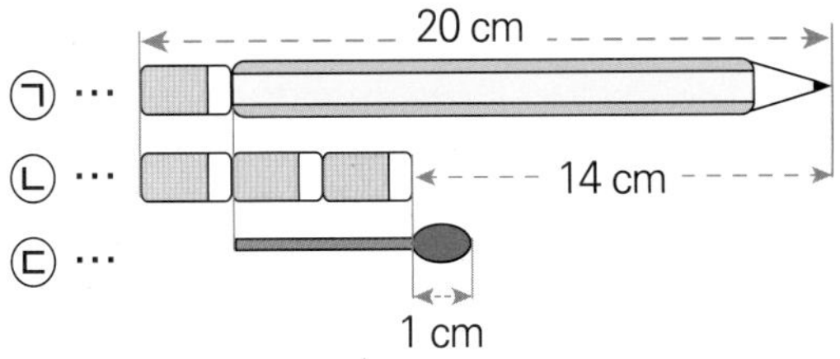

(그림)

[정답] 6cm

[풀이 과정]

1) (그림)에서 파란색 테이프 1개의 길이가 15cm 이므로 노란색 테이프 3개의 길이의 합은 15 + 15 = 30cm 입니다. 따라서 노란색 테이프 한 개의 길이는 10cm 입니다. 초록색 테이프 한 개의 길이는 10 + 2 = 12cm 입니다.

2) 초록색 테이프 2개의 길이의 합은 12 + 12 = 24cm 이므로 빨간색 테이프 한 개의 길이는 30 - 24 = 6cm 입니다.

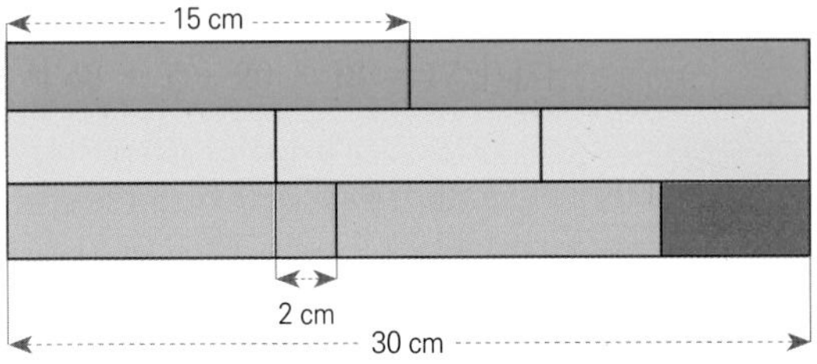

(그림)

[정답] 빨간색과 노란색

[풀이 과정]

1) (그림)과 같이 초록 색종이의 넓이가 빨간 색종이의 넓이보다 더 넓습니다. 초록 색종이의 넓이가 파란 색종이의 넓이보다 더 넓습니다. 파란 색종이의 넓이가 노란 색종이의 넓이보다 더 넓습니다.

2) 넓이가 가장 넓은 순서는 초록, 파란, 노란 색종이 순서이고 빨간 색종이는 노란 색종이의 넓이보다 작거나 같을 수 있습니다.

3) 따라서 문제에서 넓이가 같은 색종이 2장이 있다고 했으로 노란 색종이와 빨간 색종이는 서로 넓이가 같습니다. (정답)

(그림)

3. 넓이와 들이 비교 02 ············ P. 76

[정답] 알알

[풀이 과정]

1) 물의 높이가 서로 같아도 그릇의 넓이가 서로 다르면 담긴 물의 양은 모두 다릅니다. 따라서 제이는 틀리게 비교했습니다.
2) 그릇의 높이와 들어있는 물의 양은 서로 관계가 없습니다. 따라서 상상이는 잘못 비교했습니다.
3) 물의 높이가 모두 같으므로 그릇의 넓이를 서로 비교하면 그릇 C 의 물의 양이 많습니다. 따라서 알알이가 바르게 비교했습니다. (정답)

3. 넓이와 들이 비교 03 ············ P. 77

[정답] 뒤집은 물병 : ㉡, 옆으로 눕힌 물병 : ㉥

[풀이 과정]

1) (그림)의 물병을 뒤집었을 때, 물병 ㉠과 ㉢은 물이 담겨 있지 않은 부분이 (그림)의 물병보다 더 큽니다.
2) (그림)의 물병을 옆으로 눕혔을 때, 물병 ㉣과 ㉤은 물이 담겨 있지 않은 부분이 (그림)의 물병보다 더 큽니다.
3) 따라서 알맞게 뒤집은 물병은 ㉡이고 옆으로 눕힌 물병은 ㉥입니다. (정답)

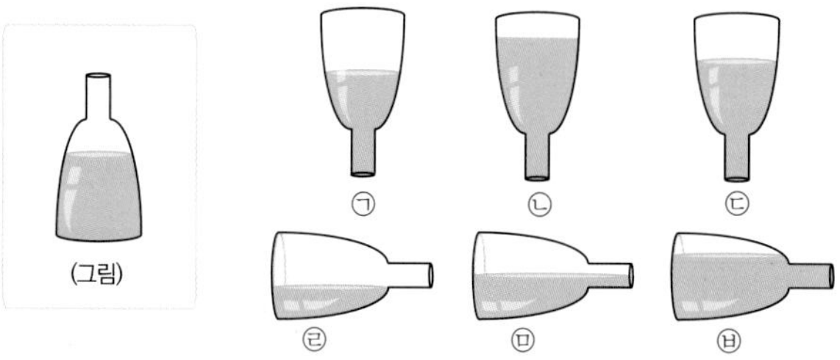

3. 넓이와 들이 비교 04 ············ P. 77

[정답] ㉠ : 노란색 ㉡ : 파란색

<풀이 과정 ㉠>

1) 먼저 ㉠에서 사각형의 개수를 셉니다.
   □이 2개가 있고 □이 3개가 있습니다.
2) ㉠과 같이 서로 같은 모양을 X, O, △ 표시하여 비교합니다.
3) 노란색이 파란색보다 사각형이 1개 더 많으므로 노란색 넓이가 파란색 넓이보다 더 넓습니다. (정답)

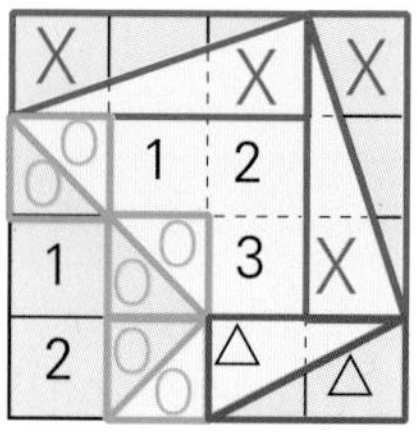

(㉠)

[풀이 과정 ㉡]

1) 먼저 ㉡에서 사각형의 개수를 셉니다.
   □이 1개가 있고 □이 1개가 있습니다.
2) ㉡과 같이 서로 같은 모양을 X, O 표시합니다. (그림)과 같이 두 삼각형을 옮겨 □ 2개와 □ 1개를 만들 수 있습니다.
3) 따라서 파란색이 노란색보다 □이 1개 더 많으므로 파란색 넓이가 노란색 넓이보다 더 넓습니다. (정답)

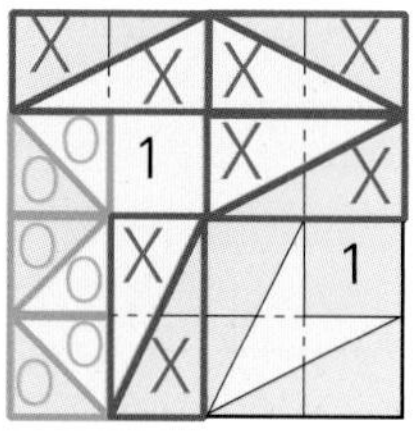

(㉡)

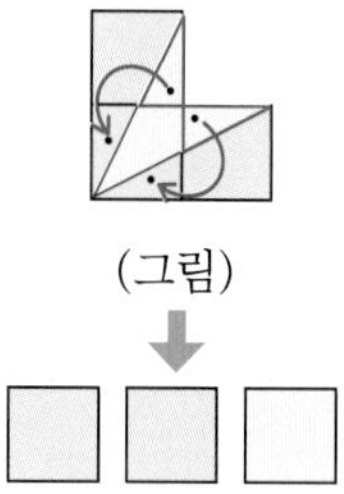

(그림)

3. 넓이와 들이 비교 05 ············ P. 78

[정답] 제이, 상상, 무우, 알알

[풀이 과정]

1) 주스를 적게 남긴 사람이 주스를 가장 많이 마신 사람입니다. 주어진 물컵의 크기가 모두 같으므로 남은 주스의 높이가 낮은 순서로 물컵을 찾습니다.
2) 따라서 주스를 가장 많이 마신 사람부터 차례대로 적으면 제이, 상상, 무우, 알알입니다. (정답)

3. 넓이와 들이 비교 06 ············ P. 78

[정답] 7개

[풀이 과정]

1) 조각을 가장 적게 사용할 때는 넓이가 가장 넓은 도형을 사용해야 합니다. 따라서 아래 (예시 정답)과 같이 7개의 조각으로 도형을 덮을 수 있습니다.
2) 이 외에도 7개의 조각을 이용해 다른 방법으로 도형을 덮을 수 있습니다.

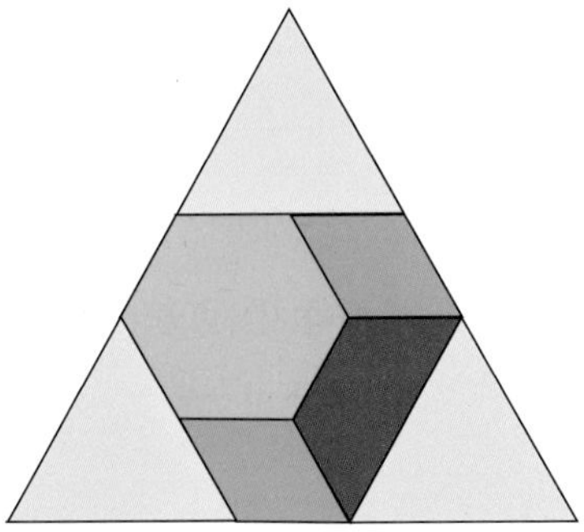

(예시 정답)

3. 넓이와 들이 비교 **07** ······························ P. 79

[정답] ㉢, ㉠, ㉣, ㉡

[풀이 과정]

1) 큰 컵 한 개의 들이는 작은 컵 3개의 들이와 같으므로 (그림)과 같이 작은 컵 3개를 큰 컵 한 개로 바꿔서 생각합니다.
2) 들이가 적을수록 사용한 컵의 크기가 작습니다. 따라서 들이가 가장 적은 순서부터 적으면 ㉢, ㉠, ㉣, ㉡ 입니다.

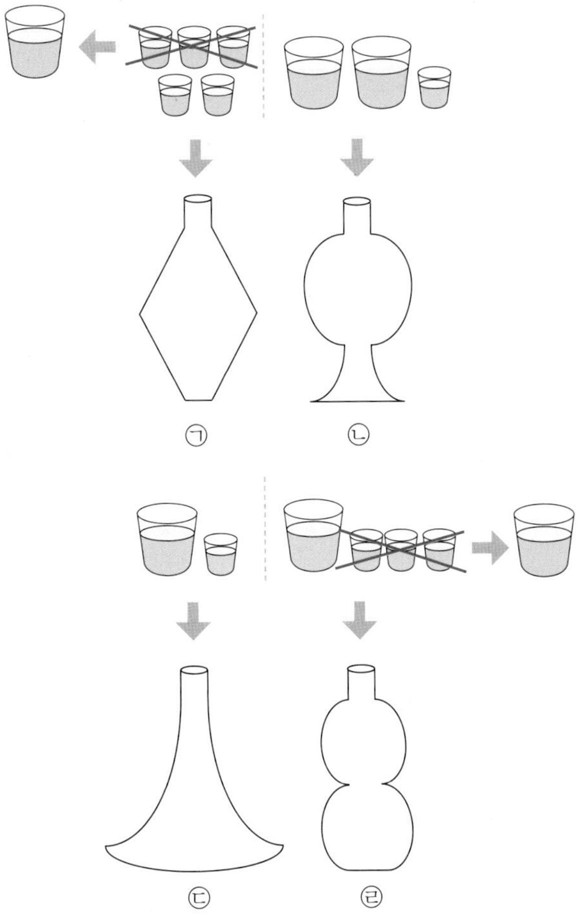

3. 넓이와 들이 비교 **08** ······························ P. 79

[정답] 가장 많이 사용할 때 : 4개, 가장 적게 사용할 때 : 2개

[풀이 과정]

1) 조각을 가장 적게 사용할 때는 넓이가 가장 넓은 도형을 사용해야 합니다. 따라서 (정답 1)과 같이 2개의 조각으로 도형을 덮을 수 있습니다.
2) 조각을 가장 많이 사용할 때는 넓이가 가장 작은 도형을 사용해야 합니다. 따라서 (정답 2)와 같이 4개의 조각으로 도형을 덮을 수 있습니다.
3) 이 외에도 4개의 조각을 이용해 다른 방법으로 도형을 덮을 수 있습니다.

조각을 가장 적게 사용할 때
(정답 1)

조각을 가장 많이 사용할 때
(정답 2)

4. 무게 비교 **01** P. 80

[정답] △ 4개

[풀이 과정]

1) (보기)의 저울 ㉡ 에 따라 ■ 한 개를 ● 2개로 바꾸면 아래와 같습니다.

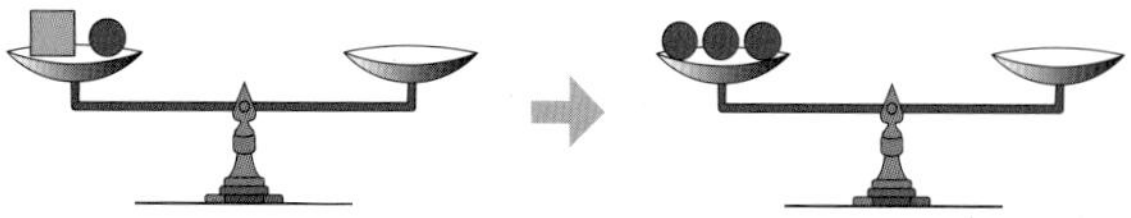

2) (보기)의 저울 ㉢ 에 따라 ● 3개를 ◆ 2개로 바꾸면 아래와 같습니다.

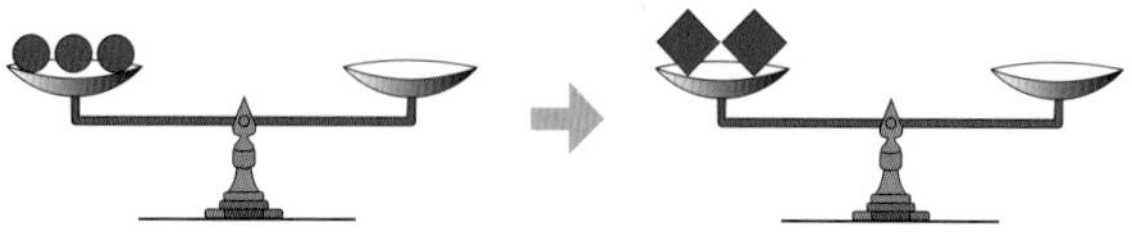

3) (보기)의 저울 ㉠ 에 따라 ◆ 2 개를 △ 4개로 바꾸면 아래와 같습니다.

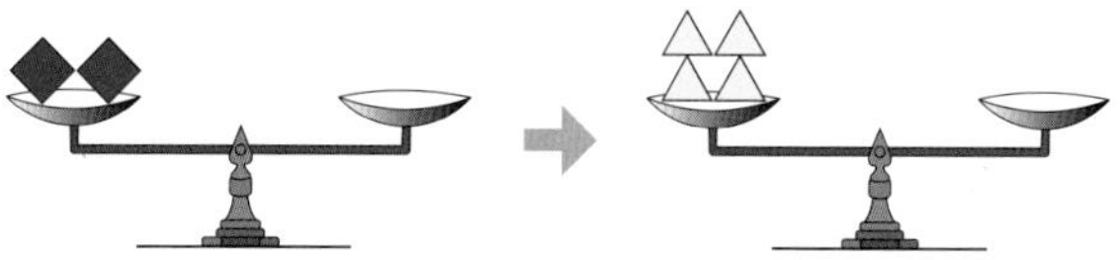

4) 따라서 (정답)과 같이 ● 1개와 ■ 1개의 합은 △ 4 개와 같습니다.

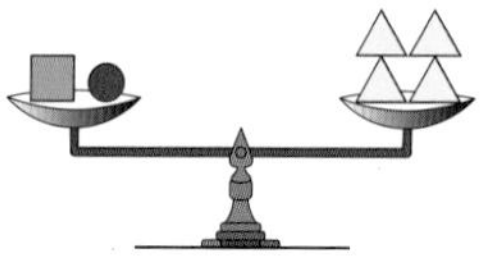

(정답)

4. 무게 비교 **02** P. 80

[정답] ㉢

[풀이 과정]

1) 저울 ⓐ에서 ㉠ > ㉢, 저울 ⓑ 에서 ㉡ = ㉣, 저울 ⓒ에서 ㉠ = ㉡입니다.

2) ㉠ = ㉡ = ㉣ > ㉢ 이므로 가장 가벼운 구슬은 ㉢입니다. (정답)

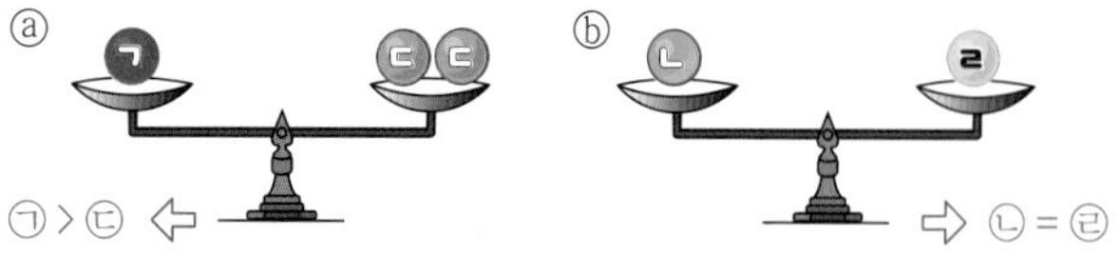

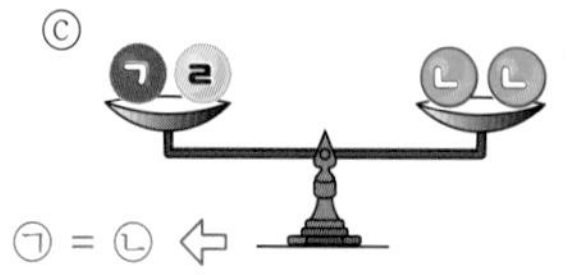

4. 무게 비교 **03** P. 81

[정답] ★, ●, ■, △

[풀이 과정]

1) (보기)의 저울 ㉠ 에 따라 저울 ㉡의 △ 을 추 3개로 바꾸면 아래와 같습니다.

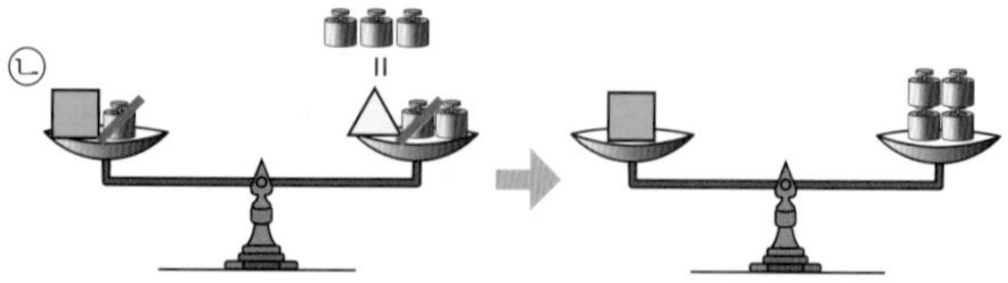

2) 저울 ㉠ 과 ㉡ 에 따라 저울 ㉢에서 ■, △ 을 각각 추로 바꾸면 아래와 같습니다.

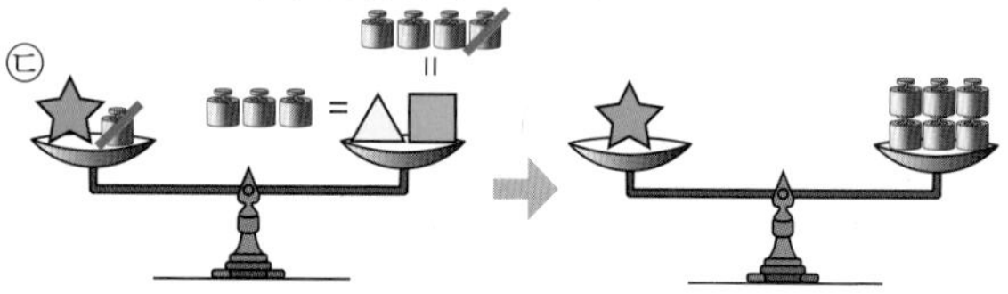

3) 저울 ㉢ 에 따라 저울 ㉣에서 ★ 을 추로 바꾸면 아래와 같습니다.

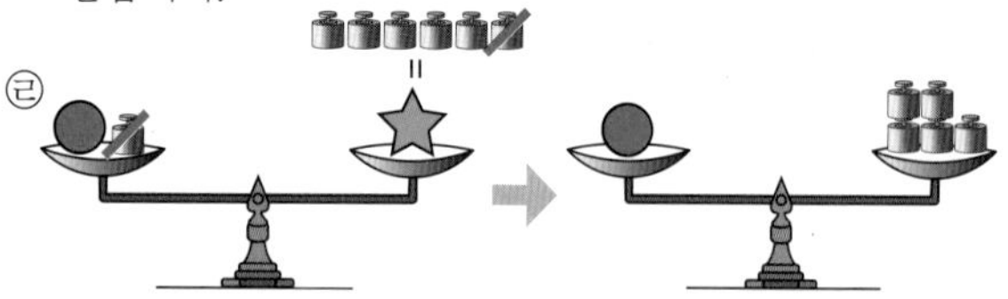

4) 각 모양의 무게를 추로 나타내면 △ = 추 3개, ■ = 추 4개, ★ = 추 6개, ● = 추 5개입니다.

5) 가장 무거운 순서는 ★, ●, ■, △ 입니다. (정답)

4. 무게 비교 **04** P. 81

[정답] 강아지, 오리, 토끼, 고양이

[풀이 과정]

1) 아래와 같이 각 동물이 말한 무겁고 가볍고를 반대로 바꿔 적습니다.

고양이 : "난 오리보다 무거워!" ⇒ "난 오리보다 가벼워"
⇒(고양이 < 오리)

강아지 : "나는 토끼보다 가벼워" ⇒ "나는 토끼보다 무거워"
⇒(강아지 > 토끼)

오리 : "나보다 무거운 동물은 2마리야~" ⇒ "나보다 가벼운 동물은 2마리야~" : (오리 > 고양이)이고 (강아지 > 토끼)이므로 강아지는 오리보다 무겁습니다.

⇒(강아지 > 오리 > 토끼, 고양이)

토끼 : "나는 고양이보다 가벼워!" ⇒ "나는 고양이보다 무거워!"
⇒(토끼 > 고양이)

2) 가장 무거운 동물부터 차례대로 적으면
강아지 > 오리 > 토끼 > 고양이 순서입니다.

4. 무게 비교 05 ········· P. 82

[정답] ㉣, ㉡, ㉢, ㉠

[풀이 과정]

1) 저울 ⓒ에서 구슬 ㉡은 ㉣㉣, 저울 ⓑ에서 ㉢은 ㉣㉣㉣ 입니다.
2) 저울 ⓐ에서 ㉢을 ㉣㉣㉣, ㉡은 ㉣㉣로 바꾸면 ㉠은 ㉣㉣㉣㉣㉣ 입니다.
3) 따라서 가벼운 순서대로 기호를 적으면 ㉣, ㉡, ㉢, ㉠ 입니다. (정답)

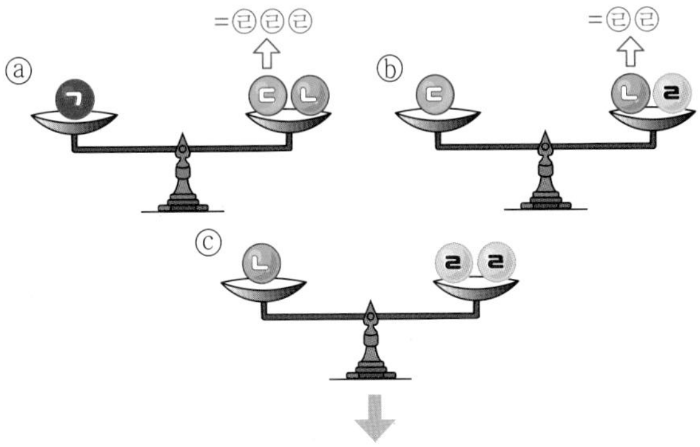

㉠ > ㉢ > ㉡ > ㉣

4. 무게 비교 06 ········· P. 82

[정답] ■와 ★

[풀이 과정]

1) 그림과 같이 저울 ㉠에서 ● > ■, 저울 ㉡에서 △ > ◆, 저울 ㉢에서 ◆ > ●, 저울 ㉣에서 ● > ★ 입니다.
2) △ > ◆ > ● > ■ 와 ● > ★ 이 되므로 가장 무거운 순서대로 나열하려면 ■ 와 ★ 을 무게를 추가로 비교해야 합니다.

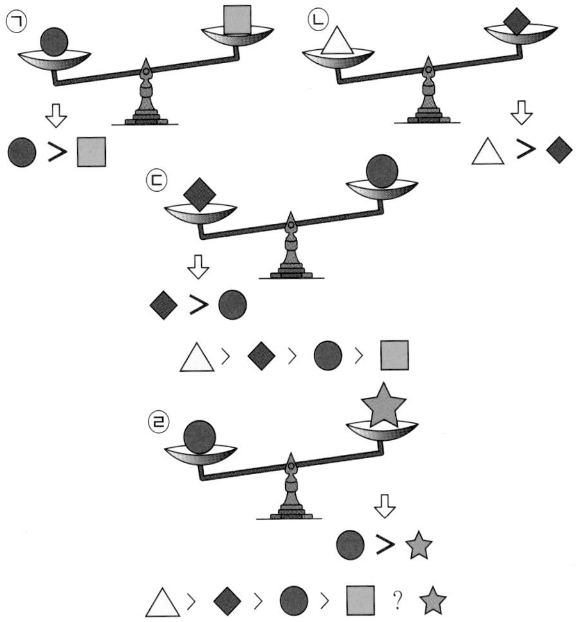

(정답)

4. 무게 비교 07 ········· P. 83

[정답] 수박 = 7, 망고 = 6, 사과 = 5, 포도 = 4

[풀이 과정]

1) 아래 저울을 통해 🍉 > 🥭 > 🍇 무게 순서를 알 수 있습니다.
2) ㉠에서 각 과일의 무게는 4, 5, 6, 7이므로 망고와 포도의 무게의 합이 사과 2개의 무게의 합이 되는 경우는 ㉠에서 2가지 경우가 있습니다.
   ⅰ. 사과의 무게는 5, 망고의 무게는 6, 포도의 무게는 4인 경우
   ⅱ. 사과의 무게는 6, 망고의 무게는 7, 포도의 무게는 5인 경우
   ➜ 그런데, ⅱ. 에서 가장 무거운 과일의 무게가 7인데, 수박이 망고보다 무거우므로 성립하지 않습니다.
3) ⅰ.의 경우가 정답이므로 수박 = 7, 망고 = 6, 사과 = 5, 포도 = 4입니다.

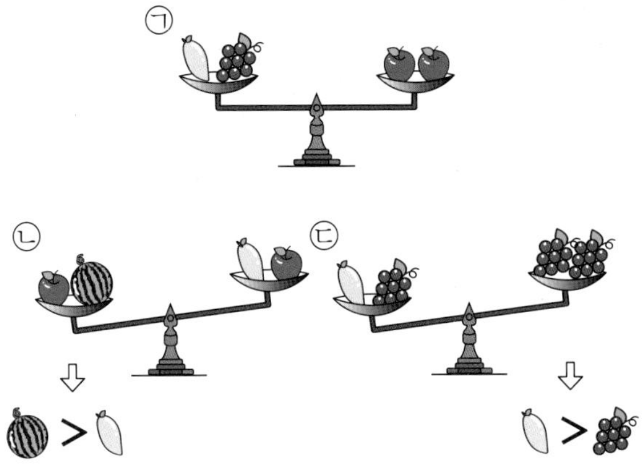

4. 무게 비교 08 ········· P. 83

[정답] 2가지

[풀이 과정]

1) 모든 추의 무게를 합하면 14입니다. 양쪽에 각각 무게가 7이 되도록 추를 올려야 합니다.
2) 아래 (정답 1, 2)와 같이 두 가지 방법으로 저울을 수평이 되도록 만들 수 있습니다. 왼쪽과 오른쪽에 올린 추 위치를 서로 바꿔도 상관없습니다.

(정답 1)

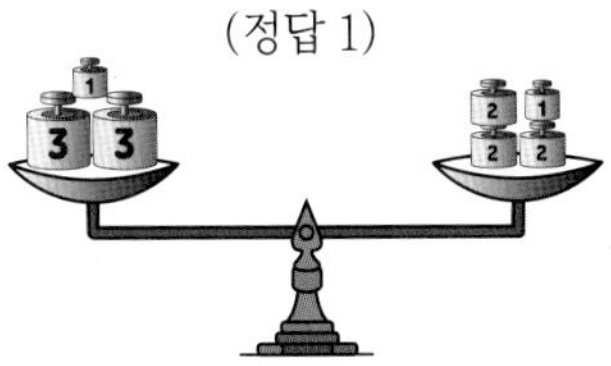

(정답 2)

5. 시계와 달력 01 P. 84

[정답] 무우 생일 : 일요일, 상상 생일 : 목요일, 알알 생일 : 수요일

[풀이 과정]

1) 아래 6월 달력에 날짜를 1일부터 30일까지 모두 적습니다. 오늘 날짜인 6월 17일로부터 5일전은 12일으로 무우 생일은 일요일입니다. 6월 첫날은 수요일이므로 알알이 생일은 수요일입니다.
2) 6월 달력을 보고 7월 달력을 아래와 같이 적습니다. 7월 7일이 목요일이므로 상상이 생일은 목요일입니다.
3) 따라서 무우, 상상, 알알이 생일은 각각 일요일, 목요일, 수요일입니다. (정답)

6월

월	화	수	목	금	토	일
		1	2	3	4	5
6	7	8	9	10	11	12
13	14	15	16	17	18	19
20	21	22	23	24	25	26
27	28	29	30			

알알이 생일 (1), 무우생일 (12)

7월

월	화	수	목	금	토	일
				1	2	3
4	5	6	7	8	9	10

상상이 생일 (7)

5. 시계와 달력 02 P. 84

[정답] 풀이 과정 참조

[풀이 과정]

1) 긴 바늘이 8을 가리키고 있으므로 40분을 나타냅니다. 짧은 바늘이 8보다 10에 더 가깝고 현재 시각이 6시와 10시 사이이므로 9와 10사이에 짧은 바늘을 그려야 합니다.
2) 따라서 (정답)과 같이 9시 40분을 나타내는 시계를 그릴 수 있습니다.

(정답)

5. 시계와 달력 03 P. 85

[정답] 풀이 과정 참조

[풀이 과정]

1) 아래와 같이 긴 바늘은 움직이지 않고 짧은 바늘은 반 시계 방향으로 2칸씩 움직입니다.

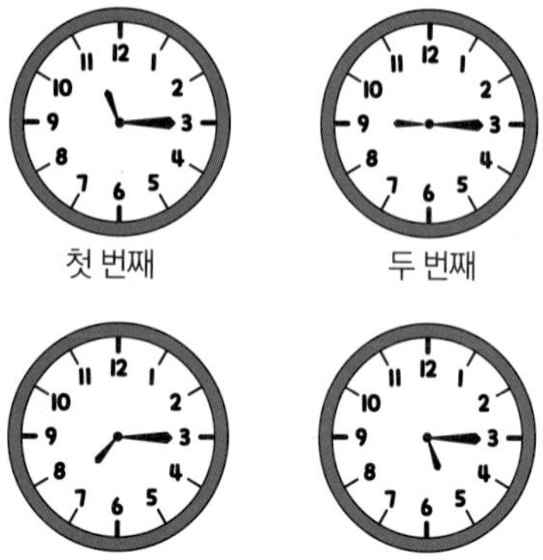

첫 번째 두 번째

세 번째 네 번째

2) 아래와 같이 긴 바늘은 움직이지 않고 짧은 바늘은 반 시계 방향으로 2칸씩 움직입니다.

다섯 번째

3) 따라서 아래 (정답)과 같이 여섯 번째 시계는 긴 바늘은 3을 가리키고 짧은 바늘은 숫자 1과 2사이에서 1에 더 가깝게 그리면 됩니다.

여섯 번째
(정답)

5. 시계와 달력 04 P. 85

[정답] 일요일

[풀이 과정]

1) 12월은 31일까지 있습니다. 목요일과 토요일이 각각 5번씩 있으므로 금요일도 5번 있습니다.
2) 목요일이 1일이라면, 달력과 같이 빈칸에 날짜를 적으면 목요일, 금요일, 토요일이 5번씩 나옵니다.
3) 따라서 크리스마스는 일요일입니다.

12월

월	화	수	목	금	토	일
			1	2	3	4
5	6	7	8	9	10	11
12	13	14	15	16	17	18
19	20	21	22	23	24	25
26	27	28	29	30	31	

크리스마스

5. 시계와 달력 05 ······ P. 86

[정답] 풀이 과정 참조

[풀이 과정]

1) 시계의 적힌 1부터 12까지 수 중에서 두 수를 더한 값이 같도록 짝지으면

   1 + 12 = 13 , 2 + 11 = 13 , 3 + 10 = 13

   4 + 9 = 13 , 5 + 8 = 13 , 6 + 7 = 13 으로 짝지을 수 있습니다.

2) 12개의 수가 4개씩 들어가고 이 4개의 숫자의 합이 26이 되도록 나눠야 합니다.

3) 따라서 (정답)과 같이 3조각으로 나눌 수 있습니다.

(정답)

5. 시계와 달력 06 ······ P. 86

[정답] 수요일

[풀이 과정]

1) 어느 한 주의 월요일의 날짜가 A 일이면 그 주 목요일과 토요일 날짜는 각각 A + 3일, A + 5일입니다.

2) A + A + 3 + A + 5 = 23, A + A + A = 15이므로 A = 5입니다.

3) (정답)과 같이 월요일, 목요일, 토요일 날짜를 적어 4월 달력을 완성할 수 있습니다.

4) 따라서 4월 30일 다음 날은 5월 1일이므로 어린이날은 수요일임을 알 수 있습니다.

4월

월	화	수	목	금	토	일
			1	2	3	4
5 (A)	6	7	8	9	10	11
12	13	14	15	16	17	18
19	20	21	22	23	24	25
26	27	28	29	30		

(정답)

5월

월	화	수	목	금	토	일
					1	2
3	4	5	6	7	8	9

어린이날

5. 시계와 달력 07 ······ P. 87

[정답] 오후 10시

[풀이 과정]

1) 긴 바늘이 한 바퀴 돌면 1시간이 지납니다. (가)시계의 긴 바늘이 한 바퀴씩 돌 때, (나)시계의 긴 바늘이 한 바퀴 반을 돌아 1시간 30분씩 지나게 됩니다.

2) (표)와 같이 6시간이 지난 후 (가)시계가 오후 7시가 되었을 때, (나)시계는 오후 10시가 됩니다.

		1 시간 후	1 시간 후	1 시간 후	1 시간 후	1 시간 후	1 시간 후
(가)	오후	1시	2시	3시	4시	5시	6시	7시
(나)	오후	1시	2시 30분	4시	5시 30분	7시	8시 30분	10시
		1 시간 30 분	1 시간 30 분	1 시간 30 분	1 시간 30 분	1 시간 30 분	1 시간 30 분

5. 시계와 달력 08 ······ P. 87

[정답] 53일

[풀이 과정]

1) 가장 짧은 달인 2월은 28일까지 있을 수 있으므로 28일이 화요일이면 마지막 수요일은 22일 입니다. 마지막주 화요일이 30일이면 아래 달력과 같이 마지막주 수요일은 24일이 됩니다.

2) 따라서 31일이 수요일일 경우를 생각하면 마지막 수요일은 22일부터 31일까지가 될 수 있습니다. 두 날짜를 더하면 22 + 31 = 53일입니다. (정답)

2월

월	화	수	목	금	토	일
		1	2	3	4	5
6	7	8	9	10	11	12
13	14	15	16	17	18	19
20	21	22	23	24	25	26
27	28					

마지막 수요일

월	화	수	목	금	토	일
1	2	3	4	5	6	7
8	9	10	11	12	13	14
15	16	17	18	19	20	21
22	23	24	25	26	27	28
29	30					

마지막 수요일

D 규칙성

1. 수 규칙 01 P. 90

[정답] ㉠ = 20, ㉡ = 22

[풀이 과정]

1) 아래와 같이 3과 2씩 번갈아 가며 커지는 규칙이 있습니다.

2 5 7 10 12 15 17 ㉠ ㉡ 25
+3 +2 +3 +2 +3 +2 +3 +2 +3

이 외에도 아래와 같이 홀수 번째 수와 짝수 번째 수를 나눠서 생각하면 5씩 커지는 규칙이 있습니다.

홀수 번째 수 : 2 7 12 17 ㉡ (+5 +5 +5 +5) 짝수 번째 수 : 5 10 15 ㉠ 25 (+5 +5 +5 +5)

2) 따라서 ㉠ = 20, ㉡ = 22입니다. (정답)

1. 수 규칙 02 P. 90

[정답] ㉠ = 19 , ㉡ = 19 , ㉢ = 17

[풀이 과정]

1) 아래와 같이 각 사각형에서 한 칸을 기준으로 양 옆으로 4씩 커지고 대각선 방향으로 2씩 커집니다.

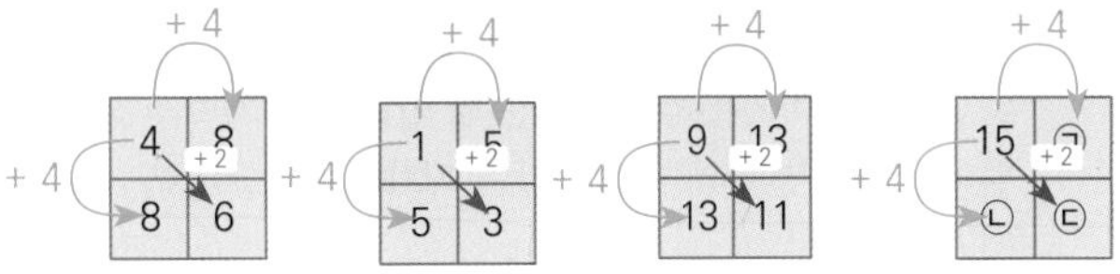

2) 따라서 ㉠ = 19, ㉡ = 19, ㉢ = 17입니다. (정답)

1. 수 규칙 03 P. 91

[정답] ㉠ = 26 , ㉡ = 29 , ㉢ = 38 , ㉣ = 49

[풀이 과정]

1) 아래와 같이 파란색 원은 7, 6, 5, 4, 3, 2씩 커지고, 노란색 삼각형은 7, 8, 9, 10, 11, 12씩 커집니다.

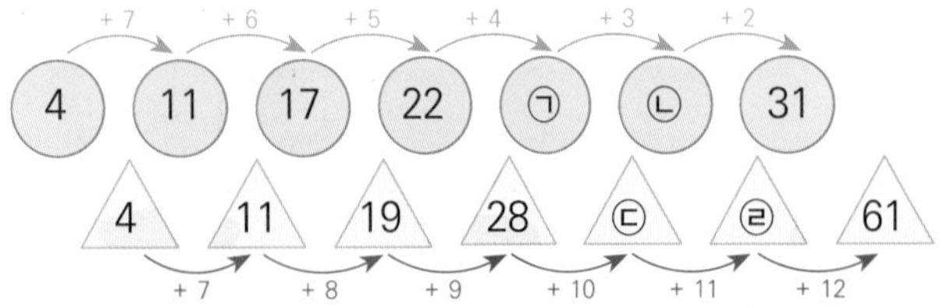

2) 따라서 ㉠ = 26, ㉡ = 29, ㉢ = 38, ㉣ = 49 입니다. (정답)

1. 수 규칙 04 P. 91

[정답] 33

[풀이 과정]

1) 두 번째 조건에서 아래와 같이 2, 3, 4, … 씩 작아지는 수를 적습니다.

53 51 48 44 39 33 26
−2 −3 −4 −5 −6 −7

세 번째 조건에서 아래와 같이 2, 4, 6, 8, … 씩 커지는 수를 적습니다.

3 5 9 15 23 33
+2 +4 +6 +8 +10

2) 두 번째와 세 번째 조건을 만족하면서 20보다 크고 40보다 작은 수는 33 입니다. (정답)

1. 수 규칙 05 P. 92

[정답] ㉠ = 7, ㉡ = 9, ㉢ = 6

[풀이 과정]

1) 아래와 같이 수 3 개씩 괄호를 묶으면, 괄호 안의 첫 번째, 두 번째, 세 번째 수는 각각 1씩 커집니다.

2) 따라서 ㉠ = 7 , ㉡ = 9 , ㉢ = 6입니다. (정답)

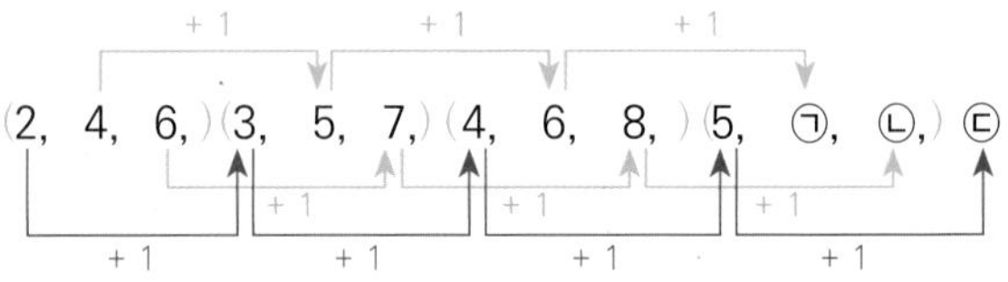

1. 수 규칙 06 P. 92

[정답] 풀이 과정 참조

[풀이 과정]

1) 아래와 같이 각 사각형에서 맨 위 수는 4, 8, 12, 16씩 커지고, 맨 아래 수는 2, 4, 6, 8씩 커집니다.

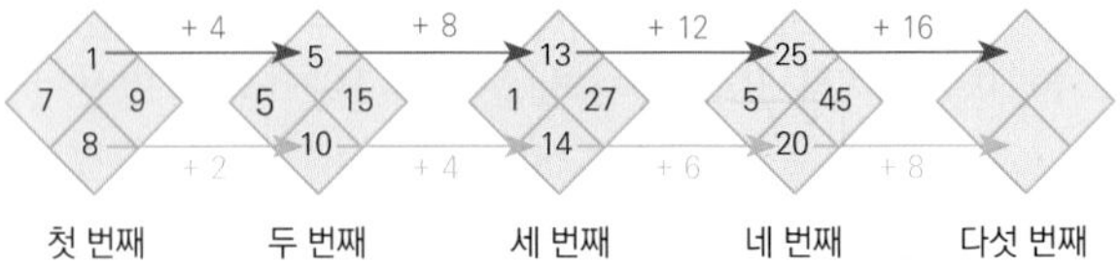

또한, (그림)과 같이 양쪽의 사각형의 두 수는 각각 맨 위 수와 아래 수의 합과 차를 적은 것입니다.

2) 따라서 다섯 번째 도형에 들어갈 수는 (정답)과 같습니다.

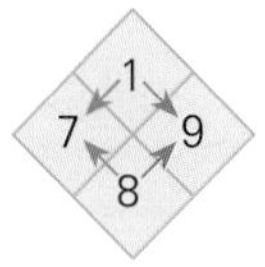

(그림)

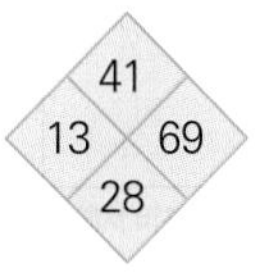

(정답)

1. 수 규칙 07 .... P. 93

[정답] ㉠ = 6 , ㉡ = 42

[풀이 과정]

1) ㉡ 이 ㉠ 보다 36만큼 크므로 아래와 같이 6씩 뛰어 세기 한 것과 같습니다.

2) 따라서 빈칸에 들어갈 수를 아래와 같이 적을 수 있고 ㉠ = 6, ㉡ = 42가 됩니다.

6 12 18 24 30 36 42

(정답)

1. 수 규칙 08 .... P. 93

[정답] 풀이 과정 참조

[풀이 과정]

1) 아래와 같이 삼각형에 적힌 수 7, 11, 19, 23, 31은 4와 8이 번갈아 가며 커지고, 30, 27, 21, 18, 12 는 3과 6이 번갈아 가며 작아집니다. 삼각형에 적힌 수 9, 14, 24, 39, 59는 5, 10, 15, 20씩 커집니다. 원은 양쪽 삼각형의 적힌 두 수의 차 입니다.

1) 따라서 (정답)과 같이 여섯 번째 도형에 알맞은 수를 적을 수 있습니다.

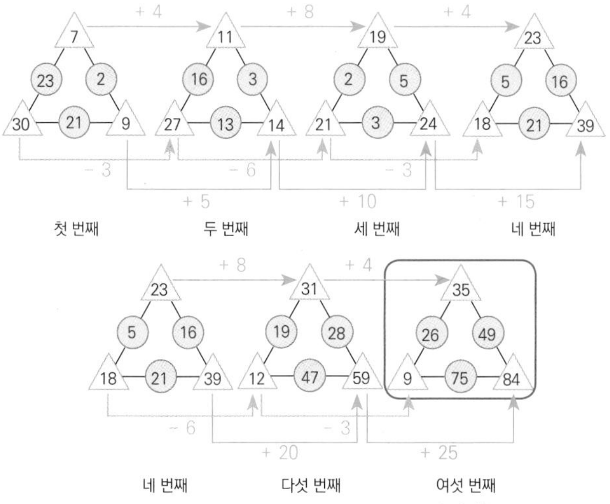

(정답)

2. 여러 가지 패턴 01 .... P. 94

[정답] △

[풀이 과정]

1) 도형의 모양은 ○, □, △, ○, □, △, ○, □, △, ○, □ … 로 나열되어 있습니다. 따라서 모양의 패턴 마디는 (○, □, △) 입니다.

2) 도형의 색깔은 검은색, 흰색, 흰색, 흰색, 검은색, 흰색, 흰색, 흰색, 검은색, 흰색, 흰색 … 으로 나열되어 있습니다. 따라서 색깔의 패턴 마디는 (검은색, 흰색, 흰색, 흰색) 입니다.

3) 따라서 (정답)과 같이 15번째 도형은 △ 입니다.

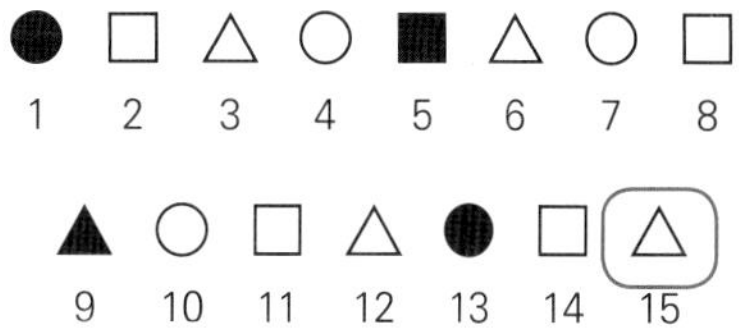

(정답)

2. 여러 가지 패턴 02 .... P. 94

[정답] 풀이 과정 참조

[풀이 과정]

1) 아래와 같이 빨간색과 노란색은 각각 시계 방향으로 2 칸씩 움직입니다.

2) 따라서 (정답)과 같이 다섯 번째 도형에 빨간색과 노란색을 알맞게 색칠할 수 있습니다.

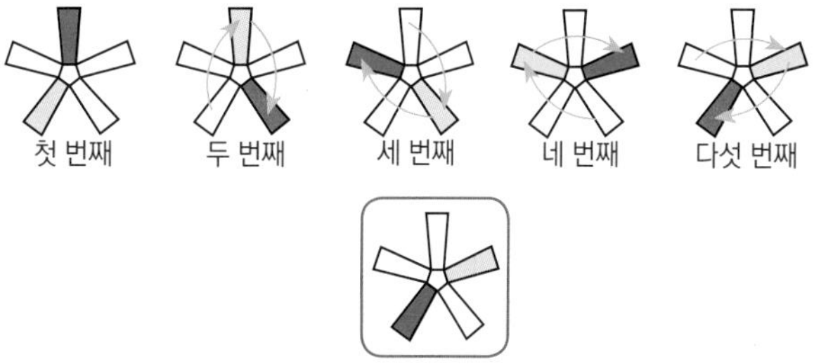

(정답)

2. 여러 가지 패턴 03 .... P. 95

[정답] ㉡

[풀이 과정]

1) 도형의 모양은 ○, △, □, ☆, ○, △, □, ☆, ○, △, □ … 로 나열되어 있습니다. 따라서 모양의 패턴 마디는 (○, △, □, ☆) 입니다.

2) 도형의 크기는 큰 것, 작은 것, 작은 것, 큰 것, 작은 것, 작은 것, 큰 것, 작은 것, 작은 것 … 으로 나열되어 있습니다. 따라서 크기의 패턴 마디는 (큰 것, 작은 것, 작은 것) 입니다.

3) 따라서 (정답)과 같이 16번째 도형은 ☆ 이므로 ㉡ 입니다. (정답)

(정답)

2. 여러 가지 패턴 04 ········· P. 95

[정답] 풀이 과정 참조

[풀이 과정]

1) 흰 바둑돌과 검은 바둑돌이 각각 한 개씩 위치가 바뀌가며 놓는 규칙이 있습니다.

2) 따라서 (정답)과 같이 검은 바둑돌 2개와 흰 바둑돌 2개를 알맞게 그리면 됩니다.

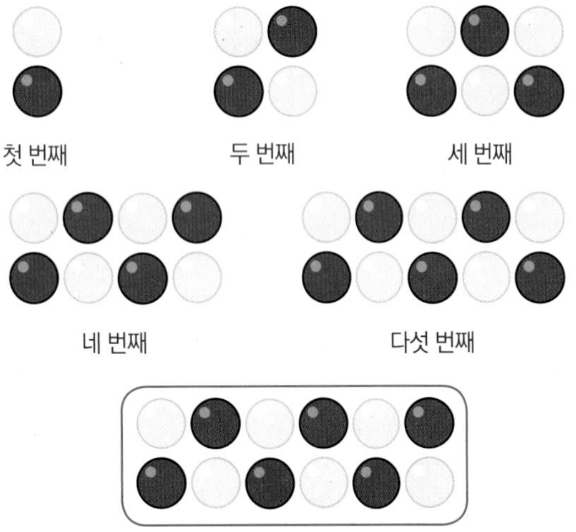

(정답)

2. 여러 가지 패턴 05 ········· P. 96

[정답] 풀이 과정 참조

[풀이 과정]

1) 아래와 같이 빨간색은 반 시계 방향으로 한 칸씩 움직이며 색이 (초록, 빨강) 으로 반복됩니다.

   파란색은 시계 방향으로 2칸씩 움직이면서 색이 (노랑, 파랑)으로 반복됩니다.

   작은 원은 시계 방향으로 한 칸씩 움직이며 색이 (검은색, 흰색)으로 반복됩니다.

2) 이외 다른 규칙을 찾을 수 있습니다. 홀수 번째에는 빨간색과 파란색이 반 시계 방향으로 2칸씩 움직이고 짝수 번째에는 노란색과 초록색이 반 시계 방향으로 2칸씩 움직입니다.

3) 따라서 (정답)과 같이 여섯 번째에 노란색과 초록색을 알맞게 색칠하고 작은 원을 그리면 됩니다.

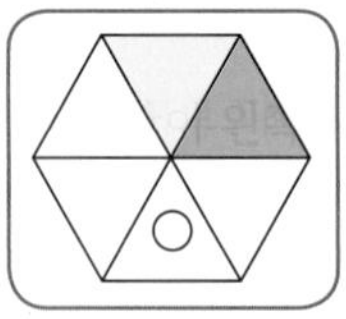

(정답)

2. 여러 가지 패턴 06 ········· P. 96

[정답] 10개

[풀이 과정]

1) 윗줄에서 도형은 ●, ★, ●, ▲, ●, ★, ●, ▲, ●, ★, … 로 나열되어 있습니다. 따라서 윗줄의 패턴 마디는 (●, ★, ●, ▲) 입니다.

   아랫줄에서 도형은 ▲, ■, ●, ▲, ■, ●, ▲, ■, , … 로 나열되어 있습니다. 따라서 아랫줄의 패턴 마디는 (▲, ■, ●) 입니다.

2) 위 규칙에 따라 22번째까지 도형을 그리면 (그림)과 같습니다. 따라서 22번째까지 도형 ● 은 총 10번 나옵니다.

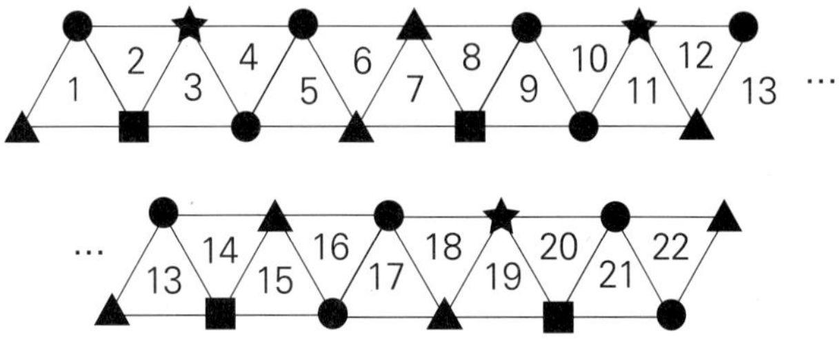

(그림)

2. 여러 가지 패턴 07 ········· P. 97

[정답] 풀이 과정 참조

[풀이 과정]

1) 도형의 모양은 △, ○, □, ☆, △, ○, □, ☆, △, ○, … 로 나열되어 있습니다. 따라서 모양의 패턴 마디는 (△, ○, □, ☆) 입니다.

2) 도형의 개수는 2개, 3개, 1개, 2개, 3개, 1개, 2개, 3개, 1개, 2개 … 으로 나열되어 있습니다. 따라서 개수의 패턴 마디는 (2개, 3개, 1개) 입니다.

3) 도형의 색깔은 초록, 빨강, 노랑, 초록, 빨강, 노랑, 초록, 빨강, 노랑, 초록 … 으로 나열되어 있습니다. 따라서 색깔의 패턴 마디는 (초록, 빨강, 노랑) 입니다.

4) 따라서 (정답)과 같이 11번째 도형은  이고 12번째 도형은  입니다.

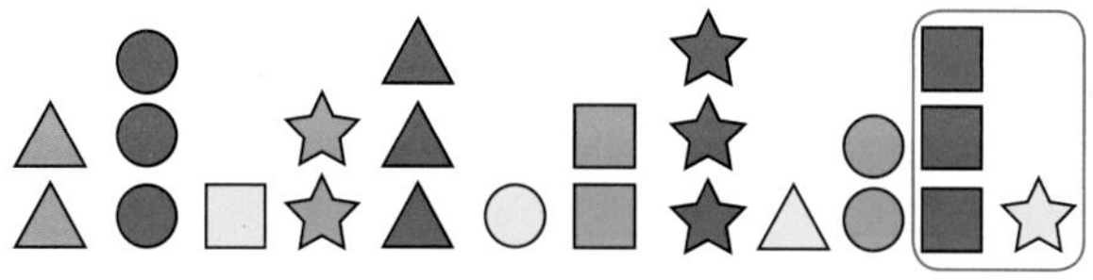

(정답)

2. 여러 가지 패턴 08 ········· P. 97

[정답] 93

[풀이 과정]

1) 첫 번째에서 3개의 흰 바둑돌이 9이므로 흰 바둑돌 1개는 3과 같습니다.
두 번째에서 3개의 검은 바둑돌은 15 − 9 = 6과 같습니다.
따라서 검은 바둑돌 1개는 2와 같습니다.
2) 또한, 검은 바둑돌과 흰 바둑돌이 번갈아 가며 3개, 4개, 5개씩 늘어납니다.
3) (표)와 같이 7번째에는 흰 바둑돌과 검은 바둑돌의 개수가 각각 21개와 15개이므로 무우가 말하는 수는 93입니다. (정답)

	첫 번째	두 번째	세 번째	네 번째	다섯 번째	여섯 번째	일곱 번째
흰 바둑돌의 개수	3 개	3 개	7 개	7 개	13 개	13 개	21 개
검은 바둑돌의 개수	0 개	3 개	3 개	8 개	8 개	15 개	15 개
무우가 말한 수	9	15	27	37	55	69	93

+ (3 × 2) + (4 × 3) + (5 × 2) + (6 × 3) + (7 × 2) + (8 × 3)

(표)

3. 수 배열표 01 ········· P. 98

[정답] ㉠ = 50 , ㉡ = 42 , ㉢ = 34

[풀이 과정]

1) (수 배열표) 와 같이 빨간색 선을 따라 2부터 2씩 늘어나는 규칙을 찾을 수 있습니다.
2) 규칙대로 (정답)에 나머지 숫자를 채워 ㉠ = 50 , ㉡ = 42 , ㉢ = 34 를 찾을 수 있습니다.

2	4	10		㉢
	6			
18				
		28		
㉠				㉡

(수 배열표)

2	4	10	20	㉢34
8	6	12	22	36
18	16	14	24	38
32	30	28	26	40
㉠50	48	46	44	㉡42

(정답)

3. 수 배열표 02 ········· P. 98

[정답] 꼭짓점 ㉠

[풀이 과정]

1) (그림)에서 각 꼭짓점에 수가 4씩 커집니다. (그림)에서 각 꼭짓점의 수를 4로 나누었을 때,
나머지가 1인 수 ㉠, 나머지가 2인 수 ㉡
나머지가 0인 수 ㉢, 나머지가 3인 수 ㉣
2) 따라서 37을 4로 나누었을 때 나머지가 1이므로 꼭짓점 ㉠에 놓입니다.

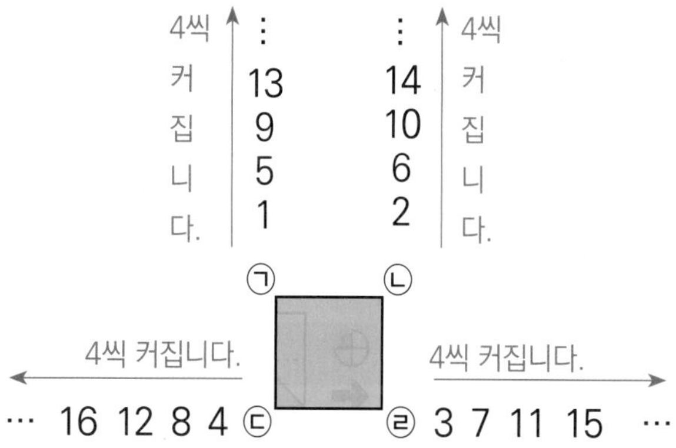

3. 수 배열표 03 ········· P. 99

[정답] 95

[풀이 과정]

1) (수 배열표)와 같이 34에서 오른쪽으로 한 칸씩 이동할 때마다 4씩 커지고, 34에서 아래로 한 칸씩 내려갈 때마다 15씩 커집니다. 34와 같은 줄에 있는 맨 마지막 칸은 42 + 4 + 4 = 50이 들어갑니다.
2) 물음표에 들어갈 수는 50에서 아래로 3칸 내려가면 되므로 50 + 15 + 15 + 15 = 95입니다.

+ 4 + 4

34	38	42	46	50
49	53	57		65
64				80
				95

+ 15, + 15 (왼쪽) / + 15, + 15, + 15 (오른쪽)

(정답)

(수 배열표)

3. 수 배열표 **04** ······························ P. 99

[정답] 풀이 과정 참조

[풀이 과정]

1) (한 자리 수) × (한 자리 수) 하여 8이 될 수 있는 경우는 1 × 8과 2 × 4가 있습니다.

i. 1 × 8인 경우는 아래와 같이 나머지 파란색 칸에 한 자리 수를 모두 채울 수 없습니다. 따라서 1 × 8 은 조건에 맞지 않습니다.

ii. 2 × 4인 경우는 아래와 같이 나머지 파란색 칸에 한 자리 수를 모두 채울 수 있습니다.

2) 따라서 (정답)과 같이 나머지 빈칸에 알맞은 수를 적어 곱셈표를 완성할 수 있습니다.

×	1	4	7
5			
8	8		

▲ 1 × 8 인 경우

×	2	5	8
1	2	5	8
4	8	20	32
7	14	35	56

▲ 2 × 4 인 경우
(정답)

3. 수 배열표 **05** ······························ P. 100

[정답] ㉠ = 36, 30

[풀이 과정]

1) (한 자리 수) × (한 자리 수) = 6이 될 수 있는 경우는 1 × 6 과 3 × 2가 있습니다.

i. 1 × 6인 경우는 아래와 같이 나머지 파란색 칸에 한 자리 수를 모두 채우면 2 × 8 = 16을 만족합니다. 따라서 ㉠ = 4 × 9 = 36이 됩니다.

ii. 3 × 2인 경우는 아래와 같이 나머지 파란색 칸에 한 자리 수를 모두 채우면 4 × 4 = 16을 만족합니다. 따라서 ㉠ = 6 × 5 = 30이 됩니다.

iii. 반대로 6 × 1과 2 × 3인 경우 각각 두 수의 곱이 16을 만족하지 않습니다.

2) 따라서 ㉠에 들어갈 수 있는 수는 36, 30입니다.(정답)

×	6	7	8	9
1	6			
2			16	
3				
4				㉠ 36

▲ 1 × 6 인 경우
(정답 1)

×	2	3	4	5
3	6			
4			16	
5				
6				㉠ 30

▲ 2 × 3 인 경우
(정답 2)

3. 수 배열표 **06** ······························ P. 100

[정답] 풀이 과정 참조

[풀이 과정]

1) (그림) 에서 빨간색 줄에서 파란색 줄으로 올라갈 때, 두 수 중에 작은 수가 파란색 칸에 적힙니다. 파란색 줄에서 빨간색 줄으로 올라갈 때, 두 수 중에서 큰 수가 빨간색 칸에 적힙니다.

2) 이 규칙에 따라 (그림)과 같이 빈칸에 빨간색으로 알맞은 수를 적을 수 있습니다.

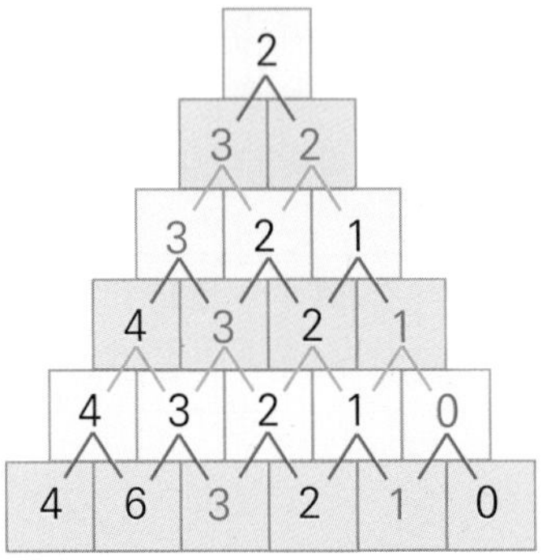

(그림)

3. 수 배열표 **07** ······························ P. 101

[정답] 50 = ㉡줄 , 67 = ㉤줄

[풀이 과정]

1) (수 배열표)를 보면 각 기호의 세로줄에서 일의 자리 숫자가 계속 반복됩니다. (표)와 같이 반복되는 일의 자리 숫자를 찾을 수 있습니다.

2) 따라서 50 은 일의 자리 숫자가 0 이므로 ㉡ 과 같은 줄에 있습니다. 67은 일의 자리 숫자가 7 이므로 ㉤ 과 같은 줄에 있습니다. (정답)

㉠	㉡	㉢	㉣	㉤	㉥
1	2	3	4	5	6
	10	9	8	7	
11	12	13	14	15	16
	20	19	18	17	
21	22	23	24	25	26
⋮	⋮	⋮	⋮	⋮	⋮

(수 배열표)

기호	반복되는 일의 자리 숫자
㉠	1
㉡	2, 0
㉢	3, 9
㉣	4, 8
㉤	5, 7
㉥	6

(표)

3. 수 배열표 **08** P. 101

[정답] ㉠ = 55 , ㉡ = 88 , ㉢ = 97

[풀이 과정]

1) (수 배열표)와 같이 가로 방향으로 3 씩 커지고, 세로 방향으로 12 씩 커집니다. 두 대각선 방향으로 각각 15와 9씩 커집니다.
2) (수 배열표)의 규칙에 따라 (조각)의 ㉠ = 70 - 15 = 55, ㉡ = 70 + 9 + 9 = 88, ㉢ = 70 + 15 + 12 = 97 입니다.

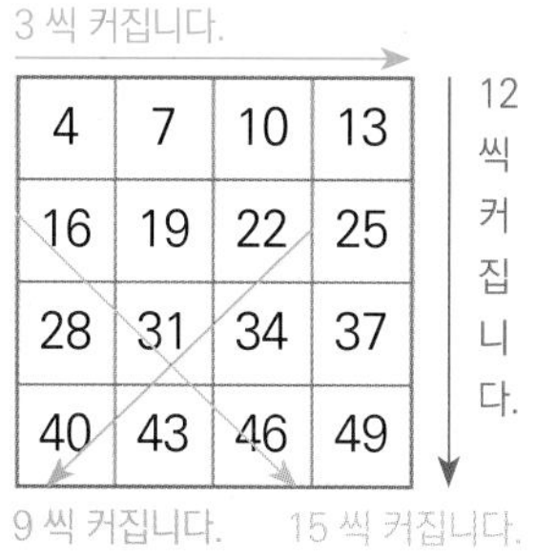

(수 배열표)

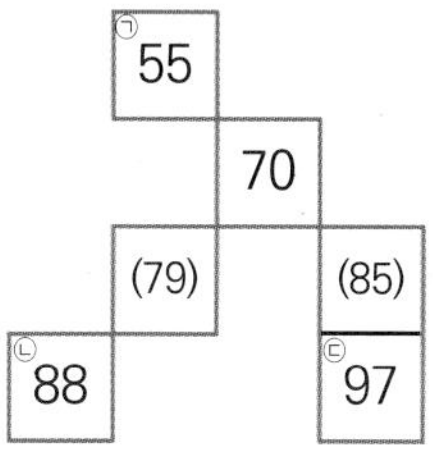

(조각)
(정답)

4. 암호 **01** P. 102

[정답] 포도 ⇒ 73 , 복숭아 ⇒ 591

[풀이 과정]

1) (그림)에서 선을 타면 0 ⇒ ㅈ, 1 ⇒ ㅇ, 3 ⇒ ㄷ, 5 ⇒ ㅂ, 7 ⇒ ㅍ, 9 ⇒ ㅅ 으로 갑니다.
2) 따라서 포도는 ㅍㄷ 이므로 73, 복숭아는 ㅂㅅㅇ 이므로 591 으로 암호가 됩니다.

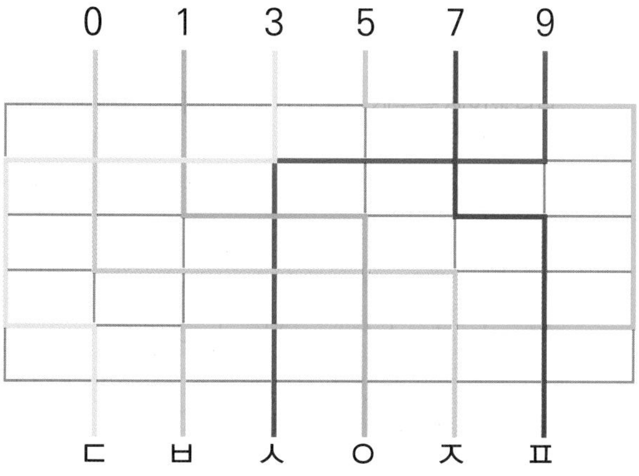

(그림)

4. 암호 **02** P. 102

[정답] 11

[풀이 과정]

1) (표)와 같이 알파벳 순서대로 숫자 1, 2, 3,… 으로 바꿔서 생각합니다.

A	B	C	D	E	F
1	2	3	4	5	6

(표)

2) 두 개의 알파벳 카드를 각각 숫자로 바꾼 후, 더한 값으로 바꾸게 됩니다.
3) 따라서 (정답)과 같이 E 와 F 는 각각 5 와 6 이므로 두 수를 합한 11 이 나오게 됩니다.

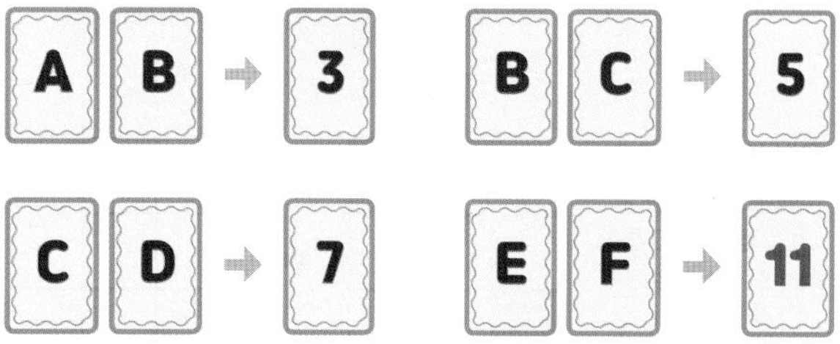

5+6
(정답)

4. 암호 **03** P. 103

[정답] 내가가장좋아하는과목은수학입니다

[풀이 과정]

1) (방법 ①)과 같이 가로 방향으로 네 글자씩 적은 후, 세로 방향으로 네 글자씩 읽으면 "내가가장좋아하는과목은수학입니다" 으로 암호를 해독할 수 있습니다.
2) (방법 ②)와 같이 세로 방향으로 네 글자씩 적은 후, 가로 방향으로 네 글자씩 읽으면 "내가가장좋아하는과목은수학입니다" 로 암호를 해독할 수 있습니다.
3) 이외에도 다양한 방법으로 암호를 해독할 수 있습니다.

가로 → / 세로 ↓

내	좋	과	학
가	아	목	입
가	하	은	니
장	는	수	다

(방법 ①)

가로 → / 세로 ↓

내	가	가	장
좋	아	하	는
과	목	은	수
학	입	니	다

(방법 ②)

4. 암호 **04** .... P. 103

[정답] 풀이 과정 참조

[풀이 과정]

1) 빨간색 상자는 검은색 ⇔ 흰색 으로 서로 바뀌어서 나옵니다.
   파란색 상자는 똑같은 모양의 도형이 한 개 더 생겨서 바로 옆에 나옵니다.
   초록색 상자는 위로 뒤집은 모양으로 바뀌어서 나옵니다.
2) 따라서 주어진 도형을 빨간색, 초록색, 파란색 상자 순서대로 넣었을 때 (정답)과 같은 도형이 나옵니다.

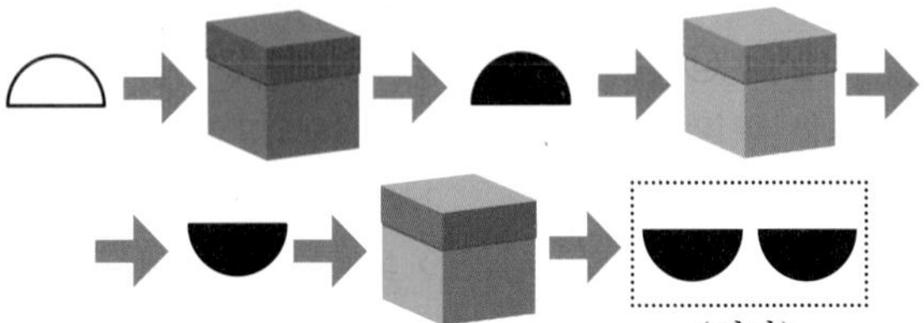
(정답)

4. 암호 **05** .... P. 104

[정답] GOOD JOB, I LIKE MATH

[풀이 과정]

1) (암호 해독표)를 보면 각 알파벳을 A⇒1㉠, B⇒2㉠ 으로 나타내고 있습니다.
2) 각 암호를 (암호 해독표)에서 찾아 알파벳으로 바꾸면 (정답)과 같습니다.

	㉠	㉡	㉢	㉣
1	A	B	C	D
2	E	F	G	H
3	I	J	K	L
4	M	N	O	T

(암호 해독표)

2㉢4㉢4㉢1㉣ 3㉡4㉢1㉡ → GOOD JOB

3㉠ 3㉣3㉠3㉢2㉠ 4㉠1㉠4㉣2㉣ → I LIKE MATH

(정답)

4. 암호 **06** .... P. 104

[정답] 풀이 과정 참조

[풀이 과정]

1) 글자가 ↗ 에 따라 자음이 ㄱ, ㄷ, ㅁ, ㅅ … 으로 바뀝니다.
   글자가 ↘ 에 따라 모음이 ㅣ, ㅡ, ㅜ, ㅠ … 으로 바뀝니다.
   글자가 ← 에 따라 받침이 ㄴ, ㄹ, ㅂ,… 으로 생깁니다.
2) (정답)과 같이 위에서 찾은 규칙에 따라 빈칸에 알맞은 글자를 써 넣을 수 있습니다.

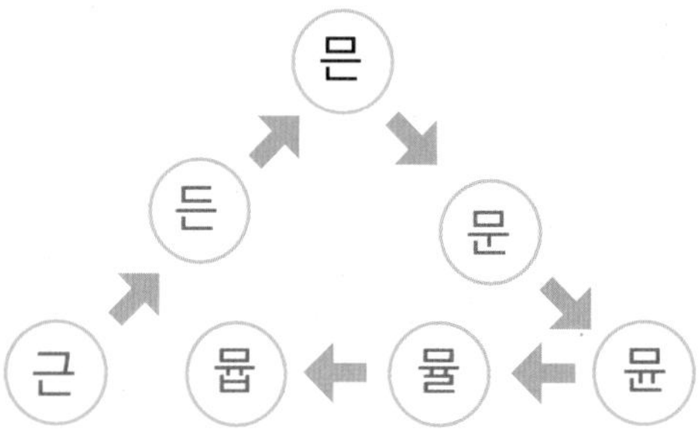

(정답)

4. 암호 **07** .... P. 105

[정답] 풀이 과정 참조

[풀이 과정]

1) (보기)의 규칙을 살펴보면 □4개가 모여서 ☐ 1개가 된다는 것을 알 수 있습니다. □1개가 1일 때, ☐는 4를 나타냅니다. 따라서 □□□ + □□ = ☐는 3 + 2 = 5이고 ☐ + □□ = ☐☐는 6 + 2 = 8을 나타냅니다.
2) ☐☐ + ☐은 11 + 6이므로 계산 결과는 17입니다.
3) 따라서 (정답)과 같이 17을 나타내는 도형을 그리면 됩니다.

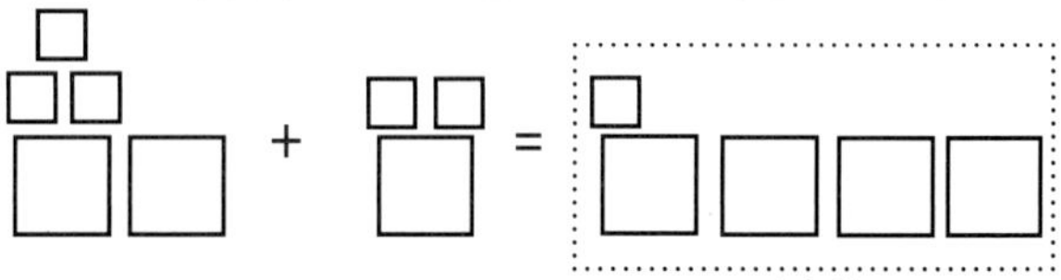
(정답)

4. 암호 **08** .... P. 105

[정답] 하루 종일 놀자

[풀이 과정]

1) (보기)의 자음과 모음 모스부호를 보고 주어진 모스부호를 (정답)과 같이 해독합니다.
2) 따라서 모스부호를 해독한 문장은 "하루 종일 놀자" 입니다.

●−−− ● ●●●− ●●●● ⇒ 하루
ㅎ ㅏ ㄹ ㅜ

●−−● ●− −●− −●− ●●− ●●●− ⇒ 종일
ㅈ ㅗ ㅇ ㅇ ㅣ ㄹ

●●−● ●− ●●●− ●−−● ● ⇒ 놀자
ㄴ ㅗ ㄹ ㅈ ㅏ

↓

하루 종일 놀자

(정답)

2. 새로운 연산 기호 01 ······························ P. 106

[정답] 8가지

[풀이 과정]

1) 3 × (㉠ + ㉡) = 27이므로 (㉠ + ㉡) = 9가 되어야 합니다. 주어진 1부터 8까지 두 수의 합이 9인 경우를 모두 구하면 총 4가지 경우가 있습니다. 하지만 서로 자리를 바꿔서 더할 수 있으므로 총 8가지가 있습니다.

2) 따라서 3 × (㉠ + ㉡) = 27을 만족하는 (㉠, ㉡) 은 (1, 8), (8, 1), (2, 7), (7, 2), (3, 6), (6, 3), (4, 5), (5, 4) 으로 총 8가지 입니다.

1 + 8 = 9　　2 + 7 = 9

3 + 6 = 9　　4 + 5 = 9

(정답)

2. 새로운 연산 기호 02 ······························ P. 106

[정답] 40

[풀이 과정]

1) (4 ○ 2) ● 3 에서 괄호 안에 있는 (4 ○ 2) 부터 기호 ○ 규칙에 따라 계산합니다. 4 ○ 2 는 2 에 4 번 만큼 2 를 더하므로 2 + 2 + 2 + 2 + 2 = 10 입니다.
이어서 10 ● 3 은 10 에 3 번 만큼 10 을 더하므로 10 + 10 + 10 + 10 = 40 입니다.

2) (4 ○ 2) ● 3 의 계산 결과는 40 입니다. (정답)

2. 새로운 연산 기호 03 ······························ P. 107

[정답] ㉠ = 3

[풀이 과정]

1) (그림)에서 8을 따라 사다리를 타면 8 ▲ + 5 = 12 입니다.
7 을 따라 사다리를 타면 7 ▲ ■ = ㉠ 입니다.
9 를 따라 사다리를 타면 9 + 5 ■ = 11 입니다.

2) 먼저 8 ▲ + 5 = 12 에서 8 - 1 + 5 = 12 가 되므로 ▲ 의 규칙은 - 1 입니다.
9 + 5 ■ = 11 에서 9 + 5 - 3 = 11 이 되므로 ■ 의 규칙은 - 3 입니다.

3) 7 ▲ ■ = ㉠ 에서 ▲ 와 ■ 의 각 규칙을 적어 계산합니다. 따라서 7 - 1 - 3 = 3 이 되므로 ㉠ = 3 입니다.

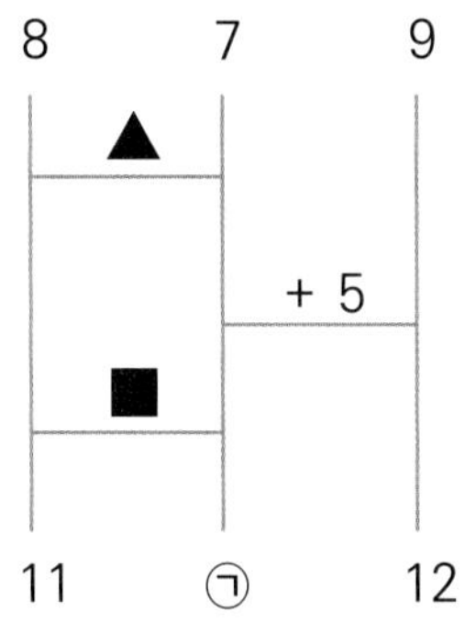

(그림)

2. 새로운 연산 기호 04 ······························ P. 107

[정답] ㉠ = 14 , ㉡ = 10 , ㉢ = 13

[풀이 과정]

1) 5 ➡ 1 , 9 ➡ 5 , 12 ➡ 8 이므로 ➡ 의 규칙은 4 만큼 빼는 것입니다.
1 ➡ 2 , 5 ➡ 10 , 6 ➡ 12 이므로 ➡ 의 규칙은 2 만큼 곱하는 것입니다.
2 ➡ 5 , 6 ➡ 9 , 3 ➡ 6 이므로 ➡ 의 규칙은 3 만큼 더하는 것입니다.

2) 7 ➡ ㉠ ➡ ㉡ ➡ ㉢ 을 계산합니다.
7 ➡ ㉠ 에서 ㉠ = 7 × 2 = 14 , 14 ➡ ㉡ 에서 ㉡ = 14 - 4 = 10 , 10 ➡ ㉢ 에서 ㉢ = 10 + 3 = 13 입니다.

3) 따라서 ㉠ = 14 , ㉡ = 10 , ㉢ = 13입니다. (정답)

2. 새로운 연산 기호 05 ······························ P. 108

[정답] (7 △) ○ □ = 9

[풀이 과정]

1) 6 □ □ = 12에서 6보다 큰 수인 12 가 나옵니다. 따라서 6 + 3 + 3 = 12 으로 □ 의 규칙은 3만큼 더하는 것입니다.

2) (6 ○) □ = 21 에서 □ 의 규칙을 적으면 (6 ○) + 3 = 21 입니다. 6 ○ = 18 가 되기 위해서는 ○ 는 + 12 또는 × 3 가 되어야 합니다. 만약 ○ = + 12 이라면 (6 △) ○ = 3 에서 (6 △) + 12 = 3 을 만족하는 △ 을 찾을 수 없습니다. 따라서 ○ = × 3입니다.

3) ○ 의 규칙은 3 만큼 곱하는 것이므로 (6 △) ○ = 3 에 넣으면 (6 △) × 3 = 3 이 됩니다. (6 - 5) × 3 = 3 이 거나 (6 ÷ 6) × 3 = 3 이 되어야 합니다. △ 의 규칙은 5 만큼 빼거나, 나누기 6 중 하나입니다.

4) (7 △) ○ □ 을 위 규칙 ○, △, □ 에 따라 식을 적으면 (7 - 5) × 3 + 3 = 2 × 3 + 3 = 6 + 3 = 9입니다.
△÷ 6일 경우는 7 ÷ 6이 되지 않으므로 답을 구할 수 없습니다. 따라서 (7 △) ○ □ 의 계산 결과는 9입니다. (정답)

2. 새로운 연산 기호 06 ······ P. 108

[정답] (A, B) = (6, 3), (9, 7)

[풀이 과정]

1) A ♥ B = A × (A - B) = 18이 되기 위해서는 두 수를 곱해서 18이 되는 경우를 모두 찾습니다.
1 × 18 = 18, 2 × 9 = 18, 3 × 6 = 18 입니다.
A 과 B 는 모두 한 자리 수이므로
A × (A - B) = 1 × 18이 될 수 없습니다.

2) 2 × 9 = 18, 3 × 6 = 18인 경우로 A와 B를 각각 찾습니다.
i. 2 × 9 = 18에서 A = 2일 때, 2 ♥ B = 2 × (2 - B) = 18 을 만족하는 B 가 없습니다.
A = 9일 때, 9 ♥ B = 9 × (9 - B) = 18이 되는 B = 7 입니다.
그러므로 9 ♥ 7 = 9 × (9 - 7) = 18이 됩니다.
ii. 3 × 6 = 18 에서 A = 3일 때, 3 ♥ B = 3 × (3 - B) = 18을 만족하는 B 가 없습니다.
A = 6일 때, 6 ♥ B = 6 × (6 - B) = 18이 되는 B = 3입니다. 그러므로 6 ♥ 3 = 6 × (6 - 3) = 18이 됩니다.

3) 따라서A ♥ B = A × (A - B) = 18이 되는 한 자리 수 (A, B) = (6, 3), (9, 7)입니다. (정답)

2. 새로운 연산 기호 07 ······ P. 109

[정답] ㉠ = 16 , ㉡ = 26 , ㉢ = 25

[풀이 과정]

1) 아래(표 1, 2, 3)과 같이 ★ 에 주어진 두 수의 합, 차, 곱을 각각 구합니다.

주어진 수	합	차	곱
5, 2	5 + 2 = 7	5 - 2 = 3	5 × 2 = 10
5, 3	5 + 3 = 8	5 - 3 = 2	5 × 3 = 15
5, 4	5 + 4 = 9	5 - 4 = 1	5 × 4 = 20

(표 1)

주어진 수	합	차	곱
6, 2	6 + 2 = 8	6 - 2 = 4	6 × 2 = 12
6, 3	6 + 3 = 9	6 - 3 = 3	6 × 3 = 18
6, 4	6 + 4 = 10	6 - 4 = 2	6 × 4 = 24

(표 2)

주어진 수	합	차	곱
7, 2	7 + 2 = 9	7 - 2 = 5	7 × 2 = 14
7, 3	7 + 3 = 10	7 - 3 = 4	7 × 3 = 21
7, 4	7 + 4 = 11	7 - 4 = 3	7 × 4 = 28

(표 3)

2)(연산표)에서 계산 결과값이 13, 17, 21, 21, 19, 31 이 되기 위해서는 (두 수의 곱) 과 (두 수의 차) 를 합해야 합니다.

3) 위 규칙에 따라 ㉠, ㉡, ㉢ 을 각각 구합니다.
6 ★ 2 = (6 × 2) + (6 - 2) = 12 + 4 = 16 ➔ ㉠
6 ★ 4 = (6 × 4) + (6 - 4) = 24 + 2 = 26 ➔ ㉡
7 ★ 3 = (7 × 3) + (7 - 3) = 21 + 4 = 25 ➔ ㉢

4) 따라서 ㉠ = 16, ㉡ = 26, ㉢ = 25 입니다. (정답)

★	2	3	4
5	13	17	21
6	16	21	26
7	19	25	31

(연산표)

2. 새로운 연산 기호 08 ······ P. 109

[정답] 풀이 과정 참조

[풀이 과정]

1)아래 (그림)과 같이
(5 + 7) - 8 = 4, (4 + 8) - 10 = 2,
(12 + 5) - 8 = 9, (6 + 4) - 7 = 3 이 됩니다.
따라서 삼각형에 적힌 수가 (㉠ + ㉡) - ㉢ = ㉣ 이 되는 규칙이 있습니다.

2)또한,
5 - (8 - 7) = 4, 4 - (10 - 8) = 2,
12 - (8 - 5) = 9, 6 - (7 - 4) = 3
이 되는 규칙도 찾을 수 있습니다.
위 규칙을 기호로 적으면 ㉠ - (㉢ - ㉡) = ㉣ 입니다.

3) (정답)과 같이 삼각형에 규칙을 사칙연산 식으로 적을 수 있습니다.

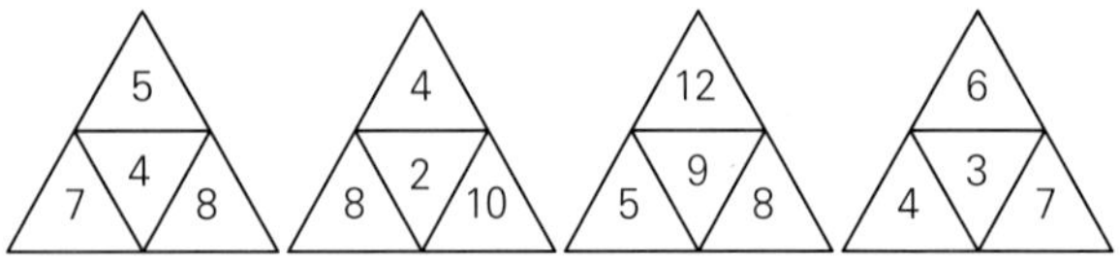

(그림)

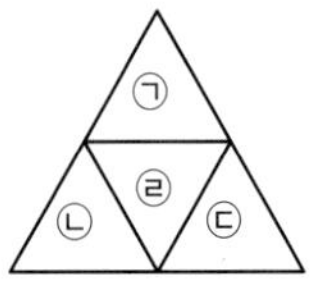

㉠ - (㉢ - ㉡) = ㉣

(㉠ + ㉡) - ㉢ = ㉣

(정답)

E 자료와 가능성

1. 경우의 수 **01** .... P. 112

[정답] (1)-12가지, (2)-6가지

[풀이 과정]

<1번 문제>

1) 먼저 반장 후보로 나온 네 명의 친구들을 각각 A, B, C, D 라고 합니다.

2) 나뭇가지 그림을 이용해 경우의 수를 구합니다.

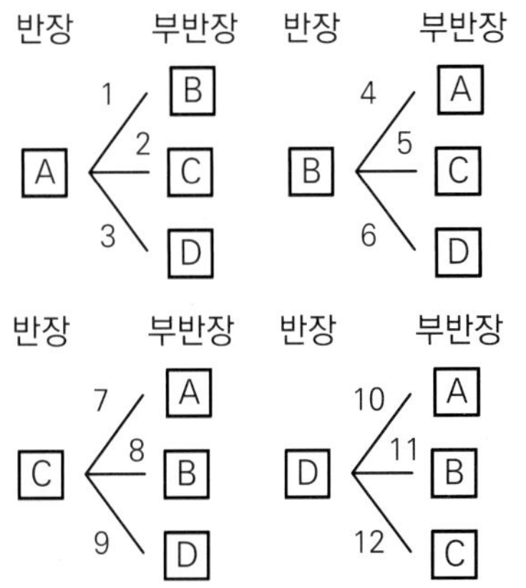

3) 네 명의 친구들 중 반장과 부반장을 뽑는 방법은 모두 12가지입니다.

<2번 문제>

1) 먼저 네 명의 친구들을 각각 A, B, C, D 라고 합니다.

2) A가 반드시 뽑히는 경우의 수를 구합니다.

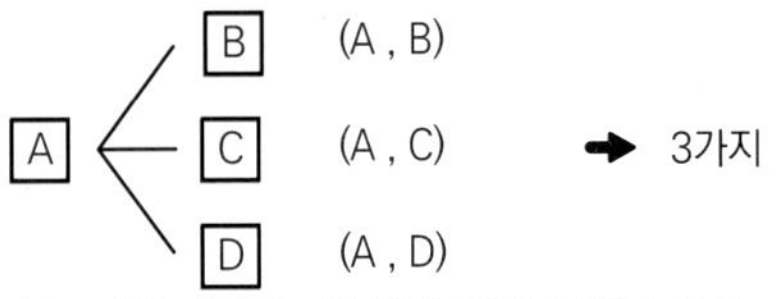

A가 뽑히는 경우의 수는 위에서 모두 구했으므로 A를 제외하고 B가 반드시 뽑히는 경우의 수를 구합니다.

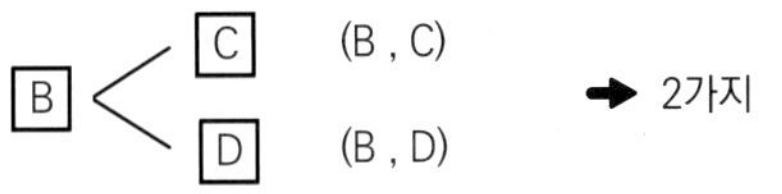

마지막으로 C와 D가 뽑히는 경우의 수 한 가지가 있습니다.

3) 따라서 네 명의 친구들 중 청소당번 두 명을 뽑는 방법은 총 3 + 2 + 1 = 6가지입니다.

1. 경우의 수 **02** .... P. 112

[정답] 7가지

[풀이 과정]

1) 동전의 개수에 따라 경우를 나누어 구합니다.

 i . 한 개의 동전만 사용하는 경우 ➡ 3가지

 50원, 100원, 500원을 지불할 수 있습니다.

 ii. 두 개의 동전을 사용하는 경우 ➡ 3가지

 50 + 100 = 150원, 50 + 500 = 550원, 100 + 500= 600원
 150원, 550원, 600원을 지불할 수 있습니다.

 iii. 세 개의 동전을 모두 사용하는 경우 ➡ 1가지

 50 + 100 + 500 = 650원을 지불할 수 있습니다.

2) 따라서 제이가 지불할 수 있는 금액은 총 3 + 3 + 1 = 7가지입니다. (정답)

1. 경우의 수 **03** .... P. 113

[정답] 7가지

[풀이 과정]

1) 가장 큰 수인 8부터 차례로 경우를 구합니다.

 i . 8에서 빼는 경우

 8 - 7 = 1 , 8 - 5 = 3 , 8 - 2 = 6 , 8 - 1 = 7
 1, 3, 6, 7이 나올 수 있습니다.

 ii. 7에서 빼는 경우

 7 - 5 = 2 , 7 - 2 = 5 , 7 - 1 = 6
 2, 5, 6이 나올 수 있습니다.

 iii. 5에서 빼는 경우

 5 - 2 = 3, 5 - 1 =4 ,
 3, 4가 나올 수 있습니다.

 iv. 2에서 빼는 경우

 2 - 1 = 1, 1이 나올 수 있습니다.

2) 중복되는 경우를 제외하고 나올 수 있는 숫자는 1, 2, 3, 4, 5, 6 ,7로 총 7가지입니다. (정답)

1. 경우의 수 **04** P. 113

[정답] 6가지

[풀이 과정]

1) 네 명의 친구를 두 명씩 짝짓는 경우의 수는 네 명의 친구들 중 두 명을 뽑는 경우의 수와 같습니다. 네 명 중 두 명을 뽑아 짝을 짓고 나면, 남은 두 명은 자동으로 짝을 지을 수 있기 때문입니다.

2) 먼저 무우를 반드시 포함하여 두 명을 뽑는 경우의 수를 구합니다.

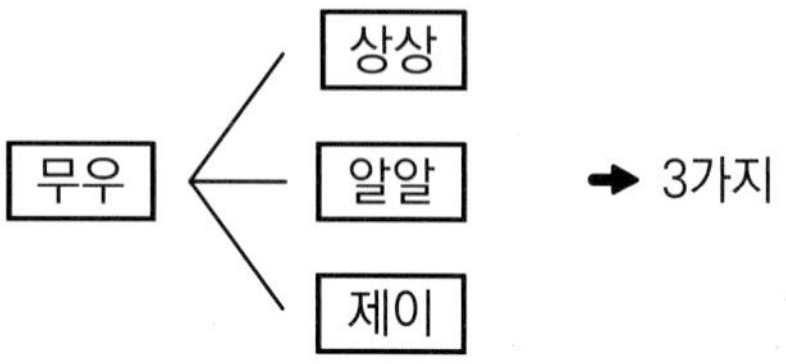

무우가 포함되는 경우의 수는 위에서 모두 구했으므로 무우를 제외하고 상상이를 반드시 포함하여 두 명을 뽑는 경우의 수를 구합니다.

마지막으로 알알이와 제이를 뽑는 경우의 수 한 가지가 있습니다.

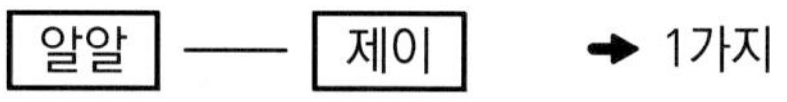

3) 따라서 네 명의 친구들이 두 명씩 짝을 짓는 방법의 경우의 수는 총 3 + 2 + 1 = 6가지입니다. (정답)

1. 경우의 수 **05** P. 114

[정답] 6가지

[풀이 과정]

다음과 같이 6가지 경로로 갈 수 있습니다.

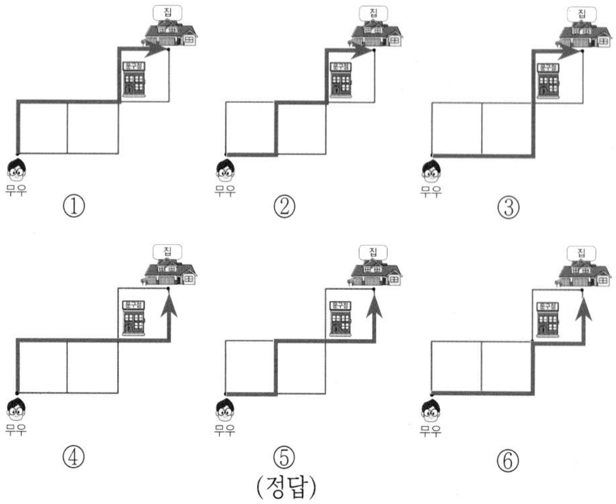

(정답)

1. 경우의 수 **06** P. 114

[정답] 500원-1개, 100원-2개, 50원-2개

[풀이 과정]

1) 100원짜리 동전이 5개 있다고 하더라도 총 금액이 800원보다 모자라므로 5개의 동전으로 800원을 만들기 위해선 반드시 500원짜리 동전이 한 개 필요합니다.

2) 나머지 4개의 동전으로 300원을 만드는 방법을 생각해 봅니다.

ⅰ. 100원짜리 동전이 1개인 경우

나머지 3개의 동전으로 200원을 만들어야 합니다. 3개의 동전으로는 어떻게 해서든 200원을 만들 수 없습니다.

ⅱ. 100원짜리 동전이 2개인 경우

나머지 2개의 동전으로 100원을 만들어야 합니다. 50원짜리 동전 2개로 100원을 만들 수 있습니다.

3) 따라서 알알이의 동전 지갑에는 500원짜리 동전 1개, 100원짜리 동전 2개, 50원짜리 동전 2개가 있습니다. (정답)

1. 경우의 수 **07** P. 115

[정답] 12가지

[풀이 과정]

1) 바깥쪽 별에 칠해지는 색을 기준으로 경우를 나누어 구합니다.

ⅰ. 바깥쪽 별에 빨간색이 칠해지는 경우 → 3가지

ⅱ. 바깥쪽 별에 노란색이 칠해지는 경우 → 3가지

ⅲ. 바깥쪽 별에 초록색이 칠해지는 경우 → 3가지

ⅳ. 바깥쪽 별에 파란색이 칠해지는 경우 → 3가지

2) 따라서 무우가 그림을 색칠하는 방법은 총 3 + 3 + 3 + 3 = 12가지입니다. (정답)

1. 경우의 수 08 ········· P. 115

[정답] 9가지

[풀이 과정]

1) 상상이가 제이에게 가위바위보 게임을 이기는 방법은 가위로 이기는 방법, 바위로 이기는 방법, 보로 이기는 방법 총 세 가지 입니다. 두 번째 판을 어떻게 이기는지에 따라 경우를 나누어 구합니다.

ⅰ. 두 번째 판을 가위로 이기는 경우 ➔ 3가지

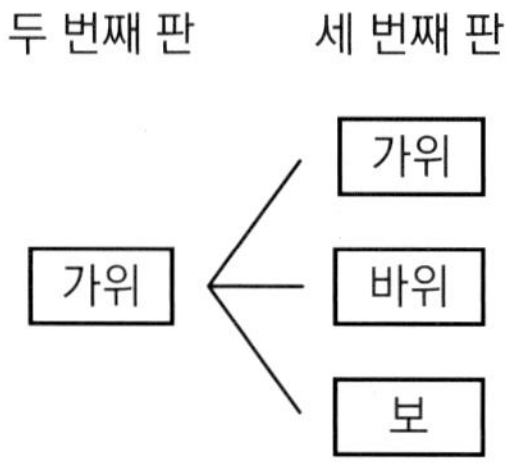

ⅱ. 두 번째 판을 바위로 이기는 경우 ➔ 3가지

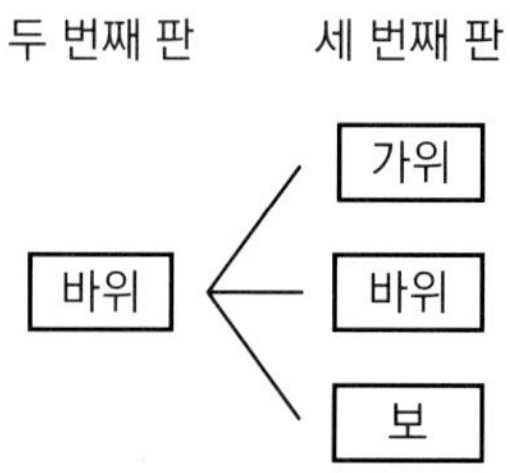

ⅲ. 두 번째 판을 보로 이기는 경우 ➔ 3가지

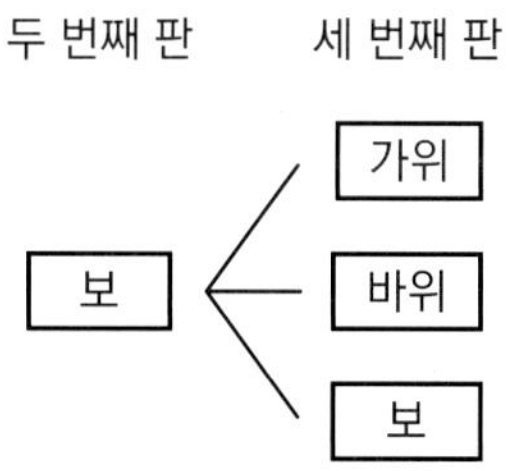

2) 따라서 상상이가 제이를 이길 수 있는 방법은 총 3 + 3 + 3 = 9가지입니다. (정답)

2. 리그와 토너먼트 01 ········· P. 116

[정답] 풀이 과정 참조

[풀이 과정]

1) 'D는 두 번의 경기로 우승 했습니다' ➔ 다음과 같이 토너먼트 그림을 그리고 빨간 빈칸 두 개를 D로 채울 수 있습니다.

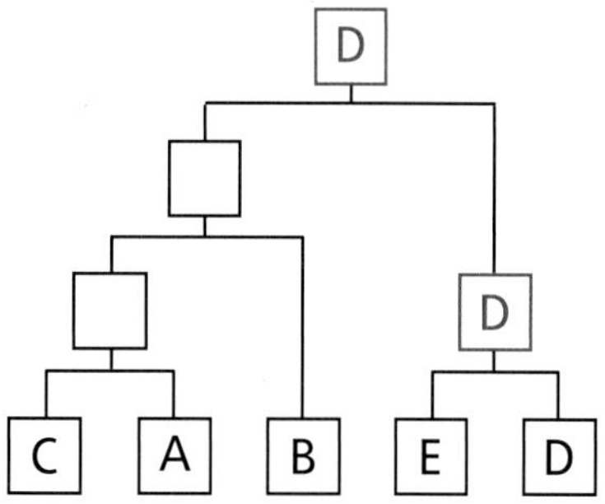

2) 'A는 B를 이겼습니다' ➔ 다음과 같이 파란 빈칸을 A로 채워 토너먼트 그림을 완성할 수 있습니다.

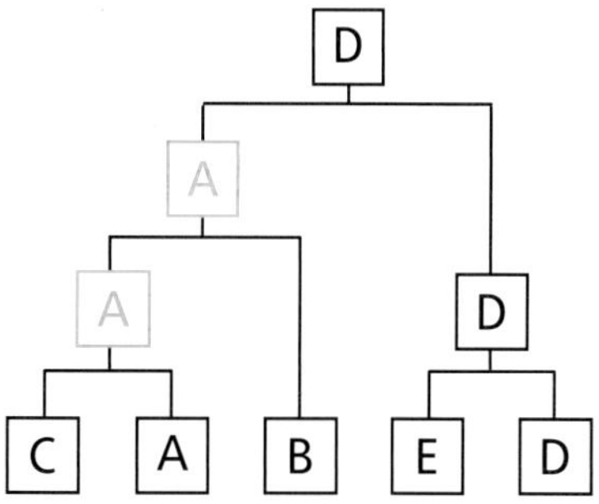

완성된 토너먼트 그림

(정답)

2. 리그와 토너먼트 02 ········· P. 116

[정답] 7팀

[풀이 과정]

1) 리그 방식의 경우 총 몇 개의 팀이 참가해야 21번의 경기를 하게 되는지 구합니다.

ⅰ. 5개의 팀이 참가하는 경우 ➔ 4 + 3 + 2 + 1 = 10번

ⅱ. 6개의 팀이 참가하는 경우 ➔ 5 + 4 + 3 + 2 + 1 = 15번

ⅲ. 7개의 팀이 참가하는 경우 ➔ 6 + 5 + 4 + 3 + 2 + 1 = 21번

2) 따라서 농구 대회에 참가한 팀은 7팀입니다. (정답)

2. 리그와 토너먼트 **03** P. 117

[정답] 7명

[풀이 과정]

1) 2명이서 경기하는 경우를 제외하고는 어떤 경우든 리그 방식이 토너먼트 방식보다 경기 횟수가 많게 됩니다. 선수가 5명일 경우부터 차례로 리그와 토너먼트 방식의 경기 횟수 차이가 15회인 경우를 찾습니다.

   i. 선수가 5명일 경우
   리그 방식 : 4 + 3 + 2 + 1 = 10회
   토너먼트 방식 : 5 - 1 = 4회
   차이 : 10 - 4 = 6회

   ii. 선수가 6명일 경우
   리그 방식 : 5 + 4 + 3 + 2 + 1 = 15회
   토너먼트 방식 : 6 - 1 = 5회
   차이 : 15 - 5 = 10회

   iii. 선수가 7명일 경우
   리그 방식 : 6 + 5 + 4 + 3 + 2 + 1 = 21회
   토너먼트 방식 : 7 - 1 = 6회
   차이 : 21 - 6 = 15회

2) 리그와 토너먼트 방식의 경기 횟수 차이가 15회인 경우는 선수가 7명인 경우입니다. (정답)

2. 리그와 토너먼트 **04** P. 117

[정답] 5개

[풀이 과정]

다음과 같이 5개의 선을 더 그릴 수 있습니다.

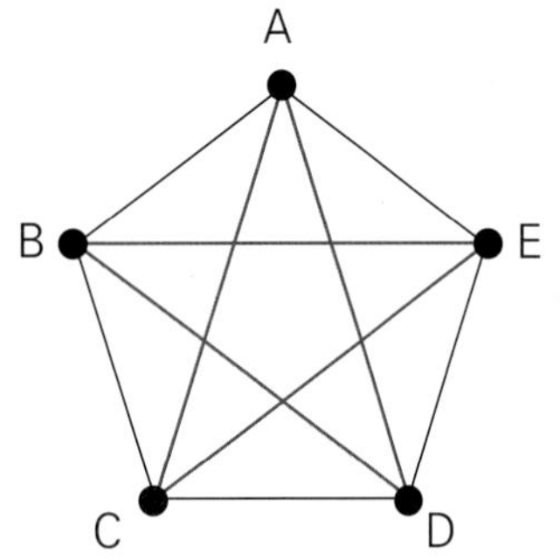

(정답)

2. 리그와 토너먼트 **05** P. 118

[정답] 35번

[풀이 과정]

1) 먼저 작년에 진행된 경기 횟수를 구합니다.
   작년에는 5팀이 리그 방식으로 경기했다고 했으므로 4 + 3 + 2 + 1 = 10번의 경기가 진행된 것을 알 수 있습니다.
2) 올해에는 두 배의 팀이 참가한다고 했으므로 5팀을 두 배한 5 × 2 = 10개의 팀이 참가한 것을 알 수 있습니다.
   10개의 팀이 리그 방식으로 경기할 경우 총 9 + 8 + 7 + 6 + 5 + 4 + 3 + 2 + 1 = 45번의 경기를 하게 됩니다.
3) 작년에는 10번의 경기가 진행되었고, 올해에는 45번의 경기를 하게 되므로 올해에는 작년에 비해 45 - 10 = 35번의 경기를 더 하게 됩니다. (정답)

2. 리그와 토너먼트 **06** P. 118

[정답] 56개

[풀이 과정]

1) 무우는 본인을 제외한 나머지 모든 가족들의 선물을 하나씩 준비해야 합니다. 무우가 준비한 선물이 7개이므로 무우를 제외한 가족은 총 7명인 것을 알 수 있습니다.
2) 무우를 포함한 8명의 가족 모두가 본인을 제외한 나머지 7명의 선물을 챙겨야 하므로 무우네 가족 모두가 준비한 선물은 총 7 × 8 = 56개입니다. (정답)

2. 리그와 토너먼트 **07** P. 119

[정답] 24회

[풀이 과정]

1) 먼저 네 개의 팀, 즉 8명의 선수가 모두 번갈아가며 한 번씩 악수를 하는 횟수를 구합니다 각 팀원끼리는 서로 악수하지 않는다고 했으므로 각 팀원끼리 악수하는 횟수인 4회를 빼면 총 몇 번의 악수를 하게 되는지 구할 수 있습니다.
2) 8명의 선수가 모두 번갈아가며 한 번씩 악수를 하는 횟수는 7 + 6 + 5 + 4 + 3 + 2 + 1 = 28회입니다.
3) 총 악수 횟수 28에서 팀원끼리 서로 악수하는 횟수 4회를 빼면 28 - 4 = 24회입니다. (정답)

2. 리그와 토너먼트 **08** .... P. 119

[정답] 21번

[풀이 과정]

1) 5명의 선수가 리그 방식으로 경기하는 횟수는 4 + 3 + 2 + 1 = 10회입니다. 5명씩 두 개의 조가 있으므로 총 경기 횟수는 10 + 10 = 20회입니다.

2) 각 조에서 1등을 한 두 명의 선수가 결승전 경기를 한 번 더 합니다.

3) 따라서 게임 대회에서는 총 20 + 1 = 21번의 경기를 하게 됩니다. (정답)

3. 분류하기 **01** .... P. 120

[정답] ④

[풀이 과정]

1) 다음과 같이 두 단어 사이의 관계를 나타낼 수 있습니다.

①	떡볶이 : 떡 음식 : 재료	↔	피자 : 치즈 음식 : 재료
②	학교 : 학생 장소 : 사람	↔	회사 : 직장인 장소 : 사람
③	책 : 서점 물건 : 장소	↔	연필 : 문구점 물건 : 장소
④	축구 : 운동장 운동 : 장소	↔	빵 : 빵집 음식 : 장소

2) 따라서 두 단어 사이의 관계가 서로 다른 것은 ④ 입니다. (정답)

3. 분류하기 **02** .... P. 120

[정답] 풀이 과정 참조

[풀이 과정]

1) 같은 가로 줄에는 같은 색의 도형이, 같은 세로 줄에는 같은 모양의 도형이 위치하는 규칙을 찾을 수 있습니다. 규칙에 맞게 빈칸에 도형을 배열합니다.

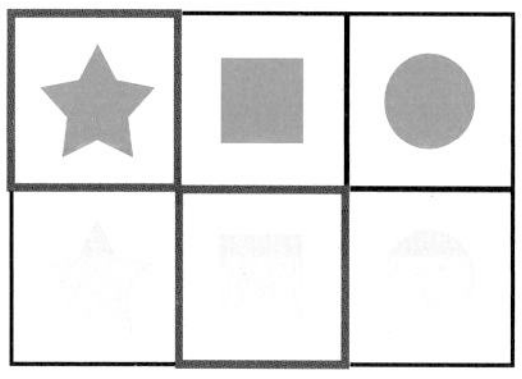

2) 이를 알맞은 기호로 나타내면 다음과 같습니다.

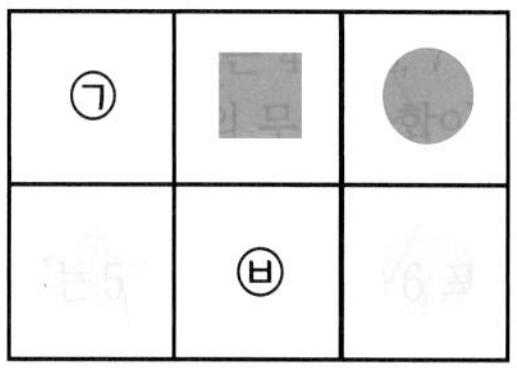

(정답)

3. 분류하기 **03** .... P. 121

[정답] 소소입니다

[풀이 과정]

1) 먼저 소소인 것들이 가진 공통점을 찾습니다.

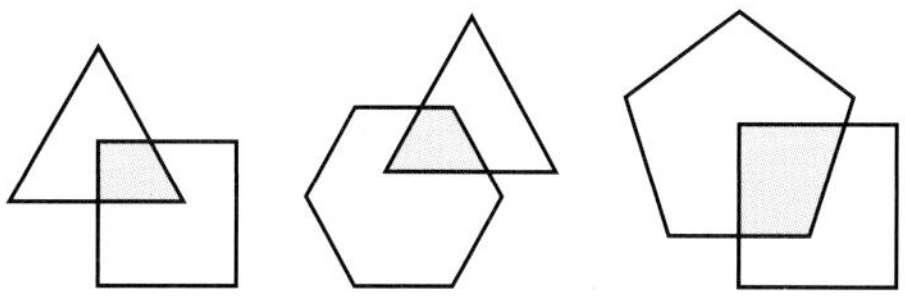

➡ 두 도형이 겹쳐진 부분의 모양이 사각형입니다.

2) 그 다음 소소가 아닌 것들을 보며 위에서 찾은 공통점이 기준으로 적절한지 확인합니다.

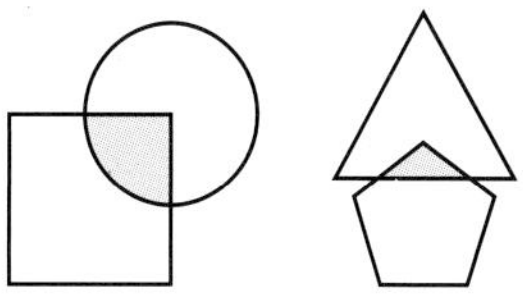

➡ 두 도형이 겹쳐진 부분의 모양이 사각형이 아닙니다.

2) 따라서 두 도형이 겹쳐진 부분의 모양이 사각형인 경우가 '소소'인 것을 알 수 있습니다.

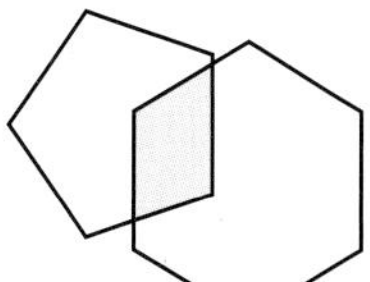

➡ 두 도형이 겹쳐진 부분의 모양이 사각형이므로 소소입니다. (정답)

3. 분류하기 04 ········· P. 121

[정답] 풀이 과정 참조

[풀이 과정]

다음과 같이 세 번째 그림을 알맞게 색칠할 수 있습니다.

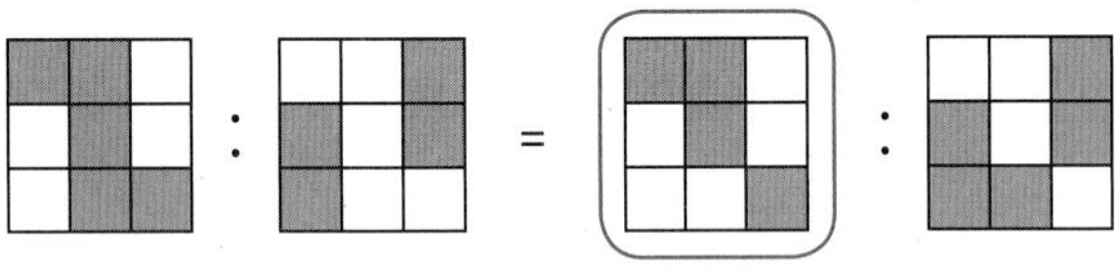
(정답)

3. 분류하기 05 ········· P. 122

[정답] 양 눈의 모양이 다르다.

[풀이 과정]

1) 다섯 개의 그림이 공통으로 가질 수 있는 특징은 눈 모양, 코 모양, 귀 모양 등이 있습니다.
2) 먼저 '귀 모양'과 '코 모양'은 다섯 개의 그림이 모두 다르므로 특징이 될 수 없습니다.
3) '눈 모양과 코 모양'을 봤을 때, 세 번째 그림만 눈 모양과 코 모양이 모두 다릅니다.

4) 따라서 혼자만 다른 특징을 가진 그림은 세 번째 그림이며, 그 특징은 '양 눈의 모양이 다르다.' 입니다

3. 분류하기 06 ········· P. 122

[정답] ㉣

[풀이 과정]

1) 먼저 각 묶음의 도형들이 가진 공통점을 찾습니다.

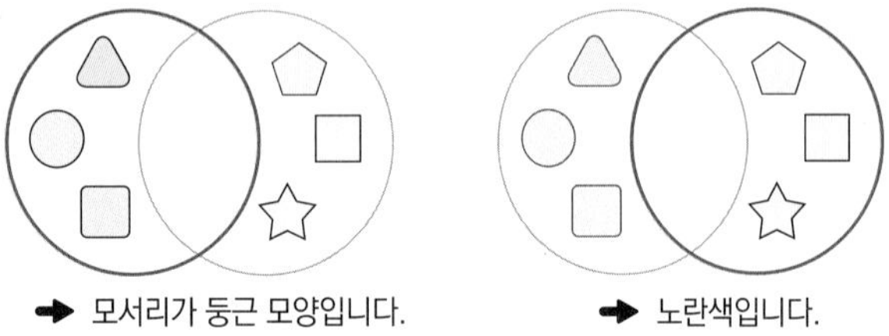

2) 파란색 부분에 올 수 있는 도형은 두 묶음의 특징을 모두 가져야하므로 '모서리가 둥근 모양'이면서 '노란색' 이어야 합니다. 따라서 정답은 모서리가 둥근 모양의 노란색 도형인 ㉣입니다. (정답)

3. 분류하기 07 ········· P. 123

[정답] ④ 원피스 : 옷장

[풀이 과정]

1) (보기)의 '연필 : 필통'은 '물건 : 그 물건을 보관하는 곳'의 관계를 가지고 있습니다.
2) 문제에 주어진 네 쌍의 단어의 관계를 살펴봅니다.
   ① 쌀 : 밥 ➔ 재료 : 음식
   ② 펜 : 학용품 ➔ 물건 : 그 물건의 종류
   ③ 학교 : 선생님 ➔ 사람 : 장소
   ④ 원피스 : 옷장 ➔ 물건 : 그 물건을 보관하는 곳
3) 따라서 정답은 두 단어의 관계가 같은 ④입니다. (정답)

3. 분류하기 08 ········· P. 123

[정답] ③번

[풀이 과정]

주어진 두 장의 카드와 모양, 색깔, 개수가 모두 다른 카드는 3번입니다.

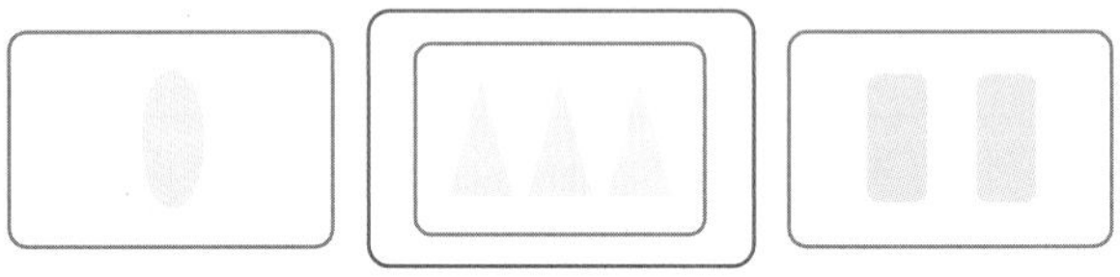
(정답)

4. 그림 그려 해결하기 01 ········· P. 124

[정답] 20권

[풀이 과정]

1) 무우가 두 번째 층 오른쪽 맨 끝에 있는 책을 꺼냈는데 이 책의 왼쪽에 4권의 책이 꽂혀 있다고 했으므로 한 층에는 5권의 책이 꽂혀 있는 것을 알 수 있습니다.
2) 책장이 총 네 층으로 나누어져 있다고 했으므로 한 층에 5권씩 총 5 × 4 = 20권의 책을 꽂을 수 있습니다. (정답)

4. 그림 그려 해결하기 02 ········· P. 124

[정답] 풀이 과정 참조

[풀이 과정]

1) 여우 : 강아지는 나의 동쪽에서 살고 있어!
   ➜ 여우의 오른쪽에는 강아지가 삽니다.

2) 고양이 : 여우의 북쪽에는 사슴이 살고 있어!
   ➜ 여우의 위쪽에는 사슴이 삽니다.

3) 여우의 오른쪽에는 강아지가, 위쪽에는 사슴이 산다고 했으므로 여우는 왼쪽 아래 칸에 살고 있는 것을 알 수 있습니다. 다음 그림과 같이 조건에 맞게 동물들을 위치시킬 수 있으며 자연스레 남은 한 칸에 고양이를 위치시킬 수 있습니다.

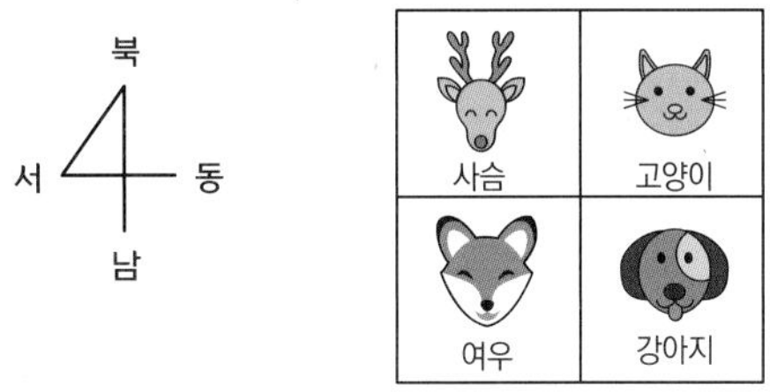

(정답)

4. 그림 그려 해결하기 03 .... P. 125

[정답] 10그루

[풀이 과정]

1) 공원 산책로 양쪽에 각 6개의 벤치가 있다고 했으므로 먼저 길의 한 쪽에 몇 그루의 나무를 심을 수 있을지 구한 뒤 2배합니다.

2) 벤치가 6개라면 벤치와 벤치 사이의 간격은 5개입니다. 즉, 5그루의 나무를 심을 수 있습니다. 이를 그림으로 나타내면 다음과 같습니다.

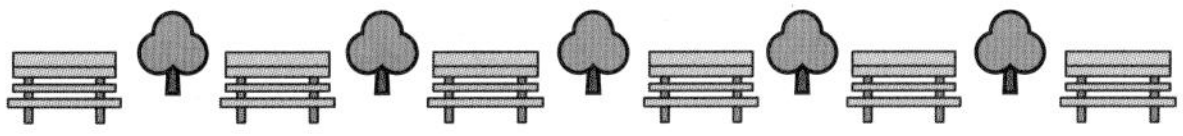

3) 공원 산책로 양쪽에 5그루씩 총 5 × 2 = 10그루의 나무를 심을 수 있습니다. (정답)

4. 그림 그려 해결하기 04 .... P. 125

[정답] A-10층 , B-5층 , C-9층

[풀이 과정]

1) 확실하게 층수를 알 수 있는 조건부터 먼저 이용해 풀이합니다.

2) (4) C는 위에서부터 네 번째 층에 삽니다.
   ➜ 12층 중 위에서 네 번째 층이므로 C는 9층에 삽니다.

3) (2) A는 C의 바로 윗층에 삽니다.
   ➜ A는 C의 바로 윗층인 10층에 삽니다.

4) (3) B는 A보다 다섯 층 아래에 삽니다.
   ➜ B는 A의 다섯 층 아래인 5층에 삽니다.

5) 따라서 A는 10층, B는 5층, C는 9층에 삽니다. (정답)

4. 그림 그려 해결하기 05 .... P. 126

[정답] 3점

[풀이 과정]

1) 상상이의 점수가 97점인 것을 이용해 조건에 맞춰 풀이합니다.

2) (1) 상상이의 점수는 제이의 점수보다 8점 높습니다.
   ➜ 상상이의 점수가 97점이므로 제이의 점수는 97 - 8 = 89점입니다.

3) (2) 무우의 점수는 상상이의 점수보다 5점 낮습니다.
   ➜ 상상이의 점수가 97점이므로 무우의 점수는 97 - 5 = 92점입니다.

4) 따라서 무우와 제이의 점수의 차이는 92 - 89 = 3점입니다.

4. 그림 그려 해결하기 06 .... P. 126

[정답] 6명

[풀이 과정]

1) (1) A보다 키가 작은 친구는 다섯 명 있습니다.
   ➜ A의 뒤에는 다섯 명의 친구가 서 있습니다.

2) (2) B는 네 번째로 키가 큽니다.
   ➜ B는 앞에서 네 번째에 서 있으며, B의 앞에는 세 명의 친구가 서 있습니다.

3) A와 B 사이에 두 명의 친구가 서 있으면서 (1), (2)번 조건을 모두 만족하는 경우는 다음과 같이 두 가지입니다.

i.

ii.
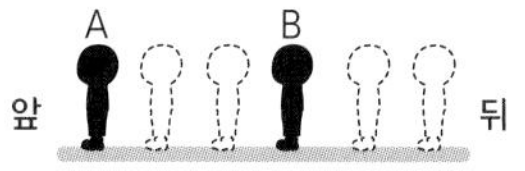

4) 단체 줄넘기에 참가한 친구들의 총 인원수가 10명보다 적다고 했으므로 두 번째가 맞는 경우입니다. 따라서 단체 줄넘기에 참가한 친구들은 총 6명입니다. (정답)

4. 그림 그려 해결하기 07 .... P. 127

[정답] 무우 5개 , 상상 5개 , 알알 8개

[풀이 과정]

1) 무우, 상상, 알알이가 가진 18개의 구슬 중 알알이가 더 가진 3개의 구슬을 빼면 18 - 3 = 15개입니다.

2) 15개의 구슬을 3명이서 똑같이 나누어 가지는 방법은 한 명당 5개의 구슬을 가지는 것입니다. ➜ 5 + 5 + 5 = 15개

3) 18개에서 3개를 뺀 15개의 구슬을 3명이서 똑같이 나누어 가지고, 먼저 빼둔 3개의 구슬을 알알이에게 준다면 무우와 상상이는 5개씩의 구슬을, 알알이는 8개의 구슬을 가지게 됩니다. (정답)

4. 그림 그려 해결하기 08 P. 127

[정답] 풀이 과정 참조

[풀이 과정]

1) (4) 백화점의 동쪽에는 편의점이 있습니다.
 ➔ 백화점은 오른쪽, 편의점은 왼쪽에 위치합니다.

2) (3) 편의점의 남쪽에는 문구점이 있습니다.
 ➔ 문구점은 편의점의 아래에 위치합니다.

3) (3)번과 (4)번 조건을 이용해 아래와 같이 그림을 채울 수 있습니다.

i.

ii.

4) 카페의 북쪽에는 미용실이 있고, 마트에서 한 번 길을 건너면 문구점과 카페에 갈 수 있다고 했으므로 첫 번째 경우가 맞는 경우입니다. 다음과 같이 나머지 빈칸을 채워 그림을 완성할 수 있습니다.

(정답)

5. 표와 그래프 01 P. 128

[정답] 4명

[풀이 과정]

1) 반 친구들의 총 인원수 30명에서 젤리, 쿠키, 초콜렛, 빵을 좋아하는 친구 수의 합(6 + 5 + 8 + 7 = 26명)을 빼면 사탕을 좋아하는 친구의 수를 구할 수 있습니다.

2) 따라서 사탕을 좋아하는 친구들은 4명이며 다음과 같이 그래프를 완성할 수 있습니다.

8			O		
7			O		O
6	O		O		O
5	O	O	O		O
4	O	O	O	O	O
3	O	O	O	O	O
2	O	O	O	O	O
1	O	O	O	O	O
명	젤리	쿠키	초콜렛	사탕	빵

(정답)

5. 표와 그래프 02 P. 128

[정답] 풀이 과정 참조

[풀이 과정]

1) 반 친구들의 총 인원수 27명에서 치킨 버거와 치즈 버거를 좋아하는 친구 수의 합(7 + 5 = 12명)을 빼면 불고기 버거와 새우 버거를 좋아하는 학생 수의 합을 구할 수 있습니다.→ 27 - 12 = 15명

2) 불고기 버거를 좋아하는 친구가 새우 버거를 좋아하는 친구보다 3명 더 많으며 둘의 합이 15명이므로 불고기 버거를 좋아하는 친구는 9명, 새우버거를 좋아하는 친구는 6명입니다. 또한 다음과 같이 표를 완성할 수 있습니다.

종류	치킨버거	불고기버거	치즈버거	새우버거
학생 수	7 명	9 명	5 명	6 명

(정답)

5. 표와 그래프 03 P. 129

[정답] ㉠ 6명, ㉡ 4명, ㉢ 3명, ㉣ 8명, ㉤ 4명, ㉥ 24명

[풀이 과정]

1) 주어진 정보로 알 수 있는 기호부터 알맞은 학생 수를 구합니다.

/	소보루빵	크림빵	단팥빵	슈크림빵	합계
영화부	㉠	10명	4명	㉡	24명
도서부	4명	6명	㉢	6명	19명
농구부	3명	㉣	㉤	7명	22명
합계	13명	㉥	11명	17명	/

㉠ : 13 - 4 - 3 = 6명

㉡ : 24 - 6 - 10 - 4 = 4명 ㉢ : 19 - 4 - 6 - 6 = 3명

㉤ : 11 - 4 - 3 = 4명 ㉣ : 22 - 3 - 4 - 7 = 8명

㉥ : 10 + 6 + 8 = 24명

2) 위에서 구한 답을 이용해 표 완성하면 다음과 같습니다.

/	소보루빵	크림빵	단팥빵	슈크림빵	합계
영화부	6명	10명	4명	4명	24명
도서부	4명	6명	3명	6명	19명
농구부	3명	8명	4명	7명	22명
합계	13명	24명	11명	17명	/

(정답)

5. 표와 그래프 04 .... P. 129

[정답] 2명

[풀이 과정]

1) 2반보다 1반의 인원수가 5명 더 적다고 했으므로 1반의 인원수를 구한 후 5명을 더하면 2반의 인원수를 구할 수 있습니다. 1반의 인원수는 2 + 5 + 4 + 5 + 3 = 19명이므로 2반의 인원수는 19 + 5 = 24명입니다.

2) 2반 친구들의 총 인원수 24명에서 학원을 3개, 2개, 1개 다니는 친구 수의 합(4 + 8 + 10 = 22명)을 빼면 학원을 다니지 않는 친구 수를 구할 수 있습니다. ➜ 24 - 22 = 2명

3) 따라서 2반 친구들 중 학원을 다니지 않는 친구는 2명입니다. 또한 다음과 같이 그래프를 완성할 수 있습니다.

10			O	
8		O	O	
6		O	O	
4	O	O	O	
2	O	O	O	O
명	3개	2개	1개	0개

(정답)

5. 표와 그래프 05 .... P. 130

[정답] 45명

[풀이 과정]

1) 딸기맛 아이스크림을 좋아하는 친구들의 수가 6명이므로, 그래프의 한 칸이 3명에 해당하는 것을 알 수 있습니다. 이를 이용해 그래프의 왼쪽 칸을 다음과 같이 채울 수 있습니다.

15	O				
12	O			O	
9	O	O		O	
6	O	O	O	O	
3	O	O	O	O	O
명	초코칩	요거트	딸기	바닐라	녹차

2) 따라서 제이네 반 친구들은 총 15 + 9 + 6 + 12 + 3 = 45명입니다. (정답)

5. 표와 그래프 06 .... P. 130

[정답] 알알이

[풀이 과정]

1) 각 친구들마다 던진 다트의 개수가 10개인 것을 이용해 다음과 같이 표의 빈칸을 채워줍니다.

이름	무우	상상	알알	제이	합계
터뜨린 횟수	8번	6번	9번	6번	29번
터뜨리지 못한 횟수	2번	4번	1번	4번	11번

2) 따라서 가장 많은 개수의 풍선을 터뜨린 친구는 9개의 풍선을 터뜨린 알알이입니다.

5. 표와 그래프 07 .... P. 131

[정답] 풀이 과정 참조

[풀이 과정]

1) 왼쪽 표와 오른쪽 원그래프를 보면 여름을 좋아하는 친구들은 4명이며 원그래프에서 2칸을 차지하고 있습니다. 따라서 원그래프에서의 한 칸은 2명을 의미하는 것을 알 수 있습니다.

2) 원그래프의 한 칸이 2명을 의미하며 총 12칸으로 이루어져 있으므로 제이네 반 친구들은 총 12 × 2 = 24명인 것을 알 수 있습니다. 이를 이용해 다음과 같이 왼쪽 표의 빈칸을 채우고 오른쪽 원그래프를 완성할 수 있습니다.

계절	봄	여름	가을	겨울
학생 수	10명	4명	8명	2명

(정답)

5. 표와 그래프 08 .... P. 131

[정답] 무우가 상상이에게 7개의 사탕

[풀이 과정]

1) 총 10번의 가위바위보 중 무우의 진 횟수는 상상이의 이긴 횟수와 같고, 비긴 횟수는 둘이 서로 같은 것을 이용해 표의 빈칸을 채워줍니다.

	이긴 횟수	진 횟수	비긴 횟수
무우	3번	4번	3번
상상	4번	3번	3번

2) 무우와 상상이의 점수를 구합니다.

무우 : (5점 × 3) + (1점 × 3) - (2점 × 4) = 15 + 3 - 8 = 10점

상상 : (5점 × 4) + (1점 × 3) - (2점 × 3) = 20 + 3 - 6 = 17점

무우의 점수는 10점, 상상이의 점수는 17이며 둘의 점수 차이는 17 - 10 = 7점입니다.

3) 따라서 무우가 상상이에게 7개의 사탕을 줍니다. (정답)

F 문제해결력

1. 문제 만들기 01 P. 134

[정답] 풀이 과정 참조

[풀이 과정]

1) 나는 8개의 구슬을 가지고 있고, 내 친구는 나의 ~~두~~ 배인 4개의 구슬을 가지고 있습니다. 절반

2) 무우는 12개의 풍선을 터트렸고, 상상이는 무우보다 5개 더 많은 풍선을 터트렸습니다. ~~둘이 터트린 풍선의 총 개수~~는 17개입니다. 상상이가 터트린 풍선의 개수

1. 문제 만들기 02 P. 134

[정답] 풀이 과정 참조

[풀이 과정]

1) 올바르게 연결하면 다음과 같습니다. 맥락이 맞는 것 끼리 연결해야 합니다.

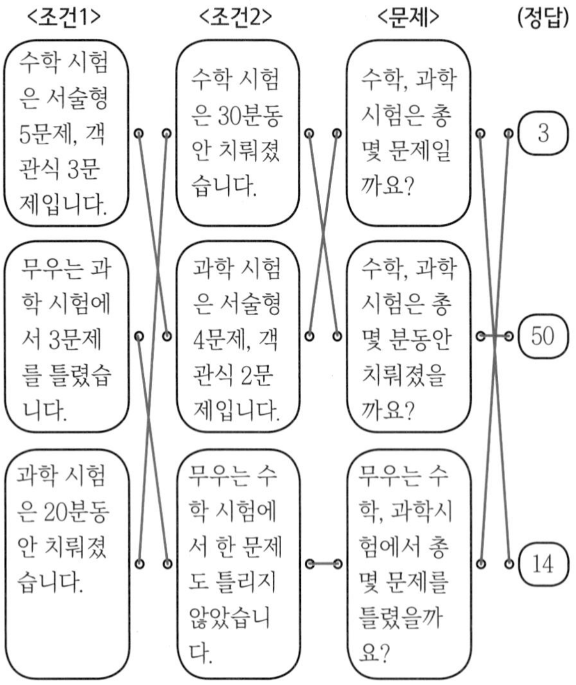

1. 문제 만들기 03 P. 135

[정답] 풀이 과정 참조

$$250 \times 2 - 350$$

[풀이 과정]

예시1) 공연장에는 1층과 2층에 각 250명씩의 사람들이 공연을 보고 있었습니다. 첫 번째 공연이 끝나자 350명의 사람들이 빠져나가고, 남은 사람들은 다음 공연을 보기 위해 기다렸습니다. 이때, 다음 공연을 보기 위해 남은 사람들은 모두 몇 명일까요?

예시2) 빵집에서는 하루 동안 250개의 계란이 들은 상자 두 개를 사용합니다. 오늘 빵을 만드는데 사용된 계란은 350개이고, 빵을 만들고 남은 계란은 모두 쿠키를 만드는데 사용되었다고 합니다. 이때, 쿠키를 만드는데 사용된 계란은 모두 몇 개일까요?

1. 문제 만들기 04 P. 135

[정답] (1) ○ (2) × (3) ○ (4) ×

[풀이 과정]

(1) 현재 버스에 타고 있는 사람은 22명입니다. (○)

➜ 버스에는 8 + 12 = 20명이 타고 있었는데 3명이 내리고 5명이 탔으므로
20 − 3 + 5 = 22명입니다.

(2) 내린 사람 중 어린이는 3명입니다. (×)

➜ 주어진 내용으로는 승객의 성별만 알 수 있고 어린이인지 아닌지는 알 수 없습니다.

(3) 버스에 새로 탄 사람 중 여자는 2명입니다. (○)

➜ 새로 탄 사람 중 남자가 3명이므로 여자는 2명입니다.

(4) 버스에는 최대 30명의 사람이 탈 수 있습니다. (×)

➜ 주어진 내용으로 버스의 최대 탑승 인원은 알 수 없습니다.

1. 문제 만들기 05 ······ P. 136

[정답] 풀이 과정 참조

[풀이 과정]

(1) 문제 : 예시1) 세 종류의 구슬을 모두 하나씩 사면 얼마일까요?

예시2) 거스름돈을 남기지 않고 사는 방법은 무엇일까요?

사용된 식 : 200 + 350 + 450

(2) 문제 : 예시1) 450원짜리 구슬 2개를 사고 남은 거스름돈은 얼마일까요?

예시2) 200원짜리 구슬 1개와 350원짜리 구슬 2개를 사고 남은 거스름돈은 얼마일까요?

정답 : 100원

(3) 문제 : 최대한 많은 개수의 구슬을 산다고 할 때, 최대 몇 개의 구슬을 살 수 있을까요?

정답 : 4개

➜ 200원짜리 구슬이 3개밖에 없으므로 200원짜리 구슬을 3개 모두 사고, 350원짜리 구슬을 하나 더 사는 경우 최대 4개의 구슬을 살 수 있습니다.

1. 문제 만들기 06 ······ P. 136

[정답] 풀이 과정 참조

[풀이 과정]

1) 수학 시험에서 상상이는 무우에 비해 5점짜리 문제 2개를 더 틀렸습니다.

예시) 무우의 점수는 97점입니다.
상상이의 수학 점수는 몇 점일까요? ➜ 87점

2) 제이의 어머니는 제이와 동생을 위해 18개의 쿠키를 만들었습니다.

예시) 동생은 8개의 쿠키를 먹고 나머지는 모두 제이가 먹었습니다.
제이가 먹은 쿠키는 몇 개일까요? ➜ 10개

1. 문제 만들기 07 ······ P. 137

[정답] B마을 - D마을 - C마을 - A마을

[풀이 과정]

1) C마을의 수확량은 B마을 수확량 800kg의 절반인 400kg이고, 이는 A마을에 비해 50kg가 더 많다고 했으므로 A마을의 수확량은 400 - 50 = 350kg입니다. 또한 D마을의 수확량에 비해선 200kg이 적다고 했으므로 D마을의 수확량은 400 + 200 = 600kg입니다. 이를 이용해 빈칸을 알맞게 채울 수 있습니다.

> 각 마을의 쌀 수확량을 알아보려고 합니다. A마을의 쌀 수확량은 [350] kg, B마을의 수확량은 C마을의 두 배인 800kg입니다. C마을의 수확량은 A마을에 비해서는 50kg이 많으며, D마을의 수확량인 [600] kg에 비해서는 200kg이 적습니다.

2) 따라서 A마을의 수확량은 350kg, B마을의 수확량은 800kg, C마을의 수확량은 400kg, D마을의 수확량은 600kg입니다. 이를 수확량이 많은 순서대로 나열하면 B마을 - D마을 - C마을 - A마을입니다.

2. 주고 받기 01 ······ P. 138

[정답] 무우 : 17자루, 상상 : 7자루

[풀이 과정]

1) 무우는 상상이에게 연필 5자루를 주고 12자루가 되었으므로 원래 12 + 5 = 17자루의 연필을 가지고 있었습니다.

2) 상상이는 무우에게 연필 5자루를 받아 12자루가 되었으므로 원래 12 - 5 = 7자루의 연필을 가지고 있었습니다. (정답)

2. 주고 받기 02 ······ P. 138

[정답] A 상자 : 12개, B 상자 : 6개

[풀이 과정]

1) 18개의 오렌지를 두 상자에 똑같이 나누려면 한 상자에 9개의 오렌지를 담아야 합니다.

2) A상자에 담긴 오렌지 3개를 B상자로 옮겨 담았더니 두 상자에 담긴 오렌지의 개수가 9개로 똑같아졌으므로 원래 A상자에는 9 + 3 = 12개, B상자에는 9 - 3 = 6개의 오렌지가 담겨져 있던 것을 알 수 있습니다. (정답)

2. 주고 받기 03 P. 139

[정답] 형 : 700원, 동생 : 200원

[풀이 과정]

1) 900원을 둘로 나누는데 형이 가진 돈이 동생이 가진 돈의 두 배가 되도록 하는 방법은 다음과 같습니다. 먼저 900원을 300원씩 셋으로 똑같이 나누고 동생을 300원을, 형이 남은 600원을 모두 가지면 됩니다.

2) 형은 동생에게 100원을 주고 600원이 되었으므로 원래 600 + 100 = 700원을, 동생은 형에게 100원을 받아 300원이 되었으므로 원래 300 - 100 = 200원을 가지고 있었습니다. (정답)

2. 주고 받기 04 P. 139

[정답] 무우: 7개, 상상 : 8개, 알알: 5개, 제이: 4개

[풀이 과정]

먼저 주어진 대화 중 정확한 정보를 얻을 수 있는 친구의 말부터 이용하여 풀이합니다.

ⅰ. 제이 : 나는 4개의 사탕을 가지고 있어!
➡ 제이가 가진 사탕의 개수는 4개입니다.

ⅱ. 상상 : 내가 두 개의 사탕을 제이에게 주면 우리 둘이 가진 사탕의 개수는 같아져!
➡ 두 개의 사탕을 주었는데 둘이 가진 사탕의 개수가 같아진다는 것은, 둘이 가진 사탕의 차이가 4개라는 것입니다. 따라서 상상이가 가진 사탕의 개수는 제이의 두 배인 8개 입니다.

ⅲ. 알알 : 상상이와 제이가 가진 사탕의 개수의 합은 나와 무우가 가진 사탕의 개수의 합과 같아!
➡ 알알이와 무우가 가진 사탕 개수의 합은 상상이와 제이가 가진 사탕의 개수의 합과 같으므로 4 + 8 = 12개입니다.

ⅳ. 무우 : 나는 알알이보다 2개의 사탕이 더 많아!
➡ 무우가 가진 사탕의 개수가 2개 더 많도록 12개의 사탕을 나누면 무우가 가진 사탕의 개수는 7개, 알알이가 가진 사탕의 개수는 5개입니다.

2. 주고 받기 05 P. 140

[정답] 4개

[풀이 과정]

1) 형에게 남은 젤리는 동생에게 주고 남은 절반이고, 동생에게는 형이 준 절반과 원래 본인이 가지고 있던 젤리가 남아있습니다.

2) 형이 1개의 젤리를 먹고 동생이 5개의 젤리를 먹었더니 둘이 가지고 있는 젤리의 개수가 같아졌다는 것은 동생이 원래 가지고 있던 젤리의 개수가 5 - 1 = 4개라는 것입니다. (정답)

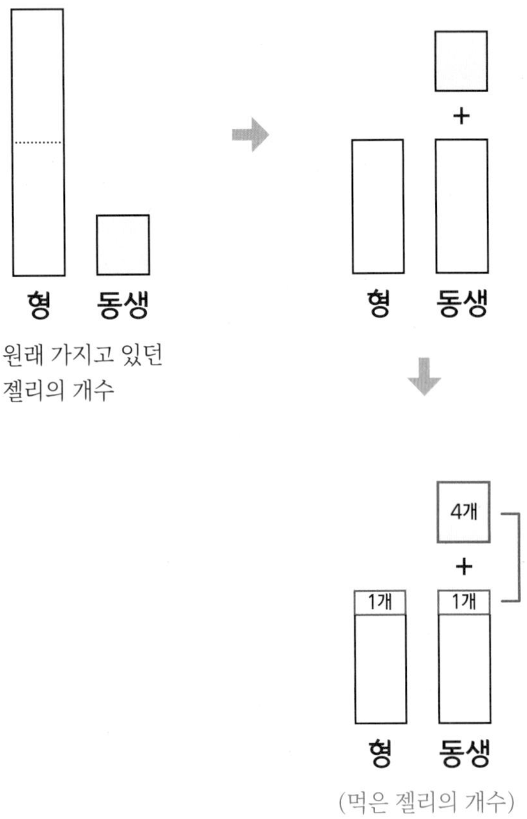

⇒ 원래 가지고 있던 젤리의 개수

(먹은 젤리의 개수)

2. 주고 받기 06 P. 140

[정답] 빨간색 : 6개, 노란색 : 6개, 초록색 : 3개

[풀이 과정]

1) 15개의 쿠키를 세 상자에 나누는데 한 상자에만 3개 적은 쿠키를 담는다는 것은, 그 한 상자에 비해 다른 두 상자에 3개씩 더 많은 쿠키를 담는다는 것입니다.
2) 15개의 쿠키에서 다른 두 상자에 3개씩 더 담을 쿠키 6개를 빼면 15 - 6 = 9개입니다. 9개의 쿠키를 빨간색, 노란색, 초록색 세 장자에 3개씩 똑같이 나누어 담고, 미리 빼둔 6개의 쿠키를 빨간색, 노란색 상자에 3개씩 담으면 빨간색, 노란색 상자에는 각 3 + 3 = 6개의 쿠키를 담게 됩니다. (정답)

2. 주고 받기 07 P. 141

[정답] 형 : 9개, 나 : 3개, 동생 : 8개

[풀이 과정]

1) 원래 나와 형, 동생은 셋이 합쳐 20개의 사탕을 가지고 있었는데 동생이 2개의 사탕을 먹었다고 했으므로 셋이 가진 총 사탕의 개수는 20 - 2 = 18개입니다.
2) 18개의 사탕을 셋이 똑같이 나누려면 한 명이 6개의 사탕을 가져야합니다. 형이 나에게 3개의 사탕을 주고, 동생은 2개의 사탕을 먹었더니 사탕의 개수가 모두 6개로 같아진 것을 이용해 원래 가지고 있던 사탕의 개수를 구할 수 있습니다.
   i. 형(나에게 3개를 줌) ➔ 6 + 3 = 9개
   ii. 나(형에게 3개를 받음) ➔ 6 - 3 = 3개
   iii. 동생(2개를 먹음) ➔ 6 + 2 = 8개
3) 따라서 형은 9개, 나는 3개, 동생은 8개의 사탕을 가지고 있었습니다. (정답)

2. 주고 받기 08 P. 141

[정답] 무우 : 8개, 상상 : 7개, 알알 : 5개, 제이 : 4개

[풀이 과정]

먼저 주어진 대화 중 정확한 정보를 얻을 수 있는 친구의 말부터 이용하여 풀이합니다.

i. 제이 : 상상이와 알알이가 가진 도토리 개수의 총합은 12개야!
상상 : 내가 알알이에게 한 개의 도토리를 주면 우리 둘이 가진 도토리의 개수는 같아져!
➔ 한 개의 사탕을 주었는데 둘이 가진 도토리의 개수가 같아진다는 것은, 둘이 가진 도토리의 차이가 2개라는 것입니다. 따라서 12개의 도토리 중 상상이가 가진 도토리의 개수는 7개, 알알이가 가진 도토리의 개수는 5개입니다.

ii. 알알 : 나는 제이보다 한 개 더 많은 도토리를 가지고 있어!
➔ 제이가 가진 도토리의 개수는 5 - 1 = 4개입니다.

iii. 무우 : 나는 제이의 두 배만큼 도토리를 가지고 있어!
➔ 무우가 가진 도토리의 개수는 4 × 2 = 8개입니다.

3. 어떤 수 구하기 01 P. 142

[정답] 30

[풀이 과정]

1) 먼저 어떤 수 □를 구합니다.
   어떤 수 □에 2를 먼저 더하고 4를 곱했더니 36이 되었다고 했으므로 어떤 수에 2를 더한 값은 9인 것을 알 수 있습니다. ➔ 9 × 4 = 36
2) 어떤 수 □에 2를 더한 값이 9이므로 어떤 수 □는 7입니다. ➔ □ + 2 = 9
3) 따라서 바르게 계산한 답은 7 × 4 + 2 = 28 + 2 = 30 입니다.

3. 어떤 수 구하기 02 ······ P. 142

[정답] 상상: 22개, 알알: 18개, 제이: 20개

[풀이 과정]

1) 알알이는 2개만 더 있으면 20개의 사탕을 가지게 된다고 했으므로 알알이가 가진 사탕의 개수는 20 - 2 = 18개입니다.
2) 상상이는 알알이보다 4개 더 많은 사탕을 가지고 있다고 했으므로 상상이가 가진 사탕의 개수는 18 + 4 = 22개입니다.
3) 상상이와 알알이가 가진 사탕의 개수의 합은 18 + 22 = 40개이고, 이것은 제이가 가진 사탕의 개수를 두 배한 것과 같다고 했으므로 제이가 가진 사탕의 개수는 20개입니다.

3. 어떤 수 구하기 03 ······ P. 143

[정답] 2개

[풀이 과정]

1) 23개의 초콜릿을 4개씩 나누어 주면 3개가 남는다고 했으므로 남는 세 개의 초콜릿을 먼저 빼고 생각합니다. 23 - 3 = 20개의 초콜릿은 4개씩 5명의 친구들에게 남김 없이 나누어 줄 수 있습니다. ➔ 4 × 5 = 20
2) 그러므로 무우가 초콜릿을 나누어 주려고 하는 동아리 친구들은 5명입니다.
3) 따라서 5명의 친구들에게 5개씩 나누어 주려면 5 × 5 = 25개의 초콜릿이 필요하므로 2개의 초콜릿이 모자라게 됩니다. (정답)

3. 어떤 수 구하기 04 ······ P. 143

[정답] 나 : 12살, 동생 : 9살, 엄마 : 39살, 아빠 : 38살

[풀이 과정]

1) 어머니의 나이는 39살이고 아버지의 나이보다 한 살이 더 많다고 했으므로 아버지의 나이는 38살입니다.
2) 아버지의 나이는 동생의 나이에 4배를 한 후 2살을 더한 것과 같다고 했으므로
   ➔ (□×4) + 2 = 38
   (□×4) = 36 , □ = 9
   동생의 나이는 9살입니다.
3) 동생은 나보다 3살이 더 어리다고 했으므로 나의 나이는 12살입니다.

3. 어떤 수 구하기 05 ······ P. 144

[정답] 5일

[풀이 과정]

1) 다음과 같이 아래 표의 빈칸을 채울 수 있습니다.

	1일 째		2일 째		3일 째		4일 째		5일 째	
달팽이의 높이 (m)	낮	밤	낮	밤	낮	밤	낮	밤	낮	밤
	3	2	5	4	7	6	9	8	11	10

2) 달팽이는 5일째 낮에 11m에 도달하므로 달팽이가 우물을 탈출하려면 5일이 걸립니다. (정답)

3. 어떤 수 구하기 06 ······ P. 144

[정답] 무우 : 6개, 상상 : 20개

[풀이 과정]

1) 다음과 같이 아래 표의 빈칸을 채울 수 있습니다.

무우	상상이	총합
1개	1× 3 + 2 = 5개	1 + 5 = 6개
2개	2× 3 + 2 = 8개	2 + 8 = 10개
3개	3 × 3 + 2 = 11개	3 + 11 = 14개
4개	4 × 3 + 2 = 14개	4 + 14 = 18개
5개	5 × 3 + 2 = 17개	5 + 17 = 22개
6개	6 × 3 + 2 = 20개	6 + 20 = 26개

2) 다음과 같이 구합니다.
   무우가 가진 구슬의 개수를 □라고 할 때, 상상이가 가진 구슬의 개수는 □×3 + 2입니다.
   ➔ □×3 + 2 + □ = 26
   □×3 + □ = 24
   □ + □ + □ + □ = 24
   □ = 6 입니다.
   무우가 가진 구슬의 개수는 6개, 상상이가 가진 구슬의 개수는 6 × 3 + 2 = 20개 입니다.

3. 어떤 수 구하기 **07** ······························ P. 145

[정답] (1)-풀이 과정 참조, (2)12점

[풀이 과정]

(1)번 문제 풀이 과정

1) 이미 3개의 다트는 6점 영역에 맞았으므로 10 - 3 = 7개의 다트로 58 - 18 = 40점의 점수를 받는 방법을 생각해 봅니다. 8점 영역에 5개의 다트만 맞아도 40점이므로 8점 영역에 4개 이하의 다트가 맞도록 알맞은 경우를 찾습니다.

 i. 8점 영역에 4개, 4점 영역에 3개의 다트가 맞은 경우
 ➡ (8×4) + (4×3) = 32 + 12 = 44점이므로 알맞지 않습니다.

 ii. 8점 영역에 3개, 4점 영역에 4개의 다트가 맞은 경우
 ➡ (8×3) + (4×4) = 24 + 16 = 40점이므로 알맞은 경우입니다.

2) 따라서 8점 영역에는 3개, 4점 영역에는 4개의 다트가 맞은 것을 알 수 있으며 다음과 같이 아래 표의 빈칸을 채울 수 있습니다.

	4점	6점	8점
맞힌 다트의 개수	4개	3개	3개

(2)번 문제 풀이 과정 (정답)

1) 2개의 다트를 맞혀서 받을 수 있는 점수를 모두 구합니다.
 ➡ 8 + 8 = 16점 , 8 + 6 = 14점
 ➡ 8 + 4 = 12점 , 6 + 6 = 12점
 ➡ 6 + 4 = 10점 , 4 + 4 = 8점

2) 나머지 점수들은 모두 한 번씩 나올 수 있지만, 12점의 경우 8점과 4점을 맞혔을 경우와 6점을 두 번 맞혔을 경우 두 번이 나올 수 있습니다. 따라서 가장 자주 나오는 점수의 합은 12점입니다.

4. 재치있게 풀기 **01** ······························ P. 146

[정답] 12

[풀이 과정]

1) 새로운 연산기호 ♥는 두 수의 차에 3을 곱한 것입니다.
 3 ♥ 2 = (3 - 2) × 3 = 1 × 3 = 3
 6 ♥ 4 = (6 - 4) × 3 = 2 × 3 = 6
 8 ♥ 3 = (8 - 3) × 3 = 5 × 3 = 15

2) 따라서 7 ♥ 3 = (7 - 3) × 3 = 4 × 3 = 12 입니다. (정답)

4. 재치있게 풀기 **02** ······························ P. 146

[정답] 풀이 과정 참조

[풀이 과정]

다음과 같이 노란색으로 표시된 두 개의 성냥개비를 추가하면 식이 성립하도록 만들 수 있습니다.

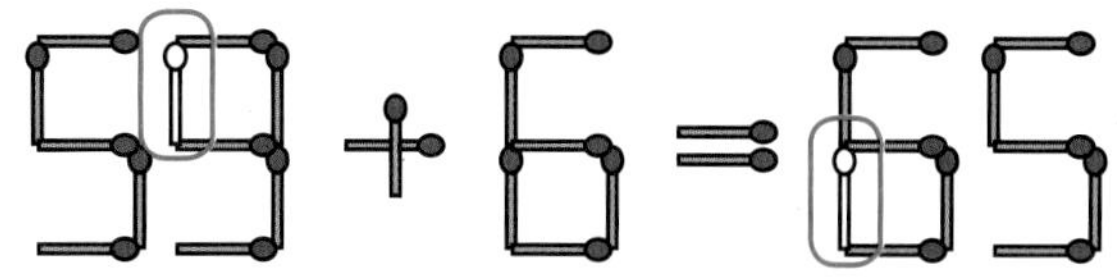

4. 재치있게 풀기 **03** ······························ P. 147

[정답] 15

[풀이 과정]

1) 네 개의 칸은 각각 어떤 숫자를 뜻하고, 색칠된 칸의 숫자들을 모두 더하면 주어진 수가 됩니다.

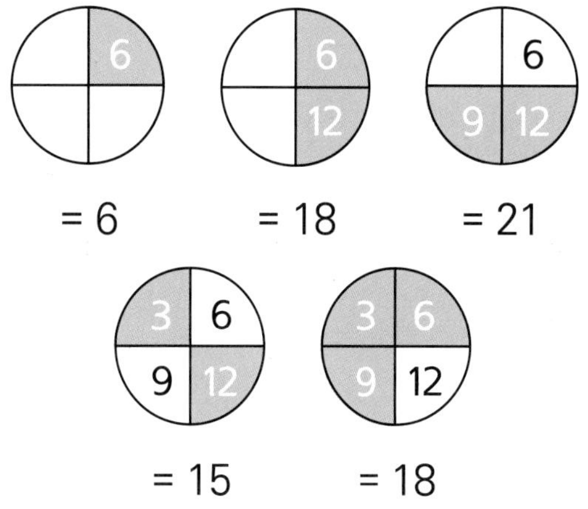

2) 따라서 물음표에 들어갈 알맞은 수는 6 + 9 = 15입니다.

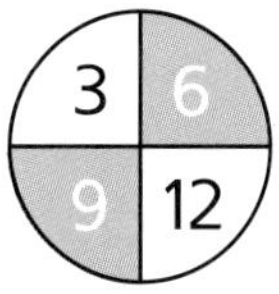

➡ 6 + 9 = 15
(정답)

4. 재치있게 풀기 04 .... P. 147

[정답] 풀이 과정 참조

[풀이 과정]

다음과 같이 노란색으로 표시된 세 개의 성냥개비를 옮기면 같은 크기의 사각형 세 개를 만들 수 있습니다.

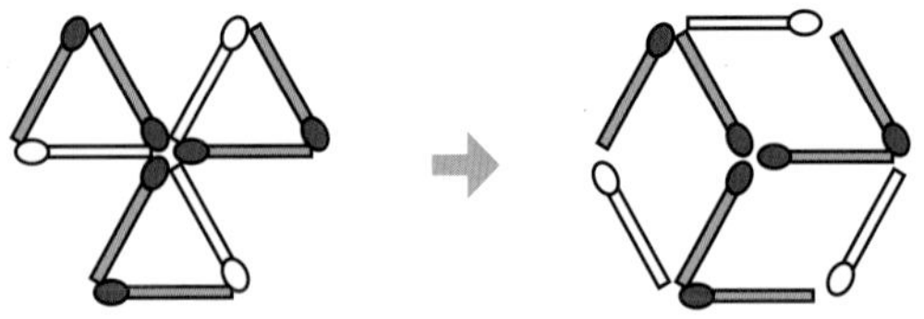

4. 재치있게 풀기 05 .... P. 148

[정답] 59분

[풀이 과정]

1) 한 마리의 세균은 1분 후 2마리가 됩니다. 그러므로 처음에 유리병에 2마리를 넣는다면 한 마리를 넣었을 때보다 유리병이 가득 차기까지 1분이 덜 걸립니다.
2) 따라서 처음에 2마리를 넣는다면 유리병이 가득 차기까지는 59분이 걸립니다. (정답)

4. 재치있게 풀기 06 .... P. 148

[정답] 풀이 과정 참조

[풀이 과정]

다음과 같이 노란색으로 표시된 세 개의 성냥개비를 옮기면 같은 크기의 사각형 세 개를 만들 수 있습니다.

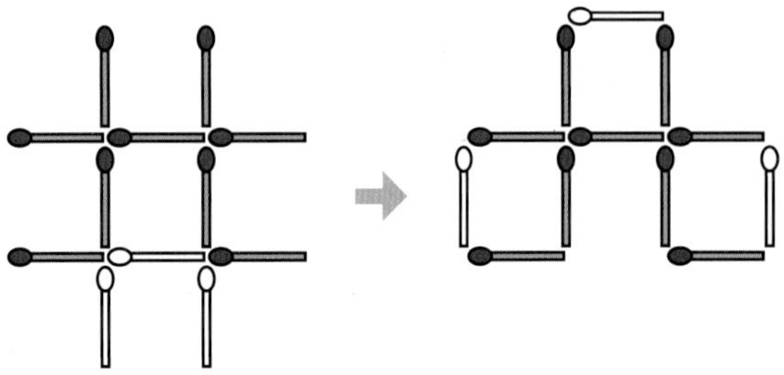

4. 재치있게 풀기 07 .... P. 149

[정답] 풀이 과정 참조

[풀이 과정]

다음 두 가지 방법으로 한 개의 선을 추가하면 한붓그리기를 할 수 있습니다.

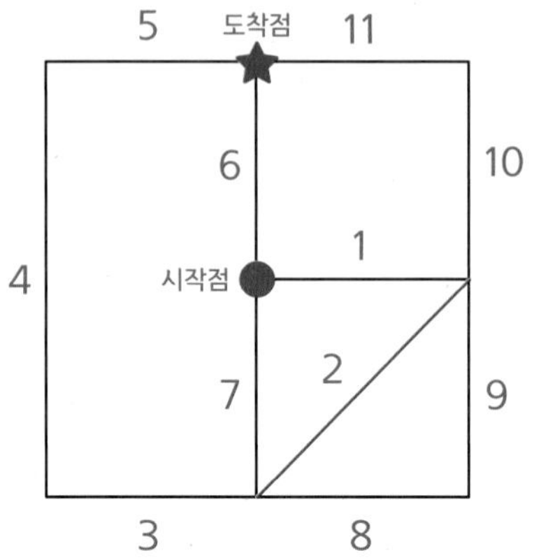

(정답1)

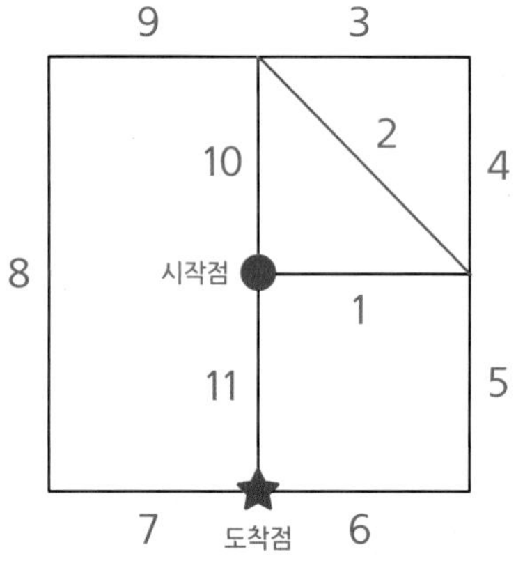

(정답2)

4. 재치있게 풀기 08 .... P. 149

[정답] 풀이 과정 참조

[풀이 과정]

다음과 같이 노란색으로 표시된 두 개의 성냥개비를 옮기면 쓰레기를 쓰레받기 안으로 넣을 수 있습니다.

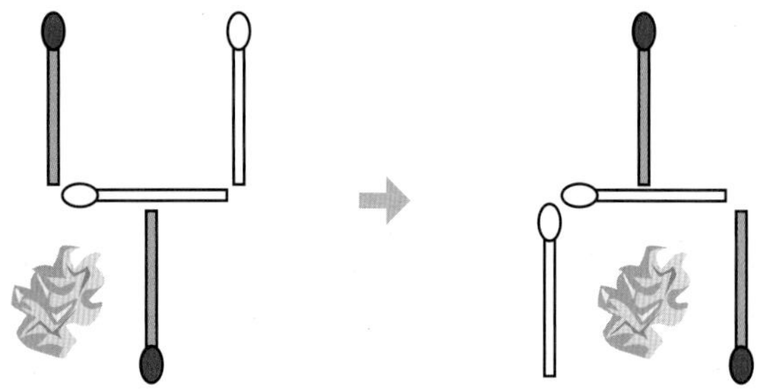

5. 추론하기 **01** ············ P. 150

[정답] 무우 : 초록, 상상 : 노랑, 알알 : 빨강, 제이 : 파랑

[풀이 과정]

1) 먼저 정확한 정보를 얻을 수 있는 내용부터 이용해 풀이합니다.
   i. (1) 무우가 좋아하는 색깔은 나무에서 찾을 수 있습니다.
      ➡ 무우가 좋아하는 색깔은 초록색입니다.
   ii. (3) 상상이는 바나나의 색깔을 좋아합니다.
      ➡ 상상이가 좋아하는 색깔은 노란색입니다.
   iii. (2) 알알이와 상상이는 파란색을 좋아하지 않습니다.
      ➡ 자연스럽게 파란색을 좋아하는 사람은 제이이고, 빨간색을 좋아하는 사람은 알알이인 것을 알 수 있습니다.
2) 따라서 무우는 초록색, 상상이는 노란색, 알알이는 빨간색, 제이는 파란색을 좋아합니다. (정답)
3) 또한 다음과 같이 논리표를 이용해 풀이할 수도 있습니다. 논리표에 (1), (2), (3) 내용으로 ×, ○를 적어나갑니다.

	무우	상상	알알	제이
빨강	× (1)	× (3)	○	×
노랑	× (1)	○ (3)	× (3)	× (3)
초록	○ (1)	× (1)	× (1)	× (1)
파랑	× (1)	× (2)	× (2)	○

5. 추론하기 **02** ············ P. 150

[정답] 1등 : D, 2등 : C, 3등 : B, 4등 : A

[풀이 과정]

1) 먼저 정확한 정보를 얻을 수 있는 내용부터 이용해 풀이합니다.
   i. (2) B 선수보다 먼저 결승선에 도착한 선수는 두 명입니다.
      ➡ B 선수는 넷 중 3등으로 결승선에 도착했습니다.
   ii. (3) C 선수는 D 선수 바로 다음으로 결승선에 도착했습니다.
      ➡ 이 경우는 D 선수가 1등, C 선수가 2등인 한 가지 경우만 가능합니다. 또한 자연스럽게 A는 4등인 것을 알 수 있습니다.
2) 따라서 1등은 D 선수, 2등은 C 선수, 3등은 B 선수, 4등은 A 선수입니다. (정답)

5. 추론하기 **03** ············ P. 151

[정답] 민수 : 2반, 재민 : 1반, 동수 : 3반

[풀이 과정]

1) 다음과 같이 표를 이용하면 간단하게 풀이할 수 있습니다. 정확한 정보를 알 수 있는 친구부터 먼저 표를 채워 나갑니다.

	1반	2반	3반
민수	×		×
재민			×
동수			

민수 : 나는 1반이 아니야!
재민 : 나는 3반이 아니야!
동수 : 민수는 3반이 아니야!

민수는 1반도 아니고, 3반도 아니므로 자연스럽게 2반인 것을 알 수 있습니다.

2) 세 명의 친구들이 서로 다른 반이라고 했으므로 아래와 같이 표를 완성할 수 있습니다.

	1반	2반	3반
민수	×	○	×
재민	○	×	×
동수	×	×	○

3) 따라서 민수는 2반, 재민이는 1반, 동수는 3반입니다. (정답)

5. 추론하기 **04** P. 151

[정답] 풀이 과정 참조

[풀이 과정]

1) 4반 반장과 2반 반장이 마주 보고 앉은 경우는 다음과 같이 두 가지가 가능합니다.

i.

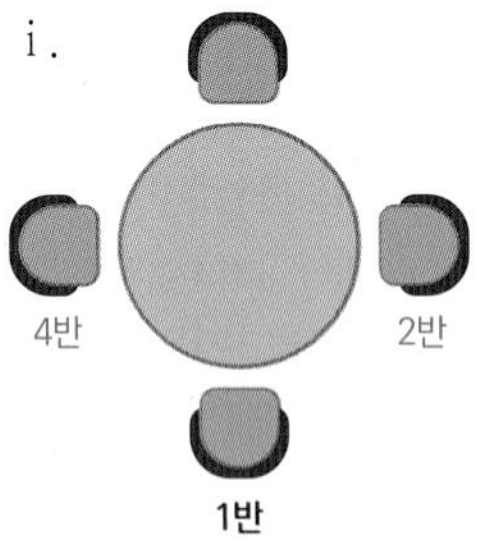

ii.

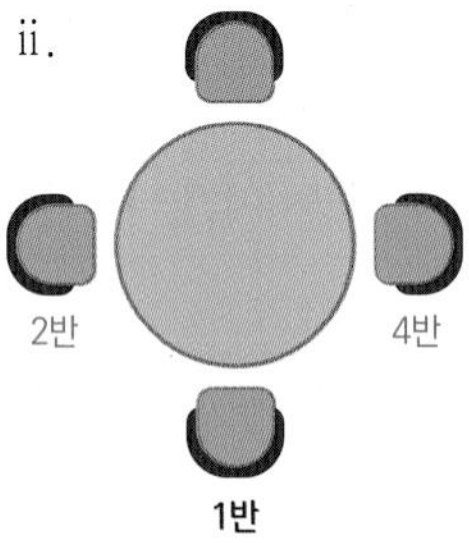

2) 위 두 가지 경우 중 2반 반장의 왼쪽에 3반 반장이 앉을 수 있는 경우는 두 번째 경우입니다. 따라서 다음과 같이 알맞은 자리에 빈칸을 채울 수 있습니다.

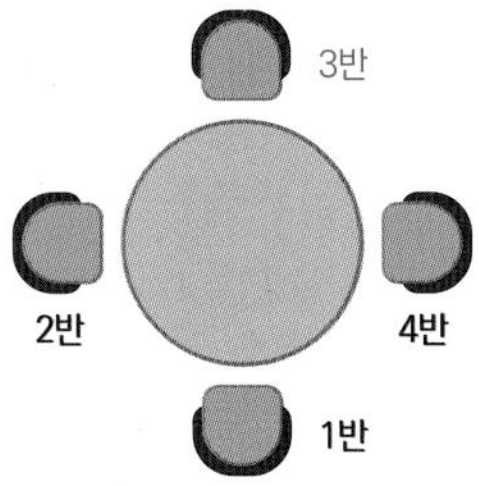

(정답)

5. 추론하기 **05** P. 152

[정답] C

[풀이 과정]

1) 세 명 중 한 명만이 진실을 말하는 참말족이라고 했으므로 참말족이 누구인지에 따라 경우를 나누어 풀이합니다.

i. A가 참말족이라고 가정하는 경우

A : 나와 C는 참말족이야! ➜ 이 말은 진실입니다. A와 C는 참말족입니다.
이 경우 A의 대화만 보더라도 A와 C 두 명이 참말족이 되므로 알맞지 않습니다.

ii. B가 참말족이라고 가정하는 경우

B : C는 거짓말을 하고 있어! ➜ 이 말은 진실입니다. C는 거짓말을 하고 있습니다.

C :우리 중 거짓말족은 두 명이야! ➜ 이 말은 거짓입니다. 거짓말족은 두 명이 아닙니다.
참말족이 한 명이려면 반드시 거짓말족이 두 명이여야만 합니다. C의 대화는 이와 반대되므로 알맞지 않습니다.

iii. C가 참말족이라고 가정하는 경우

C : 우리 중 거짓말족은 두 명이야! ➜ 이 말은 진실입니다. 거짓말족은 두 명입니다.

A : 나와 C는 참말족이야! ➜ 이 말은 거짓입니다. 둘 중 최소 한 명은 거짓말족입니다.

B : C는 거짓말을 하고 있어! ➜ 이 말은 거짓입니다. C는 진실을 말하고 있습니다.
이 경우 한 명의 참말족은 C입니다.

2) 따라서 셋 중 한 명의 참말족은 C입니다. (정답)

5. 추론하기 **06** P. 152

[정답] B - C - D - A

[풀이 과정]

1) 빌라는 4층 이므로 먼저 정확한 정보를 얻을 수 있는 내용부터 이용해 풀이합니다.

i. (1) B는 A와 C보다 높은 층에 삽니다.
➜ B는 3층 또는 4층에 삽니다.

ii. (3) C는 D의 바로 윗층에 삽니다.
➜ D는 C보다도 낮은 층에 삽니다. 따라서 A, C, D가 모두 B보다 낮은 층이므로 B는 4층에 사는 것을 알 수 있습니다.

iii. (2) D는 A보다 높은 층에 삽니다.
➜ D는 C보다는 낮은 층, A보다는 높은 층에 삽니다. 따라서 C–D–A 순으로 높은층에 사는 것을 알 수 있습니다.

2) 따라서 높은 층에 사는 순서대로 나열하면 B–C–D–A 순입니다.

5. 추론하기 07 ······ P. 153

[정답] 풀이 과정 참조

[풀이 과정]

1) 다음과 같이 표를 이용하면 간단하게 풀이할 수 있습니다. 정확한 정보를 알 수 있는 친구부터 먼저 표를 채워 나갑니다.

이름	반려동물의 종류	반려동물의 이름
무우	토끼	
상상		꼬미
알알	강아지	마루

상상이가 키우는 반려동물은 꼬미입니다.

무우는 토끼를 키웁니다.

마루는 강아지입니다.

상상이가 키우는 반려동물은 꼬미이고, 무우는 토끼를 키우므로 마루라는 강아지를 키우는 친구는 자연스럽게 알알이인 것을 알 수 있습니다.

2) 세 명의 친구들이 서로 다른 한 마리의 반려동물을 키운다고 했으므로 아래와 같이 표를 완성할 수 있습니다.

이름	반려동물의 종류	반려동물의 이름
무우	토끼	별이
상상	고양이	꼬미
알알	강아지	마루

3) 무우는 별이라는 토끼를, 상상이는 꼬미라는 고양이를, 알알이는 마루라는 강아지를 키웁니다. (정답)

5. 추론하기 08 ······ P. 153

[정답] 김민호 10살, 이연수 9살, 박혜주 8살

[풀이 과정]

1) 다음과 같이 표를 이용하면 간단하게 풀이할 수 있습니다. 정확한 정보를 알 수 있는 친구부터 먼저 표를 채워 나갑니다.

이름	성	나이
민호	김씨	
연수	이씨	9살
혜주		8살

민호의 성은 김씨입니다.

혜주는 8살입니다.

이씨인 사람은 9살입니다.

민호의 성은 김씨이고, 혜주의 나이는 8살이므로 이씨이면서 9살인 친구는 연수입니다.

2) 세 친구들의 성과 나이가 모두 다르다고 했으므로 아래와 같이 표를 완성할 수 있습니다.

이름	성	나이
민호	김씨	10살
연수	이씨	9살
혜주	박씨	8살

3) 따라서 친구들의 정확한 이름과 나이는 김민호 10살, 이연수 9살, 박혜주 8살입니다. (정답)

6. 미로와 퍼즐 01 .... P. 154

[정답] 풀이 과정 참조

[풀이 과정]

다음과 같이 퍼즐을 똑같은 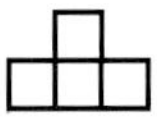 모양 4개로 나눌 수 있습니다.

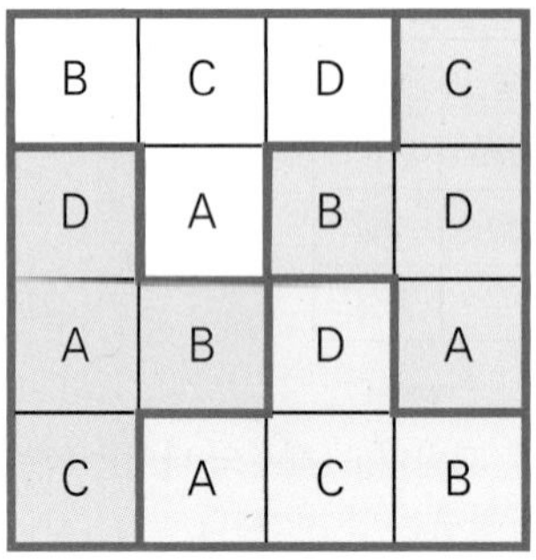

(정답)

6. 미로와 퍼즐 02 .... P. 154

[정답] 풀이 과정 참조

[풀이 과정]

다음과 같이 여러 가지 방법으로 다섯 개의 숫자를 연결할 수 있습니다.

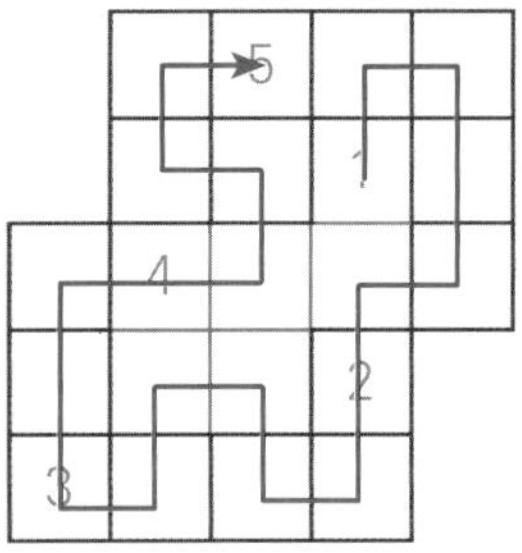

(정답 1)

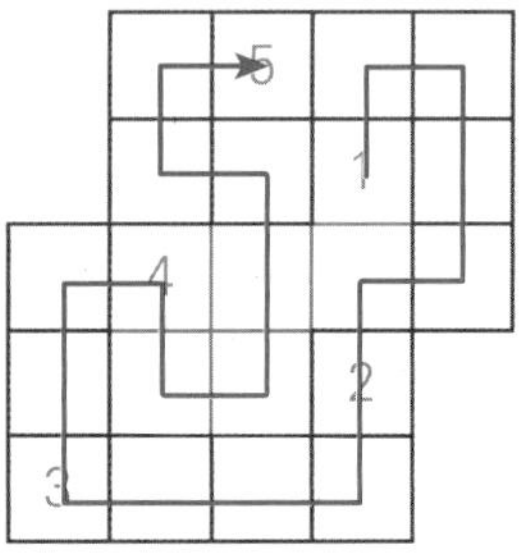

(정답 2)

6. 미로와 퍼즐 03 .... P. 155

[정답] ⓔ

[풀이 과정]

1) 먼저 노노그램 퍼즐을 완성하면 다음과 같습니다.

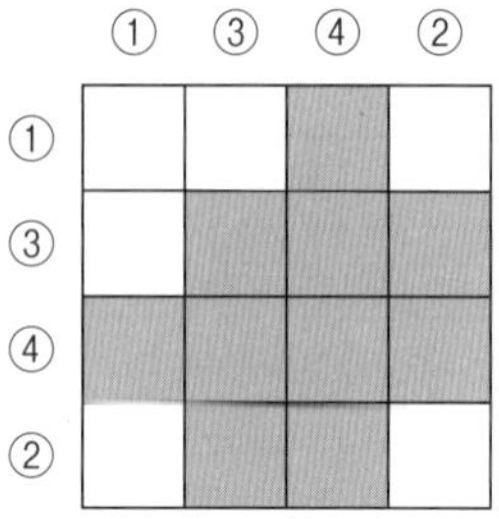

2) 그 다음 다섯 개의 모양 중 퍼즐에서 찾을 수 있는 모양들을 찾습니다.

ⓐ

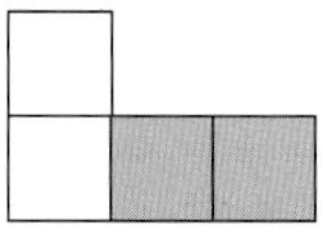

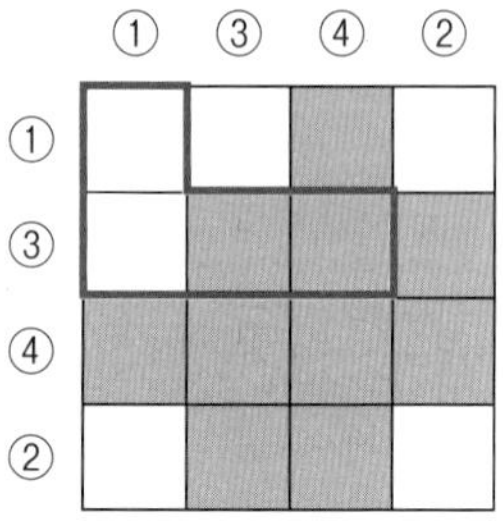

ⓑ

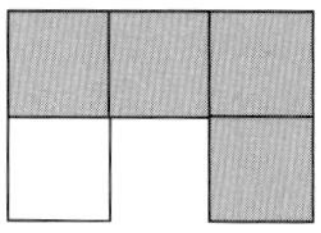

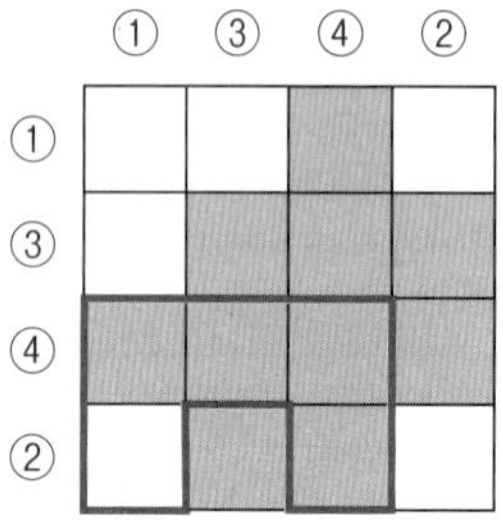

ⓒ

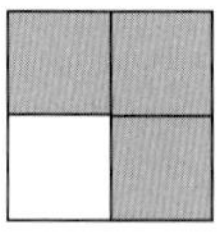

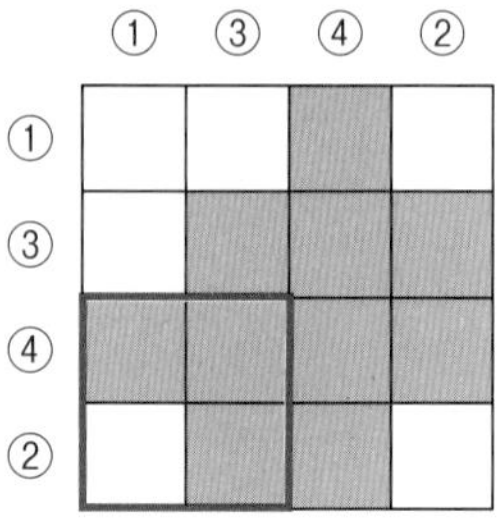

ⓓ

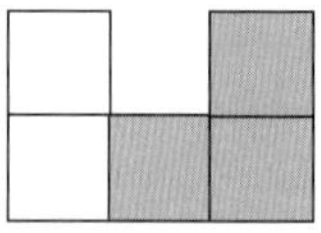

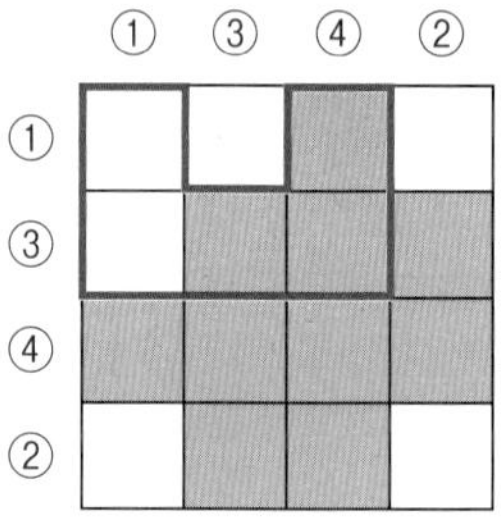

3) 퍼즐에서 찾을 수 없는 모양은 ⓔ 모양입니다.

6. 미로와 퍼즐 **04** P. 155

[정답] 풀이 과정 참조

[풀이 과정]

1) 먼저 출발점에서 출발하여 다음과 같이 이동할 수 있습니다.

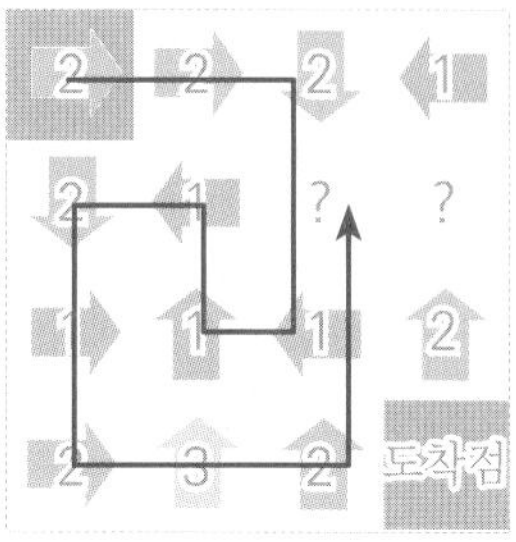

2) 그 다음 물음표가 적힌 칸에 들어갈 화살표 모양과 숫자를 생각해봅니다. 도착점까지 갈수 있는 칸은 현재 없습니다. 따라서 물음표가 적힌 두 개의 칸에 도착점까지 갈 수 있는 화살표를 그려주면 다음과 같습니다. (이동 경로) 처럼 도착점으로 이동할 수 있습니다.

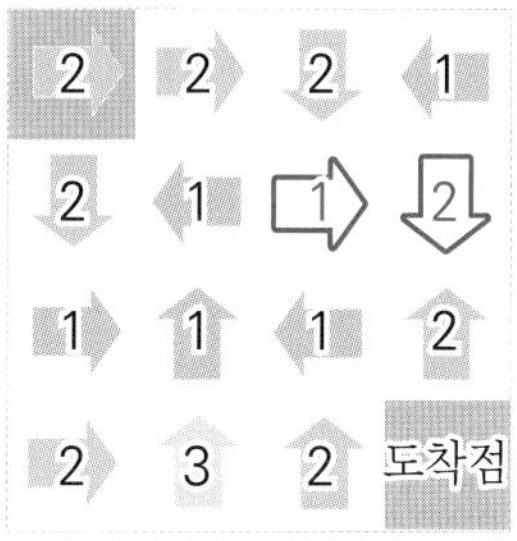

(정답)

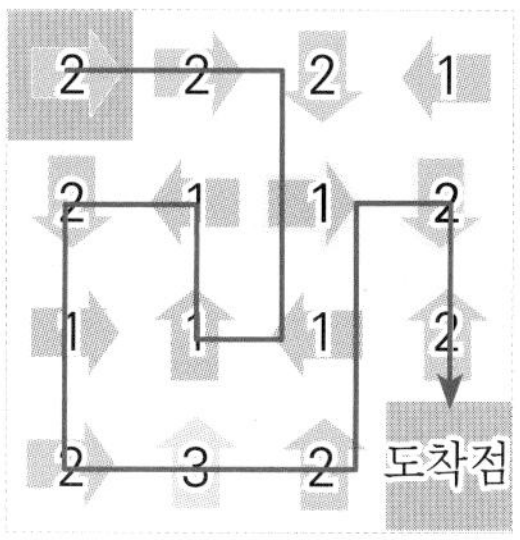

(이동 경로)

6. 미로와 퍼즐 **05** P. 156

[정답] 풀이 과정 참조

[풀이 과정]

다음과 같이 여러 가지 방법으로 7개의 ○를 연결할 수 있습니다.

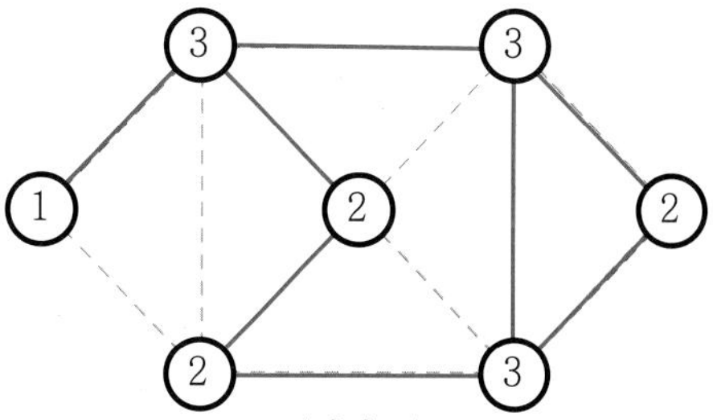

(정답 1)

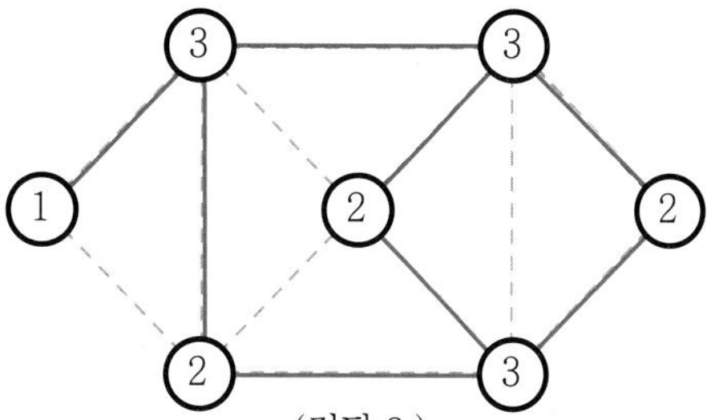

(정답 2)

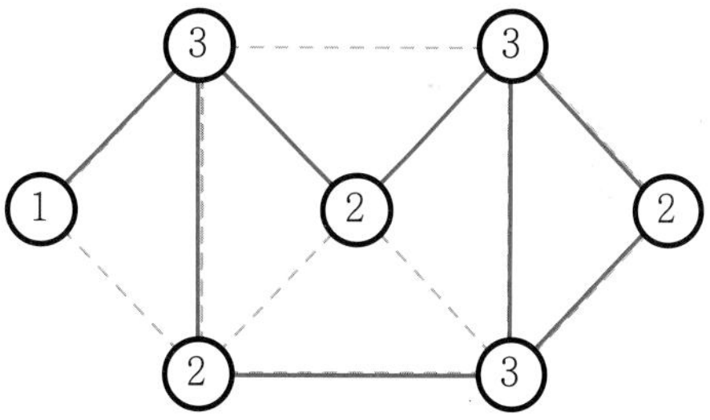

(정답 3)

6. 미로와 퍼즐 **06** ········· P. 156

[정답] 풀이 과정 참조

[풀이 과정]

다음과 같이 퍼즐 조각을 놓아 스도쿠 퍼즐을 완성할 수 있습니다.

3	4

1	2

4	2

3	1

2	4	1	3
1	3	2	4
3	1	4	2
4	2	3	1

(정답)

6. 미로와 퍼즐 **07** ········· P. 157

[정답] 풀이 과정 참조

[풀이 과정]

다음과 같이 순서에 따라 스도쿠 퍼즐을 완성할 수 있습니다. 굵은 선 안에 네 개의 숫자가 1번 밖에 들어가지 못합니다.

2		4	3
3			2
		3	
1	3		

➡

2	1	4	3
3	4	1	2
4	2	3	1
1	3	2	4

(1) 먼저 파란색 3의 위치를 보고 나머지 빨간색 3의 위치를 모두 결정지어 줍니다.

(2) 각 줄과 굵은 선으로 나뉜 사각형 안에 1, 2, 3, 4가 하나씩 있어야 하는 것을 이용해 스도쿠를 완성해 줍니다.

(정답)

6. 미로와 퍼즐 **08** ········· P. 157

[정답] ⓒ

[풀이 과정]

어둡게 색칠된 칸에서 출발하였을 때 네 개의 칸 중 도착하게 되는 지점은 ⓒ입니다.

2	3	ⓐ 5	ⓑ 4	ⓒ 6	ⓓ 3
5	4	2	3	5	6
6	7	8	7	8	5
5	4	9	8	5	4
7	3	2	3	4	2

영재들의
수학여행
Math Travel

창의영재수학

아이앤아이

무한상상

무한상상 카페 cafe.naver.com/creativeini